수학과 문화 그리고 예술

우리의 뇌가 이해하는 것은 무엇이든 서로 연관되어 있다.

– 레온하르트 오일러

세계의 패러다임을 바꾼
수학의 모든 것

수학과 문화 그리고 예술

HISTORY OF MATHEMATICS

차이텐신 지음 · 정유희 옮김 · 이광연 감수

오아시스
Oasis

주변 사람들에게 "도대체 수학을 왜 공부할까?"라고 묻는다면 어떤 사람은 "그러게. 그 어려운 것을 왜 하는 거야?"라고 반문하기도 하고, 어떤 사람은 "좋은 대학에 가려면 꼭 해야지"라고 말하기도 한다. 우리는 과연 수학을 왜 배울까?

이 질문은 꽤 오래되었다. 기원전 약 300년경의 고대 그리스 수학자였던 유클리드Euclid는 그의 제자가 왜 수학을 배워야 하는지 묻자 "그에게 동전 한 닢을 줘라. 그는 수학으로 무엇인가를 얻어야 하기 때문이다"라고 답했다. 그로부터 약 2300년이 지난 후에 비슷한 일이 또 벌어졌다. 세계 7대 난제의 하나였던 '푸앵카레의 추측'을 증명한 러시아의 수학자 페렐만Grigori Perelman은 자신이 이룬 성과에 대하여 어떤 보상도 원하지 않았다. 이 문제를 해결했을 때 주어지는 상금 100만 달러도, 최고 대학의 교수자리도, 수학계의 노벨상으로 알려진 필즈상 수상도 마다했다. 사람들이 이유를 묻자 그는 "내가 우주의 비밀을 쫓고 있는데 어찌 100만 달러에 연연해 하겠는가?"라고 말했다.

유클리드와 페렐만은 분명 '수학은 세계의 비밀과 가려진 진실을 밝히는 것으로만 의미가 있을 뿐이고, 다른 무엇인가를 얻기 위한 도구는 아니다'와 같은 생각을 가지고 있었음에 틀림없다. 이는 수학은 오직 진리 탐구의 매개일 뿐 그 외의 것이 수학을 하는 목적을 대신할 수는 없음을 뜻한다. 실제로 수학이 문명의 진보를 견인했는데 이는 수학적 과정과 결과가 있었기 때문에 가능했다. 하지만 아직도 우리가 모르는 것과 밝혀야 할 것은 무궁무진하다. 그래서 오늘날 가장 위대한 수학자 중 한명으로 평가받고 있는 뉴턴Isaac Newton은 "내 눈 앞에는 아직도 밝혀지지 않은 진리를 안고 있는 넓은 바다가 펼쳐져 있다"고 말했다.

인류가 문명을 일으키고 발전시키기 시작한 고대로부터 현재까지 수학은 끊임없이 새로운 발견을 지속하고 있다. 이 과정에서 인류 문명은 해결해야 할 문제를 제시했고 많은 경우에 수학은 그에 대한 답을 했다. 문명과 수학의 상호작용 덕분에 우리는 지도를 제작할 수 있었고, 항해술을 발전시켜 동양과 서양이 교류할 수 있었다. 또 라디오, 텔레비전, 전화기, 컴퓨터 등을 사용할 수 있게 됐고, 마침내 가까운 미래에 인공지능이 탑재된 로봇이 우리와 함께 생활하게 될 것이다. 물론 이런 일들을 수학 혼자 한 것은 아니지만 핵심적인 부분을 담당했다는 것은 분명하다.

특히 18세기 산업혁명 과정에서 수학은 물리학과 천문학의 발전을 이끌었고, 19세기에 이르러서 수학과 유용성을 별개로 생각했던 고대 그리스적인 전통이 되살아나며 수학 자체의 아름다움을 추구하기도 했다. 이런 흐름은 현대에까지 이어져서 오늘날 수학은 엄밀성과 논리성이 강조되고 있으며 점차 현실세계와 멀어지고 있는 것처럼 보이기까지 한다. 그러나 수학적인 아름다움만을 지니고 있는 것으로 생각했던, '페르마의 마지막 정리'를 해결한 와일스$^{Andrew Wiles}$의 타원곡선에 대한 이론은 현재 우리가 매일 간편하게 사용하는 교통카드 시스템을 만들었다. 또 19세기 프랑스의 수학자인 갈루아$^{Évariste Galois}$가 대수방정식의 근을 구하기 위해 고안한 '군이론'은 아인슈타인$^{Albert Einstein}$의 '상대성 이론'과 '양자역학'에 통합되어, 물질과 에너지 그리고 공간 그 자체의 궁극적인 구성 요소일 수도 있는 '소립자 분류'의 기초를 제공했다.

이와 같은 사례는 무척이나 흔하다. 그런데 수학과 문명의 상호작용에 대한 단편적인 지식만으로 수학의 유용성이나 필요성을 느끼는 것과 더불어 인류의 역사를 통하여 수학의 출현과 발전으로 말미암은 문명에 대한 전체적인 관계를 파악하는 것은 쉬운 일이 아니다. 이를테면 수학자는 시인의 감성을 헤아릴 줄 모르기 때문에 시에 내재된 감정을 이해하기 어려워하고, 시인은 수학자의 논리를 따라올 수 없기에 기하의 아름다움을 체험하기 어렵다고 한다. 그래서 수학과 시는 융화될 수 없어 보인다. 그러나 저자는 이 책을 통하여 수학과 시도 같은 흐름 안에 놓여있음을 알려주고 있다. 실제로 수학자 중에는 시인이 많이 있었으며, 실베스터$^{J.J.Sylvester}$와 같은 수학자는 자신이 얻은 수학적 공식보다도 자신이 지은 시를 더 자랑스러워하기도 했다.

그럼에도 여전히 인류의 역사에서 수학이 어떤 역할을 했으며 어떤 수학이 출현했는지 등은 아직도 많은 부분이 베일에 가려져 있다. 밝혀진 사실조차도 제대로 알려지지 않고 있기 때문에 많은 사람들이 수학은 우리 생활과는 이질적이고 추상적 학문으로 치부하고 있다. 하지만

『수학과 문화 그리고 예술』은 인류 역사에서 수학의 진화가 위대한 통치자나 피비린내 나는 전쟁보다 훨씬 중요함을 일깨워주고 있다. 뿐만 아니라 문명의 시작과 함께 출현한 숫자 표현부터 오늘날 광대한 영역으로 퍼진 수학의 다양한 영역에 이르기까지 역사의 물줄기를 따라 수학이 어떻게 발전해 왔으며, 수학의 발전이 새로운 문명을 어떻게 견인했고, 어떠한 상호작용을 통해 예술의 각 분야까지 도달했는지를 한 줄로 꿰어 이해하기 쉽게 우리에게 제공하고 있다. 문명이라는 구슬을 수학이라는 실에 꿰어 아름다운 목걸이를 만드는 과정을 자연스럽게 보여주는 것이다. 그래서 수학을 전공하지 않은 일반인도 이해하기 쉽고 흥미를 불러일으킬 수 있게 한다.

앞에서 들었던 여러 가지 예는 모두『수학과 문화 그리고 예술』에 등장하는 이야기이다. 이런 이야기를 단편적으로 들려주면 그 순간에는 흥미로워할지 모르지만, 사람들은 시간이 조금만 지나도 쉽게 잊거나 의미를 이해하지 못한다. 그러나 구슬과 실을 자연스럽게 연결함으로써 어떤 사건의 수학적 의미뿐만 아니라 역사적 의의를 함께 이해할 수 있다.

오늘날 수학은 사람들이 생각하는 것보다 훨씬 다채롭다. 전 세계에 퍼져있는 수학자는 약 10만 명 정도로 추산되며, 그들은 매년 약 200만 쪽 이상의 새로운 수학을 발표하고 있다. 오늘날의 과학자와 철학자는 이런 수학을 과거보다 훨씬 더 빨리 자신의 분야에 활용하기 때문에 새로운 수학 이론으로부터 파생되는 새로운 문명은 상상할 수 없을 정도로 빠르게 변하고 발전할 것이라고 한다. 예를 들어, 얼마 전까지 은행은 단순히 고객의 돈을 빌려주거나 저축하는 일만 했었지만, 오늘날의 은행은 금융수학을 활용하여 고객의 경제 상태 전반을 분석해 최적의 미래를 설계하는 인생의 토탈 케어를 제공하고 있다. 또 불과 100년 전만 해도 이동수단의 대부분은 우마차였다. 하지만 수학을 활용한 자동주행 장치를 탑재한 무인자동차가 곧 우리의 삶을 변화시킬 것이다. 이런 변화에 적응하기 위해서는 무엇보다도 그 원리와 기초인 수학을 이해하고 가까이해야 한다. 그런 의미에서『수학과 문화 그리고 예술』은 신문명의 혜택을 누릴 수 있게 해주는 초석이라고 생각한다.

한서대학교 수학과 이광연 교수

수학의 노벨상이라고 불리는 필즈상$^{Fields\ Medal}$이 1936년 처음으로 노르웨이 오슬로에서 수여됐다. 수학자 아벨의 이름을 딴 수학상인 아벨상$^{Abel\ Prize}$과 노벨 평화상도 매년 오슬로에서 시상식이 열린다. 이곳에서 1829년, 26세의 노르웨이 청년 아벨은 영양부족과 폐병으로 짧은 생을 마감했다. 그럼에도 그는 19세기 그리고 인류 역사를 통틀어 위대한 수학자 중 한 사람으로 꼽힌다. 게다가 아벨은 노르웨이인으로서는 처음으로 수학사에 이름을 남겼다. 이러한 성과는 노르웨이인들의 재능과 지혜를 자극했다. 아벨이 세상을 떠나기 1년 전에는 극작가 입센^{Henrik} $^{Johan\ Ibsen}$이 노르웨이에서 태어났다. 그 뒤를 이어 작곡가 그리그$^{Edvard\ Grieg}$, 화가 뭉크$^{Edvard\ Munch}$, 탐험가 아문센$^{Roald\ Amundsen}$이 세계적인 명성을 누렸다. 젊은 아벨의 죽음, 고국을 떠나야했던 입센, 뭉크의 작품 〈절규〉 모두 이 나라 사람들이 한때 겪었던 불행과 고통을 대변한다.

수학사와 관련된 모든 서적의 인명 색인에서 아벨의 이름은 언제나 앞부분에 놓인다. 본서에서는 그의 삶을 비교적 상세히 소개했다. 또한 같은 노르웨이 출신이면서 그의 후배인 수학자 소푸스 리$^{Sophus\ Lie}$에 대해서도 언급했다. 21세기 수학에서 중요한 위치를 차지하는 대수학의 '리 군$^{Lie\ group}$'과 '리 대수$^{Lie\ algebra}$' 모두 그의 이름을 딴 것이다. 1872년, 독일 수학자 클레인$^{Felix\ Christian\ Klein}$은 '에를랑겐 목록'을 발표하며 군론의 관점에서 기하학^{geometry}과 모든 수학 영역을 통합하고자 했다. 이런 발상의 바탕에는 바로 리의 연구가 있었다.

지면상의 제한 때문에 본서에서는 2007년 세상을 떠난 노르웨이 수학자 셀베르그$^{Atle\ Selberg}$를 소개하지 못했다. 그는 일찍이 1950년에 '소수 정리'를 증명한 공을 인정받아 필즈상을 수상했다. 필자도 그와 직접 만나서 이야기를 나눈 적이 있는 수학계의 동료이기도 하다. 본서에서 마지막으로 등장하는 오스트리아 수학자 비트겐슈타인$^{L.\ Wittgenstein}$ 역시 노르웨이와 인연이 깊다. 그는 케임브리지 대학에 재직하는 동안 노르웨이 서부 시골 마을에 지은 오두막을 자주 찾았고 어떤 때는 1년 동안 머문 적도 있었다. 그의 사후에 출판된 대표작『철학적 탐구』를 처음 구상했던 곳이 바로 이 오두막이다.

여기까지 읽은 독자라면 필자가 글을 쓰는 풍격과 본서의 취지를 이미 간파했을 것이다. 본서에서 필자는 위대한 수학자나 수학 사조, 그로 인해 수학에서 일어난 사건, 방법에 관해 하나라도 빠뜨리지 않으려 했다. 또한 수학과 문명이 결합되어 생긴 변화에 대해서도 꼼꼼하게 소개했다. 이 작업을 진행하면서 참고할 만한 책을 찾기 어려웠다. 본서의 제목을 기준으로 가장 비슷한 유형의 저작을 꼽자면 미국 수학사가 모리스 클레인$^{Morris\ Klein}$이 쓴『수학, 문명을 지배하다$^{Mathematics\ in\ Western\ Culture}$』이 있다. 그러나 이 책의 범위는 '서양'과 '문화'라는 두 단어에 한정되었다. 필자는 전체 인류가 지나 온 거대한 역사의 강물을 거슬러 올라가고자 했기 때문에 다루어야 할 영역 역시 '문화'라는 범위를 넘어서야 했다. 영국의 수학자이자 철학자인 알프레드 화이트헤드$^{Alfred\ Whitehead}$의 말대로, "현대 과학은 유럽에서 태어났지만 그가 머무는 집은 전 세계"이기 때문이다.

책을 집필하는 방식에는 수많은 가능성이 있지만, 정작 선택할 수 있는 방식은 단 두 가지뿐이었다. 수학의 역사를 플롯으로 삼아 집필할 것인가의 여부였다. 앞서 소개한 모리스 클레인의 책은 시간의 흐름에 따라 구성되었다. 그의 또 다른 책인 『수학사상사$^{Mathematical\ thought:\ from\ ancient}$ $^{to\ modern\ times}$』 역시 같은 플롯으로 쓰였다. 그러면서도 각 장마다 주제를 설정해서 수학과 문화의 관계를 논했다. 이 두 저작을 통해 알 수 있듯 모리스 클레인은 수학에 정통한데다 고대 그리스에서 시작된 서양 문화(주로 고전시대)를 전반적으로 꿰뚫고 있었다. 필자가 그의 경지를 넘어서기는 역부족이다. 게다가 그의 책은 이미 세계 각국에 번역되어 출판되었다.

모리스 클레인의 저작을 읽으면서 발견한 사실은, 그가 설정한 독자층이 수학 또는 문화 분야의 전문가라는 점이다. 하지만 필자가 마음에 그리고 있는 독자의 범위는 그보다 훨씬 넓었다. 본서의 독자는 초등수학 또는 단순한 미적분만 배웠을 수도 있다. 어쩌면 수학의 역사, 수학과 다른 문명과의 관계에 대해 자세히 알지 못하거나, 인류 문명의 발전에 수학이 담당했던 중요한 역할을 제대로 인식하지 못할 수도 있다. 특히 현대수학과 현대문명(예를 들면 현대미술)의 심원한 관계에 대해 이해하지 못할 수도 있다. 여기까지 생각이 미치자 집필의 목적과 방향이 잡혔다.

수학은 과학과 인문학의 모든 영역과 마찬가지로 인간의 대뇌가 진화하고 지적 능력이 발전한 과정을 반영한다. 이것들은 특정한 역사적 시기에 필연적으로 상호 영향을 주고받고 또 상통하는 특성을 드러낸다. 본서에서는 시간의 흐름에 따라 각 지역의 문명을 소개하면서도 수학과 문명의 관계도 함께 고찰했다. 예를 들면 이집트와 바빌로니아에서 탄생한 수학은 생존에 필요한 문제를 해결하기 위한 인간의 노력이었다. 그리스 수학은 철학과 밀접하게 관련되어 있고, 중국 수학이 발달하게 된 원동력은 천체의 운행을 통해 한 해의 주기를 연구하는 역법曆法의 개혁이며, 인도 수학의 원천은 종교에 있다. 한편 페르시아와 아라비아의 수학은 천문학과 떼려야 뗄 수 없는 관계가 있다.

르네상스는 인류 문명의 발달 과정에서 중요한 이정표가 된다. 이 시기의 예술은 기하학의 발전을 이끌었다. 17세기에 이르러, 미적분이 탄생함으로써 과학혁명과 산업혁명에서 생겨난 일련의 문제들이 해결되었다. 한편 18세기 프랑스 대혁명 시기의 수학은 역학, 군사, 공학 기술과 연결되었다. 19세기 전반에는 수학과 시詩가 거의 동시에 고전시대를 지나 현대로 들어섰다. 이를 상징하는 것이 바로 비가환대수와 비유클리드 기하학의 탄생이며, 에드거 앨런 포와 보들레르의 출현이다. 20세기로 들어선 이후, 수학과 인문학은 다시금 추상화라는 특성을 공유했다.

수학에서 추상화는 집합론과 공리화에서 나타났다. 예술 영역에서는 추상주의와 액션페인팅이 출현했다. 철학과 수학이 다시금 결합해서 현대논리학이 탄생했고 비트겐슈타인과 괴델$^{Kurt\ Gödel}$이라는 두 거인이 등장했다. 주목할 부분은 수학의 추상화는 결코 수학을 고립시키는 것이 아니라 오히려 더 넓은 영역에서 활발한 응용이 일어나도록 촉진했다는 점이다. 응용 분야는 이론 물리학, 생물학, 경제학, 컴퓨터 공학, 카오스 이론 등 헤아리기 어려울 정도이다. 또한 수학의 추상화는 역사의 흐름과 문명 발달의 규칙에 맞아떨어진다는 것을 알 수 있다. 하지만 그렇다고 수학의 미래가 언제나 밝고 긍정적이라고 낙관할 수만은 없다.

본서의 가장 두드러진 특징은 현대수학과 현대문명을 비교 분석하고 해설했다는 점이다. 이것은 필자가 다년간 수학을 연구하고 저술하면서 쌓아온 사상을 총결한 것이다. 필자는 고전시대의 수학에서 현대적인 의미를 찾아내고자 주력했다. 예를 들면 이집트 수학에서 '이집트 분수'라는 쉬우면서도 심오한 수론의 문제를 중점적으로 소개했다. 이것은 여전히 21세기 수학자들을 고민에 빠뜨리고 있다. 또 다른 예로, 바빌로니아인은 최초로 '피타고라스 정리'를 발견했고 이 정리에 부합하는 '피타고라스 수$^{Pythagorean\ number}$'를 알아냈다. '피타고라스 정리'는 천년이 넘어서야 흥기한 그리스 수학과 문명의 대표적인 업적이기도 하다. 뿐만 아니라 20세기말 화제가 되었던 수학의 난제, '페르마의 마지막 정리'와도 관련이 있다.

또 다른 특징은 대부분 인물 위주로 내용을 구성했다는 점이다. 또한 독자들이 내용을 이해하고 기억하기 편하도록 그림도 함께 실었다. 100여 점이 넘는 그림과 사진을 신중하게 골랐는데 개중에는 필자가 직접 촬영한 사진도 있다. 이들 중 상당수가 문학, 예술, 과학, 교육과 밀접한 연관이 있다. 본서를 통해 독자들이 수학이라는 추상적인 학문에 좀 더 가까이 다가가고, 각자 하고 있는 공부나 업무가 수학과 어떤 관계가 있는지 이해함으로써 인류 문명의 발전 과정 혹은 삶의 의미까지 되새기는 기회가 되길 바란다.

2012년에 중국 출판사에서 기획한 '명사의 강의名師講堂' 시리즈에 이 책이 선정되어 출간되었다. 후에 국가신문출판광전총국國家新聞出版廣電總局이 주관하는 청소년 추천도서 '우수도서 100권百優圖書'에 선정되기도 했다. 이 책은 필자가 같은 제목으로 쓴 교재, 교육부 고등학교 교과서를 바탕으로 해서 쓴 것인데 현재 저장대학浙江大學 등 여러 대학의 교양 과목에서 교재로 사용하고 있다. 이 두 권은 현재까지 3만 권이 넘게 인쇄되었다. 이 책은 수학의 역사에 주안점을 두지만 수학사의 범주에 속하는 수학과 인류 문명의 관계도 함께 다루었다. 그래서 현대수학의 복잡한 내용을 피할 수 있고, 독자들이 다양한 각도에서 수학을 이해하도록 도울 수 있다고 생각한다.

마지막으로 시 한편으로 서문을 마무리하고자 한다. 이 시는 2005년 여름에 필자가 네 명의 대학원생과 함께 마닐라에 있는 필리핀 대학에서 개최하는 수론과 암호학 국제세미나에 참가하는 동안 지은 것이다. 지구를 일주한 마젤란이 죽은 이곳은 식민정복자도 중요하게 여기지 않았고 수학사가나 문화사학들도 소홀히 여겼다. 시에는 기하학에 쓰이는 선분, 호선, 원, 매듭, 곡면, 위상변환이 등장한다. 물론 직접적으로 드러내지 않고 시적 언어로 변형해보았다. 이 시는 수학의 개념을 설명하는 듯하면서도 삶의 정서 또한 느낄 수 있을 것이다.

줄넘기

반짝이는 벼 포기마다
은색의 달빛을 흩뿌리네.
한데 모아 줄로 엮으면

발목에 두른 고리 같은
동그라미 안에 동그라미
여기도 은색 달빛을 흩뿌리네.

눈썹도 귀밑머리도
팔뚝에 남은 데인 흔적마저도
이리저리 왔다갔다 움직이네.

차이톈신

항저우 시시西谿에서 탈고를 끝내며

18세기 프랑스 대혁명으로
종합예술과 해석학 시대를 연
프랑스

GREENLAND
(DENMARK)

ALASKA
(USA)

ICELAND

CANADA

르네상스와 미적분의
탄생을 이끈 중세 서유럽

SPAIN

PORTUGAL

UNITED STATE
OF AMERICA

MOROCCO

AL

MEXICO

WESTERN
SAHARA

THE BAHAMAS

MAURITANIA   MAL

CUBA

SENEGAL

GUINEA

VENEZUELA

COLOMBIA

ECUADOR

BRAZIL

PERU

BOLIVIA

컴퓨터의 상용화와
현대 응용수학 · 추상수학
발전에 공헌한 미국

PARAGUAY

URUGUAY

CHILE

ARGENTINA

철학을 바탕으로 학문적 수학의
기틀을 마련한 그리스

쐐기문자에 새겨진 수학의 기원지
메소포타미아 문명

현실에 필요한 실용적 수학을 발전시킨
중국

종교를 기반으로 수학을 탐구하고
0과 10진법을 설계한 인도

바그다드 '지혜의 집'을 중심으로
대수학과 방정식을 해결한 중동

최초의 수학 기록물을 만든 문화의 요람
이집트 문명

제5장   르네상스에서 미적분의 탄생까지_중세유럽

제6장   18세기 종합예술의 번영과 프랑스대혁명

제1장

산수와 도형의 발견, 고대문명

인류가 병아리 한 쌍과 이틀 사이에서 공통점을 발견했을 때

바야흐로 수학이 탄생했다.

– 버트런드 러셀

고대문명 수학에 영향을 끼친 인물 연표

BC 1650   이집트 서기관 수학자 아메스(Ahmes, BC 약 1650)

AD 1700   영국 의사 · 물리학자 토마스 영(Tomas Young, 1773~1829)

프랑스 역사학자 · 언어학자 샹폴리옹(Changpolion, 1790~1832)

AD 1800   스코틀랜드 법률가 이집트 학자 알렉산더 헨리 린드(A. H. Rhind, 1833~1863)

러시아 골동품 수집가 골레니시체프(Vladimir Semyonovich Golenishchev, 1856~1947)

영국 장교 헨리 롤린슨(H. C. Rawlinson, 1810~1895)

미국-오스트리아 수학자 오토 노이게바우어(O. Neugebauer, 1899~1990)

수학의 기원

수학은 양치기로부터 시작됐다

수학의 역사를 이끌었던 선구자들 모두 고대의 수많은 위인들처럼 역사의 자욱한 안개 속으로 사라졌다. 그러나 인류 문명은 수학이 내디딘 발자국을 따라 한 걸음씩 앞을 향해 나아갔다. 억만 년 전, 동굴에 거주하던 원시인도 수^數의 개념을 인지하고 있었다. 원시인들은 자신들의 얼마 되지 않는 소유물, 예를 들어 양식이 늘어나면 처음보다 많아졌고, 그중 몇 개를 먹으면 줄어들었다는 것을 인식했다. 물론 다른 동물에게도 이와 유사한 인식 능력이 있다. 본래 음식에 대한 갈망은 살아남기 위한 인간의 본능에서 나온 것이다. 시간이 지나면서 인류의 수의 개념은 명확해졌다. 부족의 족장은 자신의 부하가 몇 명인지, 양치기는 자신에게 몇 마리의 양이 있는지 알기를 원했다.

요컨대 인류는 문자로 기록하기 이전부터 수를 세는 법을 알았고 간단한 산수도 할 줄 알았다. 사냥꾼은 화살 두 대와 세 대를 모아 놓으면 화살이 다섯 대가 된다는 것을 알았다. 민족마다 언어는 달라도 가족을 부르는 호칭이 상당 부분 비슷한 것처럼 인류가 처음 수를 세는 방법

또한 비슷했다. 양 한 마리마다 손가락을 하나씩 꼽으며 양의 수를 헤아리는 방법이 그 예이다. 숫자 세기는 점차 발전해서 오늘날 대표적인 세 가지 방법이 전해진다. 돌멩이 혹은 작은 나무 막대기를 이용하거나, 줄에 매듭을 지어 수를 표시한 것이고, 마지막은 흙벽돌, 나무토막, 돌, 나무껍질 혹은 짐승의 뼈 위에 눈금을 새기는 방법이다. 이러한 방법을 사용하면 비교적 큰 수를 기록할 수 있을 뿐만 아니라 누계를 내거나 기록을 남겨두기에도 편리했다.

고대 그리스 시인 호메로스^{Homeros}의 서사시 『오디세이^{Odyssey}』에 다음과 같은 이야기가 나온다. 주인공 오디세우스는 외눈박이 거인 폴리페모스를 만나 그의 눈을 찔러 맹인으로 만들었다. 그 후 앞을 못 보게 된 이 거구의 노인은 동굴에서 지내며 양떼를 돌보았다. 아침이 되어 양들이 풀을 뜯으러 동굴 밖으로 나갈 때 그는 양 한 마리가 나갈 때마다 돌멩이를 하나씩 주워 한 곳에 모았다. 저녁이 되어 양들이 동굴로 돌아오면 모아둔 돌멩이를 하나씩 집어서 다른 곳으로 옮겼다. 아침에 모아둔 돌멩이를 모두 옮기고 나서야 그는 양들이 빠짐없이 돌아왔음을 알았다. 어쩌면 양치기가 양을 세는 방법에서 수학이 유래했을지도 모른다. 고대 시가^{詩歌}가 풍성한 수확을 바라는 기원에서 비롯된 것처럼 인류의 가장 오래된 이 두 가지 발명은 모두 살아남으려는 본능에서 비롯되었다.

오디세우스가 폴리페모스의 눈을 찌르는 장면

다소 잔인한 예가 될 수 있겠지만 아메리카 대륙의 인디언은 자신들이 죽인 희생자의 머리 가죽을 모아서 몇 명의 적을 죽였는지 헤아렸다. 고대 아프리카의 사냥꾼은 멧돼지의 어금니를 모아서 자신들이 잡은 멧돼지의 수를 셌다. 킬리만자로 산에 사는 유목민 소녀들은 해마다 구리로 만든 고리를 목에 걸어 고리 개수로 나이를 알 수 있다. 오늘날 미얀마의 소수민족 여인들에게서 이와 비슷한 풍습을 볼 수 있다. 그녀들이 목에 거는 고리는 나이를 표시하는 기능 외에도 아름답게 보이려는 욕망이 담겨 있다. 옛날 영국 술집의 바텐더는 칠판에 분필로 기호를 그려서 손님이 마신 술잔의 수를 표시했다. 스페인의 바텐더는 손님의 모자에 작은 돌멩이를 던져 넣어 수를 셌다. 수를 세는 방법에도 두 민족의 특징인 신중함과 낭만이 드러난다.

훗날 다양한 언어가 생기면서 수를 가리키는 말도 생겨났다. 그 후 문자로 기록하는 방식이 발전함에 따라 수를 나타내는 단어가 만들어졌다. 가장 초기에는 양 두 마리와 사람 두 명을 가리킬 때 각기 다른 단어를 사용했다. 그래서 영어에서는 함께 마차나 쟁기를 끄는 말 두 마리는 *team of horses*, 멍에를 같이 매는 소 두 마리는 *yoke of oxen*, 당나귀 두 마리는 *span of mules*, 개 한 쌍은 *brace of dogs*, 신발 한 켤레는 *pair of shoes*로 표시했다. 중국어에서도 수를 세는 단위를 표현할 때 나타내는 '양사量詞'를 사용하는데 이 역시 많은 변화를 거쳐 왔다.

그런데 언젠가부터 인류가 숫자 2를 사용해서 공통된 성질을 추상화하고, 구체적인 사물과 관련이 없는 특정한 단어를 사용하기 시작했다. 아마도 여기까지 이르는 데에 오랜 시간이 경과했을 것이다. 영국의 철학자이자 수학자 러셀[B. Russell]은 "인류가 병아리 한 쌍과 이틀 사이에서 공통점(숫자 2)을 발견했을 때 바야흐로 수학이 탄생했다"라고 말했다. 하지만 우리는 수학이 그보다 좀 더 늦은 시기에 탄생했다고 본다. 인류가 '달걀 두 알에 세 알을 더하면 다섯 알이 된다', '화살 두 대에 화살 세 대를 더하면 총 다섯 대이다' 등의 현상에서 '2+3=5'라는 추상적인 개념을 도출했을 때를 수학의 발견이라 보는 것이다.

수의 묶음, 진법의 등장

다양한 상황에서 큰 숫자를 가지고 의사소통을 해야 하는 상황이 오자 인류는 체계적으로 수를 세는 방법이 필요했다. 이에 세계 각지의 민족은 공통적으로 다음과 같은 방법을 사용했다. 즉 1부터 시작해서 연속하는 얼마간의 숫자를 기본수로 삼은 것이다. 이렇게 하면 기본수를 조합해서 그보다 더 큰 수를 표시할 수 있게 된다. 다시 말해 1보다 큰 어떤 수 b를 진법 혹은 묶음의 단위로 삼고 1, 2, 3, … b가 됐을 때 이 b의 명칭을 정하면, b보다 큰 수라도 이 b개의 수를 조합해서 표시할 수 있다.

자료에 따르면 2, 3, 4 모두 원시적인 진법에 쓰였다고 한다. 예를 들면 오스트레일리아 북부 퀸즐랜드Queensland의 원주민은 $1, 2, 2$와 $1, 2$와 $2,$ … 의 방식으로 수를 센다. 아프리카의 난쟁이부족은 가장 처음에 나오는 여섯 개의 자연수를 $a, oa, ua, oa\text{-}oa, oa\text{-}oa\text{-}a, oa\text{-}oa\text{-}oa$라고 부른다. 이 두 부족 모두 2진법을 사용한 것이다. 2진법은 후에 컴퓨터를 발명하는 데에 중요한 역할을 했다. 한편 아르헨티나 최남단 티에라델푸에고Tierra del Fuego섬의 한 부족과 남아메리카 일부 부족은 3진법, 4진법을 사용한다.

역사적으로 광범위하게 사용된 것은 5진법이었다. 이것이 인간의 신체적 특징에서 유래했음을 추정하기란 그리 어렵지 않다. 인간의 손에는 다섯 개의 손가락이 있고, 발에도 다섯 개의 발가락이 있지 않은가. 지금까지도 남아메리카의 일부 부족은 여전히 손을 사용해서 *1, 2, 3, 4*, 손, 손과 *1, 2*, … 와 같이 수를 센다. 1880년까지 독일에서 사용된 음력은 5진법 체계였다. 1937년 체코의 모라비아^{Moravia} 지역에서 출토된 어린 늑대의 정강이뼈에는 날카로운 물건으로 눈금을 새긴 자국 수십 개가 남아 있다. 시베리아 서쪽의 유카기르족^{Yukagir}은 세계에서 가장 추운 지방인 레나강 하류에 거주하는데 이들 역시 아직까지 5진법과 10진법을 혼합한 방식으로 수를 센다.

영국인이 나무 조각에 눈금을 새겨서 기록한 장부

12진법 역시 자주 사용된다. 미국 수학사학자 이브스^{H. W. Eves}의 분석에 따르면, 이는 6개의 수로 나누어떨어지는 성질과 관련이 있고 1년이 12달로 되어 있기 때문이다. 예를 들면 1피트는 12인치(≒30.48cm)이고, 1실링은 12펜스, 1파운드는 12온스(금형제에서는 12온스이지만, 상형제에서는 16온스)이다. 1980년대까지 중국 농촌에서 쓰는 저울에는 10진법과 12진법에 따라 두 종류의 눈금을 새겼다. 중국인은 12진법을 사용하지 않았지만 이들이 쓰는 '打'는 12개를 한 단위로 하는 양사이다. 영어에는 'dozen' 외에도 'gross'가 있는데 1gross가 12다스이다.

20진법도 널리 쓰였다. 인류가 맨발로 생활했던 시기를 떠올려보면 손가락과 발가락을 모두 합친 수가 바로 20이기 때문이다. 아메리카 인디언이 20진법을 사용했고, 고도로 발달된 마야 문명에서도 이 방법을 사용했다. 이에 관해서 마야 문명에 관한 3대 자료인 드레스덴 사본$^{Dresden\ Codex}$, 마드리드 사본$^{Madrid\ Codex}$, 파리 사본$^{Paris\ Codex}$에 기록이 남아 있다. 그중 드레스덴 사본에 수학과 관련된 내용이 가장 많은데 이는 12세기의 비석에서 유래한다. 사본의 어떤 부분은 기후와 우기를 예측하는 내용도 있다. 마지막 쪽에는 사람들에게 세상의 종말이 올 것이라고 경고한다. 한때 떠들썩했던 '2012년 세계의 종말 예

'2012년 세계 종말 예언'이 포함된 드레스덴 사본의 원시 비석

언'이 여기서 나온 것이다. 참고로 이 사본은 1739년 드레스덴 궁정 도서관이 비엔나에서 구매한 것이다. 2차 세계 대전이 끝나기 전 독일 드레스덴은 연합군의 포화에 도시가 파괴됐고 이 사본도 그때 훼손되어 현재 19세기의 부본만 남아있다.

특기할 사항은 프랑스어에서 지금까지도 4개의 20으로 80(quatre-vingts)을 표시하고 4개의 20에 10을 더해서 90(quatre-vingt-dix)을 표시한다는 것이다. 이러한 흔적은 덴마크인, 웨일스인, 게일인의 언어에도 남아있다. 놀라운 것은 이들이 거주하던 곳이 온대 지방이 아니라는 점이다. 영어에서 20(score)은 계량 단위로서 자주 사용하는 단어이며 중국어에도 20을 가리키는 한자 '廿'가 있다. BC 2000년에 살았던 바빌로니아인이 사용한 60진법은 오늘날에도 시간과 각도를 재는 단위로 쓰인다.

이렇게 다양한 진법 중에서 인류가 널리 받아들인 것은 10진법이다.

선대의 기록에 보면 고대 이집트의 상형 숫자, 고대 중국의 갑골문 숫자와 산목算木 숫자(대나무 또는 다른 재료로 만든 막대를 일정하게 늘어놓아 표시한 숫자 역주), 고대 그리스의 아티카 숫자, 고대 인도의 브라미 숫자 Brahmi numerals 등이 모두 10진법을 사용했다. 인간의 머릿속에서 '10'은 이미 수를 세는 필수 단위였던 것이다. 이는 '2'와 컴퓨터 사이의 특수한 관계와 같다. 인류가 10진법을 받아들인 이유는 무척 간단하다. 박학다식한 그리스 철학자 아리스토텔레스는 이미 이에 대해 다음과 같이 설명했다. "10진법이 널리 사용된 것은 우리 대부분의 사람들이 나면서부터 10개의 손가락을 가지고 있다는 해부학적 사실 때문이다."

I	∩	ꝰ	⚇	⎮	⬳	⚉
1	10	100	1 000	10 000	100 000	10^6

고대 이집트의 상형 숫자

말로 수를 헤아리는 것 외에 손가락으로 수를 표시하는 방법도 오랜 기간 사용되었다. 영어에서 'digit'는 원래 손가락 혹은 발가락을 가리키는 단어이다. 인류는 1부터 9까지의 숫자를 표시하기 시작했고 지금은 디지털 시대digital age를 살고 있다. 사실상 원시인은 물론 문명인마저도 입으로 수를 세는 동시에 손가락으로 숫자를 표현한다. 예를 들면 10을 말할 때 한 손으로 다른 손바닥을 치는 민족도 있다. 따라서 수를 셀 때 손을 쓰는 수어手語를 통해 그들이 속한 민족 혹은 부족을 판단할 수 있다. 중국에서는 수어를 쓰는 방식을 보고 그가 어느 지역, 어느 성省 출신인지 대략적으로 구분할 수 있다.

문자보다 유명한 아라비아 숫자

　고고학의 발견에 따르면 인류는 3만 년 전부터 수를 세기 위해 눈금을 새기는 방법을 사용했다. 이후 BC 3000년 경에 헤아린 수를 적기 시작했고 그에 상응하는 수의 체계를 만들었다. 어쩌면 손가락으로 수를 세던 습관 때문이었는지 가장 먼저 숫자 1, 2, 3, 4를 적는 부호는 대부분 그에 상응하는 기호를 세로 혹은 가로로 쌓아서 표시했다. 세로로 쌓은 표시의 대표적인 예로는 고대 이집트의 상형문자, 고대 그리스의 아티카 숫자, 고대 중국의 세로로 표시한 산목 숫자와 마야 숫자가 있다. 가로로 쌓은 표시는 고대 중국의 갑골문 숫자와 가로로 표시한 산목 숫자, 고대 인도의 브라미 숫자(4의 표시는 예외)에서 볼 수 있다.

　손가락으로 수를 세던 습관에 따라 처음 네 개의 숫자를 세로 혹은 가로로 표시한 수의 체계에서는 공통적으로 10진법을 사용했다. 그 외에 두 가지 널리 알려진 수 체계, 즉 고대 바빌로니아의 설형문자(쐐기문자)와 마야숫자는 각각 예리한 이등변삼각형과 작고 동그란 점으로 표시했고 60진법과 20진법을 사용했다. 숫자 5와 그 이후의 수는 세로로 표기하는 수 체계라고 하더라도 그 표기법이 달랐다. 10을 예로 들면 고대 이집트인은 멍에 또는 발꿈치 뼈 '∩(교집합 기호와 비슷하다)'를 사용했고, 고대 그리스인은 '△(네 번째 그리스문자)'로 표시했다. 한편 중국은 네 개의 세로획 위에 하나의 가로획을 얹어서 표현했다.

　아라비아 숫자라 함은 0, 1, 2, 3, …, 9 이렇게 열 개의 숫자와 그 조합으로 표시하는 10진법의 수 체계를 가리킨다. 예를 들면 911이라는 숫자에서 오른쪽의 1은 1을 나타내고, 가운데의 1은 1의 10배를 가리키며, 9는 9의 100배를 나타낸다. 오늘날 세상에서 존재하는 수많은 언어 속에서 이 열 개의 아라비아 숫자가 유일하게 통용되는 기호이며 라틴어 문자보다 더 널리 쓰인다. 만약 아라비아 숫자가 없다면 지구상의 과학 기술, 문화, 정치, 경제, 군사, 체육 등의 분야에서 사람들과 소통하는 것이 무척 어렵거나 어쩌면 불가능할 수도 있을 것이다.

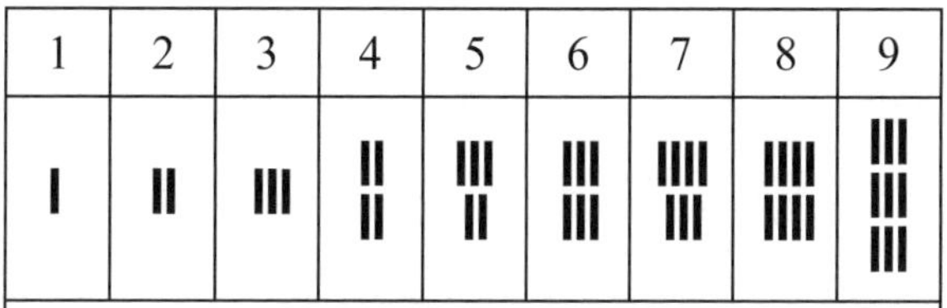

1	2	3	4	5	6	7	8	9

전(前) 브라만 시기의 인도 숫자

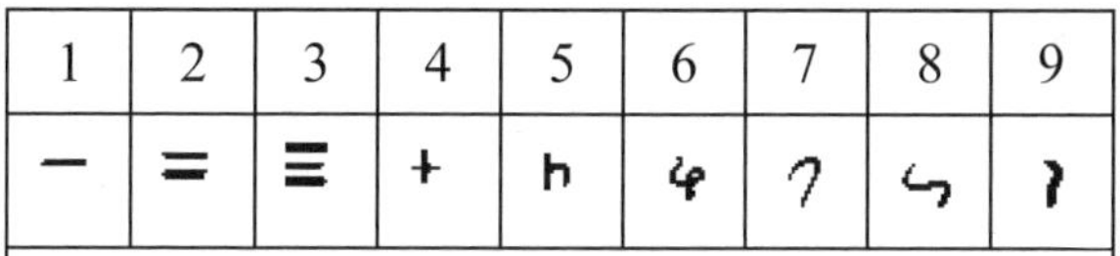

1	2	3	4	5	6	7	8	9

1세기의 인도 숫자

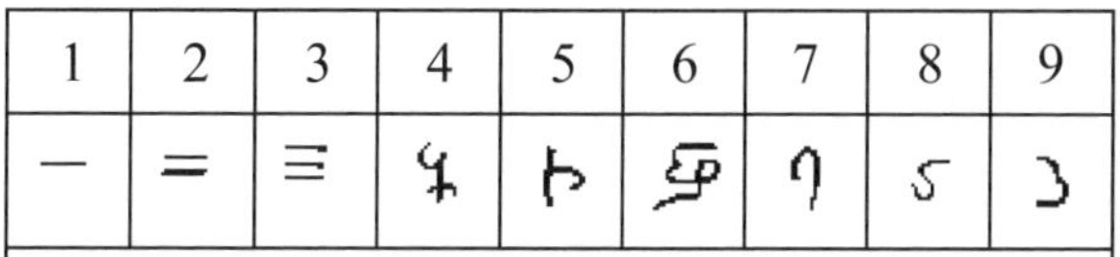

1	2	3	4	5	6	7	8	9

4세기의 인도 숫자

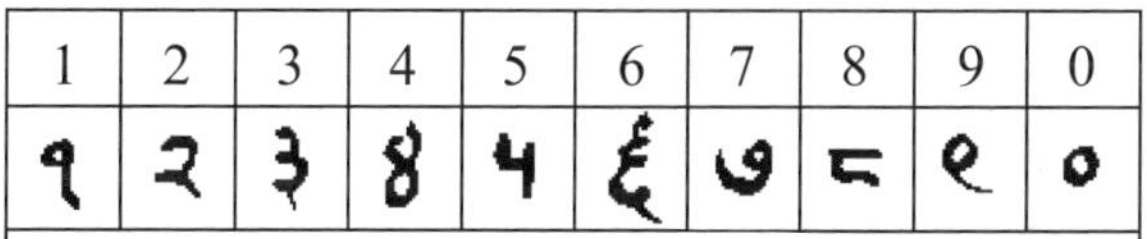

1	2	3	4	5	6	7	8	9	0

11세기의 인도 숫자

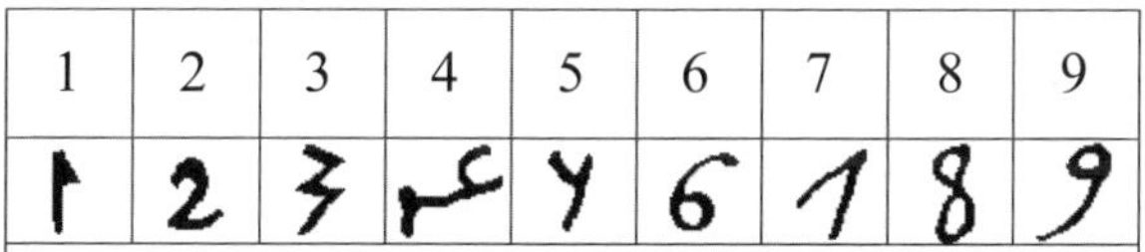

1	2	3	4	5	6	7	8	9

유럽에 전해진 아라비아 숫자

아라비아 숫자는 인도-아라비아 숫자라고도 불리는데 인도인이 발명한 수 체계를 아라비아인이 받아들여서 수정한 뒤 유럽에 전파했기 때문이다. 아라비아 문명이 이 수 체계를 유럽에 전파한 것은 13세기 초였다. 그러나 인도에서 수 체계가 어떻게 발명되었는지는 알려진 바가 없다. 고고학자들이 인도의 돌기둥과 동굴 벽에서 이러한 숫자들의 흔적을 발견했는데 그 연대는 BC 250년에서 AD 200년 사이이다. 주목해야 할 점은 숫자들의 흔적 속에서 '0'의 기호가 없다는 것이다. 그런데 AD 825년 전후에 아라비아인 알 화리즈미[al-Khwarizmi]가 쓴『인도의 계산법[Algoritmi de numero Indorum]』에는 완벽한 인도의 수 체계가 나와 있다. 처음 '0'을 사용한 사람들은 인도인이지만 오늘날 영어와 독일어에서 '0'을 가리키는 단어는 아라비아어에서 유래한 것이다.

아라비아 숫자는 아라비아인들이 북아프리카와 스페인으로 원정을 갔을 때 전파되었다. 그 중심에는 이탈리아 수학자 피보나치[Fibonacci]가 있다. 그는 스페인의 무슬림 수학자에게 수학을 배우고 북아프리카를 여행한 뒤, 이탈리아로 돌아와 1202년 수학에 관한 책을 출간했다. 그리고 이 책을 통하여 아라비아 수가 유럽으로 전파될 수 있었다. 또한 이탈리아 르네상스 시기의 수학이 발전하는 데에 촉진제 역할을 하기도 했다.

같은 13세기에 베네치아인 마르코 폴로[Marco Polo]가 유럽인으로는 최초로 아시아를 여행했다. 당시 유럽과 아시아 두 대륙을 아우르는 콘스탄티노플(지금의 터키 이스탄불)은 전란에 휩싸여 있었다. 이 때문에 마르코 폴로는 북아프리카와 중동을 거쳐서 지중해를 돌아가야만 했다. 공교롭게도 그의 여정은 아라비아 숫자가 전파된 여정과 반대의 방향이었다.

사람의 몸과 달을 보고 탄생한 기하학

수의 체계가 잡히자 수의 기록, 수와 수의 계산이 가능해졌다. 이를 기초로 해서 더하기, 빼기, 곱하기, 나누기는 물론 초등수학도 문명의 발상지 여러 곳에서 발달했다. 후에 수의 체계가 통일되자 수학은 더욱 발전했고 그 응용 분야는 더욱 넓어졌는데 그중 하나가 기하학이다. 인류가 기하학을 처음 인식하게 된 것은 형태에 대한 직관에서 시작되었다. 종족은 달라도 사람들은 모두 둥근 달과 뾰족한 소나무가 서로 다른 형태임을 인식했다. 따라서 기하학은 자연계에서 발견한 도형의 기초 위에 세워졌다고 할 수 있다.

직선은 팽팽하게 당긴 밧줄이다. 그리스어에서 온 영어 단어 'Hypotenuse(빗변)'의 원래 의미는 '팽팽하게 당기다'이다. 두 팔을 직각으로 뻗고 두 선을 연결한다고 생각해보자. 이렇게 만들어진 삼각형에서 두 팔은 직각을 이루는 두 변이 된다. 결국 삼각형은 사람들이 자신의 몸을 관찰해서 얻은 개념이다. 고대 중국에서도 勾(구)와 股(고)는 종아리와 허벅지를 가리키는 동시에 직각삼각형에서 직각을 이루는 짧은 변과 긴 변을 가리킨다. 그래서 중국에서는 피타고라스 정리를 '구고정리勾股定理'라

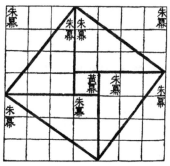

『주비산경』에 실린 그림으로 세 변이 각각 3, 4, 5인 삼각형으로 구고정리를 설명하고 있다.

고 부른다. 중국 시안西安의 반포半坡에서 출토된 도기 조각에는 정삼각형의 도안이 새겨져 있다. 각 변은 여덟 개의 작은 구멍이 일정한 간격으로 이어져 있다. 이집트의 옛 도시 테베Thebes에서 출토된 고분 벽화에도 직선, 삼각형, 활꼴의 그림이

나온다. 원, 정사각형, 직사각형 등 기하학적인 도형의 개념 역시 인류가 자신과 주변 세계를 관찰하고 실제 생활에 사용하면서 형성되었다.

고대 그리스 역사학자 헤로도토스Herodotus는 "이집트의 기하학은 나일 강이 준 선물"이라고 말했다. BC 14세기 이집트 국왕은 국토를 모든 백성에게 분배했다. 모든 사람이 같은 면적의 땅을 얻고 여기서 나온 소출로 세금을 냈다. 그런데 매년 봄이 되면 나일강이 홍수로 범람해서 강 유역의 토지를 뒤덮었다. 농사를 망치고 땅의 경계선을 잃은 백성들은 법관에게 자신이 입은 손실을 보고해야 했다. 그러면 법관은 사람을 보내 백성이 잃은 토지를 측량해서 세금을 깎아주었다. 이렇게 해서 이집트에서 기하학이 생겨나고 발전한 것이다. 참고로 기하학의 영문 표기 Geometry에서 'geo'는 땅을 가리키고 'metry'는 측량을 뜻하며, 전문적으로 토지를 측량하는 사람들을 일컫는 명사는 'Rope-Stretcher'이다.

바빌로니아인의 기하학도 실제 측량에서 시작됐지만 산술적인 성격이 강한 점이 특징이다. BC 1600년 이전에 그들은 이미 직사각형, 직각삼각형, 이등변삼각형, 사다리꼴의 넓이를 계산할 줄 알았다. 고대 인도의 경우 기하학은 종교와 건축이 긴밀하게 결합되어 탄생했다. BC 8세기부터 AD 2세기에 걸쳐 완성된 『술바수트라스Sulbasutras』에는 제단과 사원을 건설하면서 생긴 기하학적 문제와 그 해법을 다루고 있다. 한편 고대 중국에서 기하학은 주로 천문 관측에 쓰였다. 약 BC 1세기에 쓰인 『주비산경周髀算經』에서는 천문 관측에 사용된 기하학적 방법을 논하고 있다.

문명과 문화의 요람 나일강 유역

이집트 문명 3천 년 역사의 비밀

유럽인에게 근동 혹은 중동은 지중해 동쪽 연안을 의미한다. 여기에는 터키의 아시아 지역과 북아프리카가 포함된다. 즉 흑해부터 지브롤터 해협 사이를 둘러싼 지중해 연안과 그 주변 지역을 가리킨다. 근동은 인류 문명의 요람이자 서양 문명의 발상지이다. 미국 수학사가인 모리스 클라인Morris Kline은 이렇게 말했다. "정처 없이 떠돌아다니던 유목민족이 자신이 태어났던 곳을 멀리 떠나 유럽 평원을 헤매고 있을 때, 유럽과 인접한 근동에 살고 있던 사람들은 부지런히 농사를 지으며 자신들의 문명과 문화를 일구었다. 몇 세기가 흐른 뒤 이 땅에 살던 동방의 현자들은 여전히 미개한 상태에 있는 서양인을 가르칠 임무를 떠맡았다."

이집트는 지중해 남동쪽에 자리하며 중동과 북아프리카가 만나는 곳이다. 이집트의 서쪽과 남쪽에는 세계 최대의 사막인 사하라가 있고, 동쪽과 북쪽 대부분은 홍해와 지중해로 둘러싸여 있다. 유일하게 육지로 뻗은 출구는 면적이 6만km²밖에 되지 않는 시나이반도Sinai Pen이다. 이 반도는 대부분 사막과 높은 산으로 덮여 있고 동서 양쪽이 아카바 만

Gulf of Aqaba과 수에즈 만Gulf of Suez 사이에 끼여 있다. 오로지 좁은 통로 하나가 이스라엘과 연결되어 있을 뿐이다. 줄리어스 시저Julius Caesar와 같은 고대 로마의 정복자가 바로 이 길을 통과해서 이집트를 침공했다. 오랜 옛날에는 이러한 지형적 특징이 외적의 침략을 막아주었기

이집트 지도

때문에 이집트는 장기간 안정을 유지할 수 있었다.

천연의 지리적 장벽 외에 이집트에는 맑고 깨끗한 강이 흐른다. 이 강이 바로 세계에서 가장 긴 나일강Nile River이다. 남쪽에서 기원해 북쪽으로 이집트 전 지역을 통과하며 마지막으로 지중해로 흘러들어가는 이 강의 양쪽 기슭은 좁고 긴 비옥한 하곡을 이룬다. 이곳을 세계 최대의 오아시스라고 부르는데 그 서쪽은 광활한 사하라 사막이고 동쪽은 아라비아 사막으로 둘러싸여 있기 때문이다. 사실 나일강의 영문 'Nile'은 골짜기, 계곡이라는 뜻의 그리스어에서 유래되었다. 오래된 상형문자와 거대한 피라미드로 대표되는 고대 이집트 문명은 이 두 가지 지리적 특징 덕분에 3천 년 넘게 명맥을 이을 수 있었다.

이집트의 상형문자는 BC 3000년 이전에 만들어진 것으로 사물을 그림으로 형상화한 문자이다. 후에 기록하기 쉽도록 간단하게 바뀌었는데, 성직자들이 종교 서적을 옮겨 쓸 때 사용했던 신관문자와 비종교적인 글을 쓸 때 사용했던 민용문자가 그것이다. 하지만 3세기 전후 기독교가 이집트로 세력을 확장하자 고대 이집트의 원시 종교는 쇠퇴했고 상형문자마저 명맥을 잇지 못했다. 현존하는 자료 중에서 원래의 상형

문자가 사용된 최후의 기록은 AD 394년의 비문碑文이다. 이집트의 기독교도들은 다소 수정된 그리스 문자를 사용했다. 이 문자는 7세기 무슬림의 침입을 받은 뒤 아라비아 문자로 대체되었다. 이렇게 해서 이집트의 신비로운 고대문자는 풀리지 않는 수수께끼가 되었다.

1799년, 나폴레옹의 이집트 원정을 수행하던 한 프랑스 사병이 알렉산드리아 항에서 멀지 않은 옛 항구 로제타에서 전체 크기가 1㎡도 채 안 되는 비석을 발견했다. 그 위에는 상형문자, 민용문자, 그리스 문자 세 종류의 문자가 새겨져 있었다. 영국인 의사이자 물리학자 토마스 영T.Young이 처음으로 비문의 해독에 매달렸고, 프랑스 역사학자이자 언어학자 샹폴리옹Champollion이 전체 비문을 해독했다. 상형문자와 신관문자로 기록된 고대 이집트 문헌을 해독하려면 수학을 포함한 고대 이집트 문명을 이해해야만 그 수수께끼를 풀 수 있었다. 후세 사람들은 이 비석을 '로제타석Rosetta Stone'이라고 불렀으며 지금은 런던 대영박물관에서 소장하고 있다.

최초의 수학 기록물, 린드 파피루스

카이로를 여행할 때 피라미드와 박물관 관람, 나일강에서 유람선 타기, 이집트 전통 무용 관람 외에 친구나 가이드가 반드시 안내하는 코스가 있다. 바로 파피루스Papyrus를 제작하고 판매하는 상점이나 공방이다(주로 상점과 공방이 함께 있는 곳이 많다). 파피루스는 본래 나일강 삼각주에서 자라는 식물 이름이다. 이것을 꺾어다가 줄기의 속심인 고갱이를 얇고 길게 잘라서 눌러 편 다음 건조 처리를 하면 얇고 매끈한 기록용지가 된다. 고대 이집트인은 여기에 기록을 남겼고 이후 그리스인과

로마인도 같은 방법을 사용했다. 3세기
가 되어서야 양면으로 쓸 수 있는 양피
지Parchment(원산지는 터키이다)가 보급되었
지만 이집트인은 8세기까지 파피루스를
사용했다. 오늘날에는 파피루스로 만든
용지에 글을 쓴 뒤 제본한 서적(정확히
말하자면 두루마리)을 파피루스라 부른다.

파피루스에 적힌 상형문자

우리가 오늘날 고대 이집트인의 수학을 알 수 있는 것은 주로 두 권
의 파피루스에 근거한다. 한 권은 스코틀랜드 변호사이자 골동품 상인
린드A.H.Rhind의 이름을 붙인 것으로 현재 런던 대영박물관이 소장하고
있다. 린드 파피루스는 아메스 파피루스라고도 불리는데, BC 1650년
무렵 이 두루마리를 필사한 서기관 아메스Ahmes를 기념하기 위해 이름
붙인 것이다. 그러므로 그는 인류 역사상 최초로 수학에 공헌하고 이
름을 남긴 인물이다. 이 파피루스는 길이
5.5m, 폭 33cm이며 중간에 잘려나간 부분
이 있다. 잘려나간 부분은 뉴욕 브루클린
박물관에서 소장하고 있다. 또 다른 한 권
은 모스크바 파피루스인데 러시아 귀족 골
레니시체프Vladimir Semyonovich Golenishchev가 테베
에서 구입한 것으로 현재 모스크바 푸시킨
예술박물관에 있다.

스코틀랜드 출신 골동품 상인 린드
는 이집트에서 구입한 파피루스로
수학사에 이름을 남겼다.

이 두 파피루스는 모두 신관문자로 쓰였고, 매우 오래 전에 일어난
내용을 기록하고 있다. 아메스는 서문에서 당시에도 이 파피루스가 이

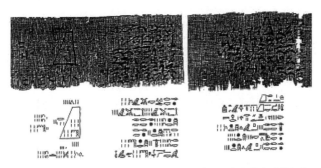

모스크바 파피루스의 일부 모습. 린드 파피루스보다 200여 년 앞서 제작한 것으로 추정된다.

미 2세기가 넘게 전해 내려왔다고 밝히고 있다. 전문가들의 고증에 의하면 모스크바 파피루스가 제본된 연대는 대략 BC 1850년이다. 따라서 이 두 파피루스는 지금까지 문자로 수학을 기록한 서적 중에서 가장 오래된 것이다. 파피루스에 적힌 내용을 보면 다양한 유형의 수학 문제집이라고 부를 수 있다. 린드 파피루스에는 85개의 문제, 모스크바 파피루스에는 25개의 문제가 기록되어 있다. 이들 문제는 대부분 실생활과 관련된 것이다. 예를 들면 빵의 성분과 맥주의 농도, 소와 가축에게 먹일 사료의 비율, 곡물의 저장과 보존 방법 등이다. 당시에는 사소했던 일상을 대표적인 예제로 삼아서 수학 문제를 편집한 것이다.

기하학이 '나일강의 선물'이라고 했으니 고대 이집트인들은 이 분야에서 어떤 성과를 이루었는지 살펴보자. 아주 오래 된 땅문서에서 임의의 사각형의 넓이를 구하는 공식이 발견됐다. a와 b, c와 d로 사각형의 마주보는 변을 표시하고, S로 넓이를 표시하면 다음과 같은 공식이 나온다.

$$S = \frac{(a + b)(c + d)}{4}$$

시도는 대범하지만 한편으로는 무척 엉성한데 그 이유는 직사각형일 때만 적용할 수 있기 때문이다. 이제 이집트인이 원의 넓이를 어떻게 계산했는지 살펴보자. 린드 파피루스의 50번째 문제에는 원의 지름이 9라고 했을 때 그 넓이는 변의 길이가 8인 정사각형의 넓이와 같다고 나온다. 원의 넓이를 구하는 공식을 이용하면 고대 이집트인이 생각하는 원주율(만약 그런 개념이 있었다면)을 구할 수 있다.

$$(8 \times \frac{2}{9})^2 \approx 3.1605$$

놀랍게도 이집트인들은 부피를 계산하는 문제(물론 그 목적은 양식을 저장하기 위해서였다)에서 이미 상당히 높은 수준에 올라 있었다. 그들은 원기둥의 부피가 밑면적에 높이를 곱한 것임을 이미 알고 있었다. 모스크바 파피루스의 14번째 문제는 높이가 h이고 윗면과 아래면의 한 변의 길이가 a와 b인 정사각뿔대의 부피를 구하는 것이다. 이집트인이 사용한 공식은 다음과 같다. 여기서도 이집트인은 정확한 공식을 산출했다.

$$V = \frac{h}{3}(a^2 + ab + b^2)$$

미국에서 활동했던 수학사 벨[E.T.Bell]은 이를 가리켜 '가장 위대한 피라미드*'라고 불렀다.

수수께끼 같은 이집트의 분수 사용법

석기 시대의 인류는 정수만을 사용했다. 그러나 청동기 시대로 들어서면서 분수 개념과 기호가 생겼다. 파피루스에서 우리는 이집트인의

---

* 영어에서 각뿔과 피라미드는 같은 단어인 Pyramid를 사용한다.

매우 중요하면서도 특이한 점을 발견할 수 있는데 바로 이들이 단위분수를 즐겨 사용했다는 점이다. 단위분수란 $1/n$ 형태의 분수를 가리킨다. 그들은 또한 1보다 작은 유리수인 진분수를 각기 다른 단위분수의 합으로 표시했다. 예를 들면 아래와 같다.

$$\frac{2}{5} = \frac{1}{3} + \frac{1}{15}$$

$$\frac{7}{29} = \frac{1}{6} + \frac{1}{24} + \frac{1}{58} + \frac{1}{87} + \frac{1}{232}$$

이집트의 자동차 번호판

이집트인이 어째서 단위분수를 이처럼 즐겨 사용했는지 그 이유는 알 수 없다. 단위분수로 분수의 사칙연산을 하면 무척 복잡해진다. 바로 이런 이유에서 후세의 사람들이 '이집트 분수$^{Egyptian fractions}$'라고 일컫는 수학 문제가 생겨났다. 이는 린드 파피루스에서 발견한 가장 가치 있는 문제이기도 하다. 이집트 분수는 수론의 한 갈래인 부정방정식에 속한다. 이를 가리켜 '디오판토스 방정식'이라고도 부르는데, 고대 그리스 수학자 디오판토스에게 경의를 표하기 위해 명명한 것이다. 이는 아래와 같이 정수해를 구하는 방정식을 말한다.

$$\frac{4}{n} = \frac{1}{x_1} + \frac{1}{x_2} + \cdots + \frac{1}{x_k}$$

이집트 분수는 다양한 문제를 도출했고 그중 많은 수가 지금까지도 해결되지 못했다. 게다가 새로운 문제를 끊임없이 만들어낸다. 그래서

해마다 세계 각국의 수많은 석사, 박사 논문은 물론이고 심지어 수학의
대가들마저 이 문제를 풀기 위해 연구하고 있다. 다음에서 몇 가지 예
를 들어보자. 1948년 헝가리 수학자 폴 에르도슈[Paul Erdős](천성선陳省身과 함
께 1983년 울프상을 수상함)와 독일 출신의 미국 수학자이자 아인슈타인의
조수 스트라우스[E.Straus]가 제기한 추론은 다음과 같다.

$$\frac{4}{n} = \frac{1}{x} + \frac{1}{y} + \frac{1}{z}$$

$n>1$이면 언제나 해가 있다. n이 소수 p일 때 추측이 성립하는지만 확인
하면 된다. 미국에서 태어난 영국 수학자 루이스 모델[L.J.Mordell]은 아래의
경우를 제외하면 이 추측은 모두 성립함을 증명했다.

$$n \equiv 1, 11^2, 13^2, 17^2, 19^2, 23^2 \,(\text{mod } 840)$$

합동식 $a \equiv b (\text{mod } m)$은 $a-b$가 m으로 나누어떨어짐을 나타내며, a와 b
가 m을 법으로 하여 합동이라고 한다. $n \equiv 2(\text{mod } 3)$일 때, 위의 추측은
항상 성립함을 쉽게 알 수 있다.

$$\frac{4}{n} = \frac{1}{n} + \frac{1}{\frac{n-2}{3}+1} + \frac{1}{n\left(\frac{n-2}{3}+1\right)}$$

어떤 사람은 $n<10^{14}$일 때 추측이 성립함을 증명하기도 했다. 이어서
수론학자가 생각해야 할 문제는 다음과 같다.

$$\frac{5}{n} = \frac{1}{x} + \frac{1}{y} + \frac{1}{z}$$

1956년 폴란드 수학자 시어핀스키[W.Sierpinski]는 $n>1$일 때 위의 방정식이

모두 해를 갖는다고 추측했다. $n < 10^9$이거나 n이 $278460k+1$ 형식의 수가 아니면 이 추측이 참임을 증명한 학자도 있다.

그러나 위의 두 문제를 완전히 해결하는 것은 가망이 없어 보인다. 필자가 이 두 문제의 자세한 부분까지 제시한 까닭은, 우선 고대 이집트인의 수학이 우리가 생각한 것처럼 그렇게 단순하지 않다는 것을 밝히기 위해서이다. 또한 보기에는 무척 간단하지만 문제를 연구하다보면 현대문명 속에서 살아가는 우리에게 새로운 영감을 주기도 한다는 사실을 알리고자 했다. '페르마의 대정리'가 그 좋은 예이다. 이것은 17세기의 프랑스인이 3세기 그리스인의 저술을 읽다가 영감을 얻어 탄생했다. 20세기 모더니즘 시가 운동을 이끌었던 미국 시인 파운드[E. Pound]는 이렇게 말했다. "가장 오래된 것이 가장 현대적이다."

메소포타미아 문명의 수학

60진법을 만든 고도의 문명 바빌로니아

나일강이 바다 근처 이집트의 수도 카이로까지 흘러가는 동안 그 물줄기는 매우 평온하다. 하지만 바그다드를 통과하는 티그리스강과 이에 비견되는 유프라테스강은 물살이 세차고 급하다. 이 두 강이 흐르는 지역인 메소포타미아(오늘날의 이라크이며 그리스어로는 두 강 사이의 땅을 뜻한다) 지역 사람들은 전란을 겪는 것과 같은 삶을 살았다. 기록으로 전해오는 역사만 놓고 볼 때 이 지역은 10여 개의 외래 민족의 침략을 받으면서도 고도의 통일된 문화를 꿋꿋하게 유지했다. 또한 수메르, 바빌로니아, 신아발론 왕국에 의해 세 차례나 인류 문명 최고의 전성기를 누렸다. 이렇듯 오랜 세월 동안 문화적 통일을 이룰 수 있었던 데에는 특수한 형태의 쐐기문자가 중요한 역할을 담당했다.

바빌로니아는 메소포타미아 남동부에 위치한다. 바그다드 주변에서 남쪽으로 내

수메르인의 원기둥 모양의 인장.

려가면 페르시아 만에 닿는다. 바빌론 성은 이 지역의 중심 도시이기 때문에 바빌로니아를 줄여서 '바빌론'이라 부르기도 한다. 이집트인과 마찬가지로 바빌로니아인도 강변에 거주했다. 그곳의 토지는 비옥했고 관개수로가 수월해서 찬란한 문명을 꽃피울 수 있었다. 이들은 쐐기문자 외에 최초의 법전을 만들고 도시국가를 건설했으며 물레, 범선, 쟁기 등을 발명했다. 이들은 끈기 있는 건축가이기도 했다. 탑과 공중정원을 연결한 것은 이런 정신의 산물이다. 『브리태니커 백과사전』의 편집자가 적은 대로 바빌로니아인은 서양 문명에서 문학, 음악, 건축 양식 분야에 지대한 영향을 끼쳤다.

수를 셈하는 방식에서 바빌로니아인은 독특하게도 60진법을 사용했다. 이들은 특히 두 개의 기호만을 사용했는데 아래쪽으로 내려 그은 쐐기와 왼쪽으로 누운 쐐기, 그리고 이것을 조합해서 배열하면 모든 자연수를 표시할 수 있다. 익히 알려진 대로 바빌로니아인은 하루를 24시간, 1시간을 60분, 1분을 60초로 나누었다. 이들이 시간을 계산하는 방식은 후에 전 세계로 퍼져서 오늘날까지 무려 4천 년이 넘게 사용되고 있다.

이집트인이 파피루스에 기록을 남겼던 것과 달리 두 개의 강 사이에서 거주하던 이들은 부드러운 점토판 위에 날카로운 갈대줄기로 쐐기문자를 새겼고 이것을 햇볕에 말리거나 구워서 건조시켰다. 이렇게 제작된 점토판은 파피루스보다 보존이 더 잘 되어서 현재까지 50만 개의 점토판이 출토됐다. 이는 우리가 고대 바빌로니아 문명을 이해하는 데 주요한 길잡이가 되고 있다. 다만 이집트 상형문자보다 쐐기문자가 늦게 해독되어 대략 19세기 중엽에 이르러서야 읽을 수 있게 되었다.

지금의 이란 서부와 맞닿은 이라크의 도시 바흐타란^{Bakhtaran} 교외에는 비시툰^{Bisiton}이라는 이름의 절벽이 있다. 여기에 내용은 같지만 바빌로니아, 고대 페르시아, 엘람 이렇게 세 종류의 문자로 새겨진 한 편의 글이 있다. 엘람^{Elam}은 고대 페르시아의 한 나라인데 후에 멸망하면서 그 언어 또한 함께 사라졌다. 절벽에 새겨진 바빌로니아 문자를 해독한 사람은 헨리 롤린슨^{H.C.Rawlinson}이라는 이름의 영국 장교이다. 사관생도였던 그는 인도에 파견되어 영국의 동인도 회사에서 일했다. 23세가 되던 해에 상부의 명령에 따라 다른 영국 장교와 함께 이란 국왕의 군대 조직을 개편했다. 이 일을 계기로 그는 페르시아 유적에 흥미를 느끼기 시작했다. 그는 고대 페르시아어에 관한 지식을 이용해서 쐐기문자로 쓰인 바빌로니아어를 해독했다.

비시툰 절벽에 새겨진 글은 페르시아 제국에서 가장 명성이 높았던 다리우스 1세가 왕위 계승자를 살해하고 반대파를 숙청한 뒤 왕위를 찬탈한 경위를 설명한 것이다. 이 일은 BC 6세기에 일어났다. 다리우스의 영토는 아시아, 유럽, 아프리카 세 대륙에 뻗어 있었기 때문에 바빌로니아도 자연스럽게 페르시아의 판도에 포함되었다. 주목할 사실은 '역사의 아버지'라고 불리는 헤로도토스가 말한 대로, 다리우스는 자신의 군대가 유명한 마라톤 전투에서 패배했다는 소식을 들은 뒤 세상을 떠났다. 이 전쟁은 그가 그리스를 상대로 일으킨 두 번째 공격이었다. 그러나 바빌로니아어로 기록된 내용을 해독했어도 함께 새겨진 수학에 관한 내용은 1930~1940년대가 되어서야 비로소 밝혀졌다.

점토판에 쐐기문자를 기록하다

출토된 50만 개의 점토판 중에서 300개가 수학에 관한 내용을 담고 있다. 이를 통해 당시 바빌로니아 사람들의 수학 수준을 가늠해볼 수 있다. 앞에서 소개한 것처럼 바빌로니아인은 60진법의 쐐기문자로 된 계수係數 체계(기호와 숫자로 된 식에서 기호문자에 대한 숫자를 가리킨다-편집 자 주)를 만들었다. 아울러 시간과 분을 60개의 단위로 나누었다. 바빌로니아인이 사용한 숫자 기호 는 이집트와 달리 숫자의 위치가 달라지면 그 값도 달라졌다. 이것 은 수학적으로 매우 위대한 진전 이다. 후에 그들은 이 원리를 정 수뿐 아니라 분수에도 적용했다. 그래서 이집트인처럼 단위분수에 의존하지 않았다.

바빌로니아인이 점토판에 새긴 쐐기문자. 중복 된 짧은 선과 뾰족한 무늬로 표시되었다.

바빌로니아인은 이집트인보다 산술을 더 잘 했다. 이들은 성숙한 계 산법을 매우 많이 만들었는데 제곱근이 그중의 한 예이다. 이 방법은 간 단하면서도 매우 효과적인데 구체적인 계산 방법은 다음과 같다. $\sqrt{a}$ 의 값을 구하려면 a_1을 근삿값이라 가정하고 우선 $b_1 = a/a_1$을 구한 뒤 $a_2 = (a_1 + b_1)$이라 하자. 다시 $b_2 = a/a_2$라 하면 $a_3 = (a_2 + b_2)/2$라 할 수 있으므 로 그 수의 값은 $\sqrt{a}$에 점점 가까워진다. 예를 들면 미국 예일 대학에서 소장하고 있는 한 점토판(일련번호 7289)에는 $\sqrt{2}$를 60진법의 소수로 표 시했다.

$$\sqrt{2} \approx 1 + \frac{24}{60} + \frac{51}{60^2} + \frac{10}{60^3} = 1.41421296\cdots$$

이것은 정답에 매우 근접한 값인데 왜냐하면 정확한 값은 $\sqrt{2} \approx$ 1.4142135623⋯ 이기 때문이다.

바빌로니아인은 대수 영역에서도 훌륭한 성과를 거두었다. 이에 반해 이집트인은 1차 방정식과 $ax^2 = b$와 같은 매우 단순한 2차 방정식만 풀 수 있었다. 예일 대학에서 소장하고 있는 점토판에서 바빌로니아인의 2차 방정식 $x^2 - px - q = 0$의 근을 구하는 공식을 확인할 수 있다.

$$x = \sqrt{\left(\frac{p}{2}\right)^2 + q} + \frac{p}{2}$$

양의 계수 2차 방정식에 양의 근이 없기 때문에 위의 방정식 외에, 점토판에는 또 다른 두 종류의 2차 방정식의 근을 구하는 과정을 제시했다. 이것은 16세기 프랑스 수학자 프랑수아 비에트$^{Francois\ Vi\`ete}$가 발명한 근과 계수 관계식과 일치한다. 다만 비에트는 더욱 일반적인 상황인 방

고대 바빌로니아인이 계산한 $\sqrt{2}$의 값. 소수점 아래 다섯 자리까지 정확하게 일치한다.

정식 $ax^2 + bx + c = 0$을 고려했다. 따라서 우리는 이것을 '바빌로니아 공식'이라고 불러도 무방하다. 한편 $x^3 = a$ 혹은 $x^3 + x^2 = a$과 같이 특수한 3차 방정식에 대해 바빌로니아인은 일반적인 해법을 구하지 못했지만 그에 상응하는 세제곱근의 표를 만들었다.

그러나 기하학 분야에서 바빌로니아인은 이집트인의 수준을 뛰어넘

지 못했다. 예를 들면 이들이 사각형의 넓이를 구하는 방법은 이집트인의 엉성한 계산 공식과 일치했다. 원의 넓이를 구할 때 이들은 그 값이 반지름 제곱의 3배라고 보았다. 이는 원주율을 3으로 정한 것인데 그 정확도에 있어서 이집트인에 미치지 못한다. 한편 헤로도토스가 칭찬했던 모스크바 파피루스에 나오는 '가장 위대한 피라미드'에 대해 바빌로니아인도 유사한 공식을 도출해냈다.

플림프톤 322호의 비밀을 풀다

점토판 위의 몇몇 문제들은 바빌로니아인이 수학을 연구한 목적이 실용적인 차원 외에 수학 이론에 흥미를 느꼈음을 보여준다. 이 점에서 현실 생활의 필요 때문에 수학을 연구한 이집트인과는 차이가 있다. '플림프톤 322호'라고 부르는 이 점토판이 이러한 사실을 알려준다. 이 점토판이 어떻게 만들어졌는지는 고증이 되지 않았다. 다만 플림프톤이라는 사람이 소장했었다는 사실만 알려져 있다. 322는 그가 개인적으로 점토판에 붙인 일련번호이며 지금은 콜롬비아 대학 도서관에서 소장하고 있다. 사실 플림프톤 322호는 원래 점토판의 오른쪽 부분만 남아 있고 왼쪽은 잘려나갔다. 접착제를 바른 흔적이 있는 것으로 보아 출토된 후에 깨진 것으로 보인다.

플림프톤 322호

실제 크기는 길이 12.7cm, 폭 8.8cm로 꽤 작다. 그 위에는 고대 바빌로니아어가 새겨져 있는 것으로 보아서 아무리 늦어도 BC 1600년에 제작된 것으로 보인다. 실제로 이 점토판에는 4열 15행으로 된 표가 있고 그 안에는 60진법의 숫자가 새겨져 있다. 이 때문에 상당히 오랜 시간 동안 사람들은 이것을 상인의 거래 장부로 여기고 주목하지 않았다. 그러다 1945년 당시 미국 잡지 〈수학 리뷰$^{Mathematical Reviews}$〉의 편집자를 맡고 있던 노이게바우어$^{O.Neugebauer}$가 이 표 안의 숫자가 담고 있는 뜻을 발견한 뒤로 세간의 관심이 집중되었다. 그는 플림프톤 322호가 피타고라스 수와 관련이 있음을 알아냈다. 피타고라스 수란 아래의 식을 만족하는 임의의 정수 배열(a, b, c)이다.

$$a^2 + b^2 = c^2$$

고대 중국에서도 이를 구고수^{勾股數}라 불렸는데 가장 작은 값은 $(3, 4, 5)$이다. 기하학적인 의미에서 말하자면, 피타고라스 수는 직각삼각형을 구성하는 세 변의 길이를 가리킨다. 제2열, 제3열에 새겨진 숫자 모두 피타고라스 삼각형의 빗변 c와 직각을 이루는 한 변 b로 구성되어 있다. 그중 네 곳만 예외인데 노이게바우어는 아마도 기록하면서 생긴 실수라고 보고 이를 수정했다.

예를 들면 이 표의 1, 5, 11행은 각각 $(1, 59 ; 2, 49)$, $(1, 5 ; 1, 37)$, $(45 ; 1, 15)$이다. 이를 10진법으로 바꾸면 $(120, 119, 169)$, $(72, 65, 97)$, $(60, 45, 75)$가 된다. 각 3쌍의 첫 번째 수는 계산을 통해 얻은 직각을 이루는 또 다른 변 a이며, 이들은 모두 정수이다. 표의 빈 칸을 채우고 난 뒤, 노이게바우어는 제4열(제1열은 순번이다)의 숫자가 $s = (a/c)^2$임을 발견했다. 이는 s가 변 b가 마주보는 각에 대한 시컨트 제곱이라는 의미이다. 변 b가 마주보는 각을 B라고 한다면 다음과 같다.

$$s = \sec^2 B$$

플림프톤 322호의 제4열이 실제로 뜻하는 것은 31°~45°까지의 시컨트 함수의 제곱을 약 1° 간격으로 나타낸 표이다. 그로부터 약 천 년이 지난 뒤에서야 그리스인은 서로소인 피타고라스 수(a, b, c)가 다음의 공식에서 나왔다는 사실을 알아냈다.

$$a = 2uv, \ b = u^2 - v^2, \ c = u^2 + v^2$$

여기서 $u > v$,이고 u, v는 서로소이면서 하나는 짝수이고 하나는 홀수이다. 그러나 바빌로니아인이 어떻게 이 숫자들을 계산해서 얻었는지는 알 수 없다. 이렇듯 노이게바우어의 천재적인 발견으로 수학 분야에서 바빌로니아인이 이뤄놓은 성과가 세상에 알려졌다.

이쯤에서 이 오스트리아인에 대해 알아보자. 노이게바우어는 19세기의 마지막 해에 태어났다. 하지만 일찍 부모를 여의었고, 삼촌의 집에서 성인이 될 때까지 지냈다. 18세가 되던 해 그는 졸업 시험을 피하기 위해 군대에 들어가 포병이 되었다. 1차 세계 대전이 끝난 후 이탈리아의 포로수용소에서 같은 오스트리아인이었던 철학자 비트겐슈타인과 포로수용소 동기가 되었다. 고향으로 돌아온 그는 오스트리아와 독일의 몇몇 대학을 전전하며 물리학과 수학을 배웠고 마지막으로 괴팅겐 대학에서 수학사를 배웠다. 졸업 후에는 미국의 브라운 대학에서 일하다가 프린스턴 대학으로 옮겨서 학생들을 가르치기도 했다. 수학 외에도 고대 이집트 문자와 바빌로니아 문자에 능통했는데, 이런 점을 바탕으로 플림프톤 322호를 해독할 수 있었던 것이다.

이집트인과 바빌로니아인은 앞에서 소개한 수학적 성과를 거두었을 뿐만 아니라 수학을 실제 생활에도 응용했다. 그들은 파피루스와 점토판에 장부명세, 어음, 신용카드, 판매내역서, 저당 문서, 차용증 그리고 분배와 이윤 등의 내용을 기록했다. 산술, 대수는 상업상의 거래에 쓰였고, 기하학 공식은 토지와 운하의 횡단면의 넓이를 구하거나 원형의 창고 또는 각뿔 모양의 창고에 저장된 곡식의 양을 계산하는 데에 쓰였다. 물론 이집트인의 피라미드와 바빌로니아인의 탑, 공중화원 모두 수학적 지혜가 응집되어 건설된 것이다.

　수학과 천문학이 역법을 계산하고 항해하는 데에 쓰이기 전부터 인류는 본능적인 호기심과 대자연에 대한 경외심으로 태양, 달, 별의 운행을 주의 깊게 관찰했다. 이집트인은 1년이 365일이라는 사실을 이미 알고 있었고 계절의 변화에 대해서도 이해하고 파악했다. 그들은 태양의 방위와 각도를 관찰함으로써 나일강이 범람하는 시간을 예측했고, 별의 위치와 방향을 식별하여 배를 타고 지중해나 홍해에서 항해할 때 정확한 방향을 잡을 수 있었다. 바빌로니아인은 대행성들의 위치를 예측할 수 있었을 뿐만 아니라 삭망朔月과 일식, 월식이 일어나는 시간을 몇 분의 오차 내에서 정확히 예측했다.

　바빌로니아와 이집트에서 수학이 미술, 건축, 종교 그리고 자연현상의 탐구에 끼친 영향은 상업과 농업 분야와 비교해도 결코 손색이 없다. 바빌로니아와 이집트의 종교 지도자들은 보편적인 수학 원리를 파악했지만 이러한 지식을 비밀에 부치고 외부에 알리지 않았다. 이들은 오직 구술로만 전수했다. 왜냐하면 당시 통치계급은 그들만이 알고 있는 수학적 지식을 통해 일반 대중들에게 경외심을 심어줄 수 있었기 때문이다. 이런 사회적 배경 때문에 신관이 통치하던 문명에서는 수학이 크게 발전하지 못했다.

1531년의 라틴어 성경

한편 종교적 신비주의 자체도 자연수의 성질에 호기심을 느끼고 수를 신비주의 사상을 드러내는 중요한 매개체로 삼았다. 일반적으로 바빌로니아의 제사장은 수와 관련된 신비한, 심지어 몽환적인 학설을 만들어냈고 후에 히브리인이 이것을 이용하고 발전시켰다. 숫자 7을 예로 들면, 바빌로니아인은 이 숫자가 신의 위력과 복잡한 자연계 사이의 조화를 나타낸다고 여겼다. 히브리인에게 7은 일주일을 이루는 날수가 되었다. 『성경』에서 신은 엿새 동안 세상과 사람을 창조했고 제7일에 안식했다고 전한다.

숫자에 관한 수수께끼도 있다. 바빌로니아인은 왜 원을 360°라고 설정했을까? 이것은 바빌로니아인이 기원전 마지막 세기에 만든 것이지만 그들이 오랫동안 써왔던 60진법과는 무관하다. 여러가지 설이 있는데, 한 지점에서 태양이 뜨는 것을 측정한 뒤 다시 그 자리로 돌아오기까지의 기간을 재봤더니 360일이 걸렸다고 한다. 그래서 1년을 360일로 정하고 다시 30일씩 나눠 12달을 정했는데 그 당시에는 특별한 달력이 없어 1년을 원으로 나타냈다. 이것이 기원이 되어 원의 각도가 360도가 되었다는 이야기이다. 그리고 60진법은 시간, 분, 초의 단위에서 사용되었다. 한편 이집트인은 천문, 기하학 지식을 신전을 짓는 데 사용했다. 1년 중에서 낮이 가장 긴 날에 햇빛이 신전에 바로 들어와서 제단의 신상을 밝힐 수 있도록 한 것이다. 피라미드는 동서남북 네 방향을 향하고 있는데 그 입구는 모두 북쪽에 있다. 또한 스핑크스의 얼굴은 동쪽을 향한다.

인류는 문명이 발전하는 과정에서 생기는 문제를 수학을 통해 해결했고 주변 환경에 대해 끊임없이 호기심을 느꼈다. 여기에 하늘에 대한 다양한 상상력이 더해져서 수학적 영감과 잠재력을 자극했다. 그런데 수학적 규칙은 자연계 자체에도 존재한다. 달리 말하자면 자연계는 수학의 형식으로 존재한다. 플라톤이 말한 대로 신은 기하학자이거나 아니면 야코비^{Karl Gustav Jacob Jacobi}(19세기 타원함수론의 기초를 세운 독일의 수학자-역주)가 주장한 대로 산술가이다. 결국 조물주는 수학을 통해 세상을 창조했다는 것이다. 따라서 처음에는 인류의 생존에 필요한 문제를 해결하기 위해 생겨났던 수학이 인류와 함께 계속 발전해왔음을 알 수 있다.

불행히도 이집트와 바빌로니아 모두 역사상 외적의 침입을 수없이 많이 받았고 이에 따라 중동 지역의 문명 혹은 왕조는 빈번하게 교체되었다. 특히 7세기 중엽 이 지역을 통치한 아라비아인은 이 두 지역의 언어와 신앙을 새롭게 평정했다. 그러나 이 두 민족은 현대사회로 제대로 진입하지 못했다. 사회가 발전을 이어가지 못해 생산력이 현저히 뒤떨어졌기 때문이다. 비록 이라크의 원유 보유량이 세계에서 두 번째를 차지하고 있지만 말이다. 21세기로 들어선 뒤 그들은 이라크 전쟁과 '재스민 혁명'(2010년 튀니지 국민들이 독재 정권에 반대하여 일으킨 반정부 시위에서 시작하여 북아프리카와 중동 일대로 번진 민주화 혁명. 튀니지의 국화 재스민에서 유래했다-역주)을 연이어 겪었다. 이와 같이 한 나라 혹은 민족이 어느 시기에 이룬 높은 수학 수준과 문명만 가지고는 그 경제와 사회가 영원히 발전하리라 보장하지 못한다.

제2장

추상과 설계의 힘,
그리스 수학

코대 그리스는 수많은 수학자와 철학자를 배출했다.

마치 르네상스 시기 이탈리아에서 무수한 작가와 예술가가 배출된 것과 같다.

— 본문에서

고대 그리스 수학에 영향을 끼친 인물 연표

BC 800	호메로스(Homers, BC 800?~750)
BC 600	탈레스(Thales, BC 624~546?)
	아낙시만드로스(Anaximandros, BC 610?~546)
BC 500	아낙시메네스(Anaximenes, BC 585?~525?)
	피타고라스(Pythagoras, BC 582?~497?)
	헤라클레이토스(Heraclitus, BC 540? ~470?)
	파르메니데스(Parmenides, BC 515?~445?)
BC 400	페리클레스(Pericles, BC 495?~429?)
	제논(Zenon of Elea, BC 490?~425?)
	헤로도토스(Herodotus, BC 484~425)
	소크라테스(Socrates, BC 469~399)
	크세노폰(Xenophon, BC 440~354)
	플라톤(Plato, BC 427~347)
BC 300	아리스토텔레스(Aristotle, BC 384~322)
	유클리드(Euclid, BC 약 300)
	에우데모스(Eudemus, BC 약 300)
BC 200	아르키메데스(Archimedes, BC 287~212)
	에라토스테네스(Eratosthenes, BC 276?~194?)
	아폴로니오스(Apollonios, BC 262~190)
AD 10	헤론(Heron, 약 10~70)
	플루타르코스(Plutarchos, 46?~120)
	프롤레마이오스(Ptolemaeus, 83?~168?)
AD 200	디오판토스(Diophantos, 246?~330)
	파푸스(Pappus, 290~350)
AD 300	에우독소스(Eudoxus, BC 390~337)
	히파티아(Hypatia, 355~415)
AD 400	프로클로스(H. D. Proclus, 410?~485)

수학자들의 탄생

현재와 평등을 중시한 그리스인의 등장

대략 BC 7세기 무렵 지금의 이탈리아 남부, 그리스와 소아시아(터키 영토에 해당하는 아시아 대륙의 서쪽 끝) 일대에 고대 그리스 문명이 시작되었다. 그리스 문명은 여러 분야에서 앞에서 서술했던 고대 이집트와 고대 바빌로니아 문명과 차이를 보인다. 영국 작가 웰스[H.G.Wells]에 따르면, 바빌로니아인과 이집트인은 원시 농경사회에서 시작되어 신전과 제사장을 중심으로 생활하면서 오랜 세월에 걸쳐 서서히 발전했다. 이와 다르게 유목민이었던 그리스인은 외래 민족이었다. 그들이 침략한 지역은 본래 농업, 해운, 도시국가였고 심지어 문자까지 사용하며 높은 문명을 이루고 있었다. 새로운 영토를 차지한 그리스인은 자기만의 고유한 문명을 만들어 내지 않고, 기존에 있던 문명을 파괴한 뒤 그 폐허 위에 또 다른 문명을 새롭게 쌓아올렸다. 바로 이런 이유에서 이후 마케도니아가 침략했을 때 그리스인은 침략자를 담담하게 받아들였고 그들에게 동화되었다.

러셀은 이집트인과 바빌로니아인을 예로 들며 인간의 지성은 종교라는 제약 때문에 마음껏 발휘되지 못했다고 평했다. 이집트인의 종교는 사후 세계에 집착했다. 이집트를 상징하는 피라미드는 죽은 왕들을 위해 쌓아올린 대규모의 왕릉이다. 이에 반해 바빌로니아인의 종교관은 현실 세계에서의 행복에 초점을 두었다. 별의 움직임을 기록하고 그와 관련된 법술과 점성술이 모두 이를 위해서였다. 특이한 점은 선지자나 제사장에 해당하는 사람이 없고 모든 것을 다스리는 유일신의 개념도 없었다. 유목민 출신의 그리스인은 개척정신이 뛰어났지만 전통에 얽매이는 것을 싫어했다. 그들은 오히려 새로운 문물을 접하고 배우기를 좋아했다. 그래서 그리스인은 자신들이 사용하던 상형문자를 서서히 페니키아인의 표음문자로 바꾸었다.

또 다른 특징은 외부와의 왕래가 빈번했다는 것이다. 그리스를 여행한 적이 있는 사람이라면 알겠지만 메마른 산맥이 국토를 나누고 있어 지형이 평탄하지 않다. 이 때문에 과거 육로 교통이 무척 불편했다. 국토를 관통하는 하류나 수로망이 없고 단지 군데군데 비옥한 평원만이 있을 뿐이었다. 거주할 지역이 부족해지자 사람들은 바다로 나가서 새로운 식민지를 개척하기 시작했다. 그 결과 그리스인의 거주지는 시칠리아섬, 남이탈리아에서부터 흑해 연안까지 널리 분포되었다. 이렇게 많은 사람들이 타지에서 살다보니 친척을 만나기 위해 또 무역을 하느라 본토로 자주 왕래했다. 그래서 동지중해와 흑해의 모든 항구를 운항하는 정기 노선이 생겼다(이 노선은 지금까지도 이어져서 아테네와 에게해 주변 섬 사이의 항선이 빽빽하게 짜여 있다). 여기에 일찍이 지진 때문에 소아시아로 이주한 크레타인까지 가세해서 동방과의 왕래가 점점 더 늘어났다.

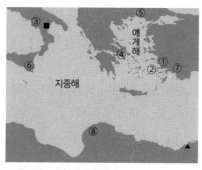

고대 그리스 수학자의 출생지
▲ 알렉산드리아 ■ 크로톤 ① 탈레스 ② 피타고
라스 ③ 제논 ④ 플라톤 ⑤ 아리스토텔레스 ⑥ 아
르키메데스 ⑦ 아폴로니오스 ⑧ 에라토스테네스

그리스는 메소포타미아 문명과 가까이 위치해서 그곳의 문화를 쉽게 받아들일 수 있었다. 이집트와 바빌론을 여행하던 많은 수의 그리스 상인, 학자들은 고향으로 돌아오면서 현지의 수학 지식도 함께 가져왔다. 그리스 사회의 합리주의적 분위기 속에서 이러한 경험주의적 산술과 기하학 법칙은 논리성을 갖춘 논증 수학 체계로 그 단계가 올라갔다. 우리는 다음과 같은 질문을 자주 한다. '왜 이등변삼각형의 두 밑각은 합동일까?', '왜 원의 지름이 원을 이등분할 수 있을까?' 미국 수학사학자 하워드 이브스[H.Eves]는 고대 동방의 경험론적 방법은 수학적 명제가 '어떻게' 성립하는지 물으면 자신만만하게 대답하지만, 좀 더 과학적으로 분석해서 '왜'라는 질문을 만나면 대답을 주저한다고 지적했다.

마지막으로 그리스의 도시국가와 정치적인 특징을 살펴보자. 동양에서 문명을 꽃피운 고대국가 대부분이 통일 왕국이었던 것과 달리 그리스 도시국가는 처음부터 끝까지 할거割據 상태였다. 이는 산맥과 큰 바다로 인해 사람들이 해안가에 분산되어 거주했던 지리적 특성 때문이다. 그리스의 사회 구조를 보면 주로 귀족과 평민 두 계급으로 구성되어 있었다. 일부 지역에서는 원주민이 농민, 기술자 혹은 노예가 되었다. 귀족과 평민은 서로를 철저히 분리하지 않았고, 전쟁이 일어나면 왕의 지휘를 따랐다. 그런데 이 왕은 어느 귀족 가문의 대표일 뿐 왕족이 아니었기 때문에 민주적이고 합리적인 분위기가 형성될 수 있었다. 이모든 것이 그리스인이 세계 문명의 무대에 올라 중요한 역할을 맡을 수 있는 발판이 되었다.

역사상 최초의 수학자 탈레스

인류 문명의 역사를 살펴보면 기막힌 우연을 자주 발견하게 된다. 고대 그리스에서 많은 수학자와 철학자가 탄생했는데 이는 르네상스 시기 이탈리아에서 다수의 작가와 예술가를 배출한 것과 같다. 1266년 단테^{Dante}가 피렌체에서 태어난 이듬해, 이 도시에서 위대한 화가 조토^{Giotto}가 태어났다. 미술사상 가장 위대한 시대는 조토에서부터 시작한다는 것이 이탈리아인의 일반적인 견해이다. 영국 예술사학자 에른스트 곰브리치$^{sir\,E.H.Gombrich}$에 따르면 그가 태어나기 이전 사람들은 예술가를 솜씨가 뛰어난 목수 혹은 재단사로만 여겼다. 예술가들이 자신의 작품에 서명조차 하지 않는 경우도 종종 있을 정도였다. 그러나 조토 이후에 비로소 예술가들의 사조가 등장했다.

이에 반해 수학자는 일찍부터 세상에 이름을 알렸다. 처음 후세에 이름을 알린 수학자는 그리스의 탈레스^{Thales}인데 그가 살았던 시대는 조토보다 18세기나 앞선다. 탈레스는 소아시아의 밀레투스^{Miletus}(지금의 터키 아시아 지역 서안 멘데레스강

밀레투스의 폐허에 남은 이오니아식 기둥

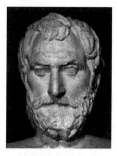
탈레스 두상

Menderes 부근)에서 태어났다. 당시 그곳은 그리스 동쪽 지역에서 가장 큰 도시였고 거주민 대부분이 과거 좁은 해안과 섬에 흩어져 살았던 이오니아 출신 이민자들이었다. 독특하게 이 도시의 통치 세력은 귀족이 아닌 상인이었다. 그래서 사회 분위기가 비교적 자유롭고 개방적이었던 만큼 문학, 과학, 철학 분야에서 유명인을 다수 배출했다. 시인 호메로스 Homer와 역사학자 헤로도토스 또한 이오니아 출신이다.

후대 철학자들의 저서를 토대로 탈레스의 일생에 대해 살펴보자. 그는 어려서 장사를 했기 때문에 바빌로니아와 이집트에 머문 적이 있었다. 그곳에서 수학과 천문학 지식을 배웠고 금세 능통했다. 이 두 분야 외에도 물리학, 공학, 철학도 공부했는데 아리스토텔레스의 저서에 남겨진 유명한 일화가 있다. 어느 날 탈레스는 자신이 알고 있던 농업 지식과 기상 자료를 가지고 그 해 올리브 수확이 풍년일 것을 예견했다고 한다. 그리고 미리 시장에 나와 있는 모든 착유기를 헐값으로 사들였다. 시간이 지나고 예견한 대로 풍년이 되자 그는 비싼 값에 착유기를 임대해서 큰돈을 벌었다. 그가 이렇게 한 것은 부자가 되기 위해서가 아니었다. 그렇게 똑똑하면 왜 부자가 되지 못했냐며 비웃었던 사람들에게 본때를 보여주기 위해서였다.

탈레스의 또 다른 일화는 플라톤이 남겼다. 어느 날 탈레스가 천문현상을 보느라 도랑에 빠진 적이 있었다. 한 아리따운 여인이 이를 보고는, 가까운 발아래도 보지 못하는데 하늘의 일을 어찌 알겠느냐며 비꼬았다. 탈레스는 그녀에게 아무 대꾸도 하지 않았다. 한편 로마 제국 시기 그리스 전기 작가 플루타르코스[Plutarchos]의 기록에 따르면, 어느 날 밀레투스에 온 아테네 집정관 솔론[Solon]은 탈레스에게 왜 결혼하지 않느냐고 물었다(탈레스는 아마도 독신으로 살았던 수많은 소피스트[Sophist]들의 시조일 것이다). 솔론의 질문에 탈레스는 바로 답을 하지 않았다. 그런데 며칠 뒤 솔론은 자신의 아들이 아테네에서 죽었다는 비보를 들었다. 그는 슬픔에 겨워 어찌할 바를 몰랐다. 이때 탈레스가 껄껄 웃으며 나타났다. 그리고는 방금 들은 소식이 거짓이며 자신이 결혼하지 않은 이유가 바로 가족을 잃는 고통이 두렵기 때문이라고 설명했다.

최초의 수학사가 에우데모스[Eudemus]는 이런 글을 썼다. "탈레스는 이집트의 기하학을 그리스에 소개했고, 스스로 많은 명제를 발견했다. 또한 다른 명제를 추론할 수 있는 기본 원리를 학생들이 연구할 수 있도록 지도했다." 탈레스는 사람의 키와 그림자의 관계를 통해 이집트 피라미드의 높이를 계산해냈다고 한다. 플라톤의 한 제자가 쓴 책에는 탈레스가 평면 도형에 관해 다음과 같은 명제를 증명했다고 기록되어 있다. '원의 지름은 원을 이등분한다.', '이등변삼각형의 밑각의 크기는 서로 같다.', '교차하는 두 직선이 만든 맞꼭지각의 크기는 같다.', '두 삼각형의 대응하는 두 각과 그 사이의 변의 길이가 같으면 이 두 개의 삼각형은 합동이다.'

물론 탈레스가 유명해진 것은 반원의 원주각은 직각이라는 '탈레스의 정리' 때문이다. 더 중요한 것은 그가 명제를 증명하는 방법을 도출했다는 것이다. 즉 공리와 참임을 이미 인정받은 명제를

탈레스의 정리

가지고 다른 명제를 증명함으로써 논증 수학의 새로운 문을 연 것이다. 이것은 수학 역사상 매우 의미 있는 도약이다. 탈레스가 이러한 성과를 얻었음을 증명하는 직접적인 문헌은 없지만 그에 대한 기록이 현재까지 전해오고 있다. 이런 이유로 그를 역사상 첫 번째 수학자이자 논증 기하학의 시조라고 할 수 있다. 또 '탈레스의 정리' 역시 수학 역사상 처음으로 수학자의 이름을 붙인 정리가 되었다.

수학 이외 분야에서도 탈레스는 뛰어난 업적을 남겼다. 그는 햇빛이 수분을 증발시키고, 수증기가 수면에서 상승해서 구름이 되고, 구름은 다시 비로 바뀌기 때문에 물이야말로 만물의 근원이라고 여겼다. 이 생각은 후에 틀렸다고 증명되었지만, 대자연의 본래 모습을 과감하게 드러냈고 이를 바탕으로 자신만의 사상 체계를 세워나간 것을 알 수 있다. 그는 지구가 하나의 원반이며 물 위에 떠있다고 생각했다. 이런 점을 들어 탈레스를 그리스 철학의 시조라고 부른다. 물리학 분야에서는 호박을 마찰했을 때 정전기가 생긴다는 사실을 발견했다. 헤로도토스는 탈레스가 일식을 정확히 예측했다고 말하기도 했다. 또한 에우데모스는 그가 춘분, 하분, 추분과 동지에 따라 구분되는 사계절의 길이가 동일하지 않음을 이미 알고 있었다고 믿었다.

수학이란 이름을 만든 피타고라스

탈레스 이후 밀레투스에서 아낙시만드로스Anaximandros와 아낙시메네스Anaximenes 두 명의 철학자가 연이어 태어났다. 작가 헤카타이오스Hecataeus(간결하고 유려한 문체로 최초의 여행기를 쓴 작가이자 지리학과 인종학의 선구자이다)도 밀레투스 출신이다. 아낙시만드로스는 세계는 물로 이루어진 것이 아니라 우리가 알지 못하는 특수한 기본 형식으로 구성되어 있으며 지구는 자유롭게 떠다니는 원기둥이라고 생각했다. 또한 그는 '귀류법'을 만들었는데 이 방법으로 인간이 바닷물고기에서 변한 것이라고 추론했다. 한편 아낙시메네스의 생각은 달랐다. 그는 공기가 만물의 근원이라고 주장했다. 즉 공기의 응집과 분산이 각종 물질의 형식을 만들어냈다고 이해한 것이다.

밀레투스에서 화살을 쏘면 날아갈 거리에 사모스라는 작은 섬이 있다. 사모스섬 사람들은 육지에 사는 사람들에 비해 보수적이었다. 이곳에는 엄격한 교리가 없는 오르페우스교가 세력을 떨쳤고 신도들을 자주 소집했다. 이것이 어쩌면 철학을 일종의 생활 방식으로 만든 계기일지도 모른다. 이런 새로운 철학의 선구자가 피타고라스^{Pythagoras}이

사모스섬의 피타고라스 기념비

다. 그는 성인이 된 뒤 사모스섬을 떠나 배움을 위해 밀레투스로 향했다. 피타고라스는 그곳 사람들을 보면서 철학이 매우 실제적인 학문이라는 사실을 깨달았다. 이는 세속에 초연하고 명상을 즐기는 그의 취향과 맞지 않았다.

피타고라스는 인간을 세 종류로 나눴다. 가장 낮은 계층은 상업에 종사하는 사람이고 그 다음은 올림피아드 경기에 참가하는 사람이며 가장 높은 계층은 방관자, 즉 학자 혹은 철학자이다. 그 후 피타고라스는 밀레투스를 떠나 홀로 이집트로 건너가서 그곳에서 이집트인의 수학을 배웠다. 후에 이집트가 페르시아의 침략을 받을 때 포로가 된 그는

바빌론으로 끌려가 한동안 지내면서 좀 더 발전된 수학 지식을 습득했다. 당시 여행길이 막혀서 피타고라스가 배를 타고 고향으로 돌아왔을 때는 이미 상당한 시간이 흐른 뒤였다. 이는 중국 동진의 법현法顯과 당나라의 현장玄奘이 인도로 불경을 얻으러 떠났던 14년간의 여행보다 더 긴 시간이었다.

그러나 보수적인 사모스인은 여전히 피타고라스의 사상을 받아들이지 않았다. 그는 다시금 바다를 건너 이탈리아 남부 크로톤Croton(지금의 칼라브리아 크로토네Crotone-역주)으로 가서 정착했고 결혼해서 아이를 낳았으며 널리 제자를 받아들여서 피타고라스 학파를 세웠다. 이 학파는 안에서 배우고 익힌 것을 외부에 발설하면 안되는 등 규율이 엄격했다. 이들의 연구 성과는 종교나 사상에 좌우되지 않은 채 무려 2천여 년에 걸쳐 수학적 전통을 이어갔다. '철학(φιλοσοφια)'과 '수학(μαθηματικα)' 이 두 단어는 본래 피타고라스가 만든 것으로 그 뜻은 각각 '지혜를 사랑함', '배울 수 있는 지식'이다.

피타고라스 학파가 수학에서 이룬 성과는 피타고라스 정리, 수와 수의 특별한 조합(완전수, 친화수, 도형수, 피타고라스 수), 정다면체의 작도, $\sqrt{2}$의 무리수적 성질, 황금분할 등이 있다. 이 중에서 완전수, 친화수 등은 지금까지도 완성되지 않았고 어떤 것들은 일상생활의 여러 분야에서 활용되고 있다. 또 피타고라스 정리는 페르마의 대정리와 같은 심오하고 현대적인 결론으로 다듬어졌다. 이들은 조화와 질서에 주목했고, '한정하는 것'과 '한정하지 않는 것'이라는 개념을 도입해서 한정된 것을 곧 선善이라고 생각했다. 또한 형식, 비율, 수의 표현 방식의 중요성을 강조했다.

피타고라스는 자신이 발견한 제1 정리를 시로 읊었다.

빗변의 제곱은
내가 틀리지 않다면
다른 두 변의
제곱의 합이라네

바빌로니아인과 중국인도 일찍이 발견한 이 명제는 피타고라스에 의해 처음으로 증명의 과정을 거쳤다.

피타고라스는 또한 삼각형의 세 내각의 합이 두 직각의 합과 같다는 사실도 알아냈다. 그는 평면이 정삼각형, 정사각형 혹은 정육각형으로 채워질 수 있음도 증명했다. 훗날 등장한 기하 퍼즐을 이용해서 다른 정다각형으로는 평면을 채울 수 없다는 사실을 알 수 있다.

피타고라스가 어떻게 피타고라스 정리를 증명했는지에 대해 일반적으로는 그가 도형의 분할 및 조립을 이용했으리라 여긴다. 그림에서 보듯 a, b, c가 각각 직각삼각형의 직각을 이루는 두 변과 빗변이라 하고, $a+b$를 한 변으로 하는 정사각형의 넓이를 구해보자. 이 정사각형은 빗변 c를 한 변으로 하는 정사각형 하나와 서로 합동인 직각삼각형 네 개 이렇게 다섯 조각으로 나눌 수 있다. 따라서 큰 정사각형에서 네 개의 직각삼각형의 넓이를 빼면 작은 정사각형의 넓이는 다음과 같다.

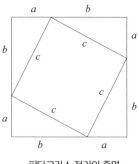

피타고라스 정리의 증명

$$a^2 + b^2 = c^2$$

자연수에 관해, 피타고라스의 가장 흥미로운 발견과 정의는 친화수 amicable number 와 완전수 perfect number 이다. 완전수란 자신이 그 진약수의 합인 수이다. 예를 들면 6, 28이다.

$$6 = 1 + 2 + 3$$
$$28 = 1 + 2 + 4 + 7 + 14$$

성경에서 신이 6일 동안 세상을 창조하고 7일째 되는 날 쉬었다고 한다. 천동설을 믿었던 고대 그리스인은 달이 28일 만에 지구를 회전한다고 여겼다. 코페르니쿠스는 태양계가 6개의 행성으로 이루어져 있다고 믿었다. 주목해야 할 점은 2018년까지 인류는 51개의 짝수 완전수만 찾아냈고 홀수 완전수는 하나도 찾아내지 못했다는 점이다. 하지만 홀수 완전수의 존재를 누구도 부정하지 않는다.

친화수란 한 쌍의 수에서 어느 한 수의 진약수를 모두 더하면 다른 수가 되는 수를 말한다. 예를 들면 220과 284이다. 후에 이 친화수는 여기에 신비함이 더해져서 마법술과 점성술에 사용되었다. 성경에서 야곱은 쌍둥이 형 에서에게 양 220마리를 보내며 자신의 우애를 표시했다. 2천여 년이 지나서 프랑스 수학자 페르마가 두 번째 친화수(17,296과 18,416)를 찾아냈고, 같은 프랑스 수학자 데카르트가 세 번째 친화수를 찾아냈다. 현대수학의 기술과 컴퓨터를 이용해서 수학자들은 1천여 쌍의 친화수를 찾아냈다. 하지만 두 번째로 작은 친화수(1,184와 1,210)는 19세기 후반에 이르러서야 16세의 이탈리아 소년 파가니니에 의해 밝혀졌다.

피타고라스의 사상이 후대 문명에 끼친 영
향은 매우 지대하다. 중세 시대에 그는 '4학(산
술, 기하, 음악, 천문)'의 시조로 불렸다. 르네상스
이래로 황금분할, 황금비 모두 미학 분야에 응
용되었다. 16세기 초 코페르니쿠스는 자신의
'지동설'이 피타고라스의 철학 체계에 속한다
고 생각했다. 후에 자유낙하법칙을 발견한 갈
릴레이도 피타고라스주의자로 불렸다. 17세기

로마 카피톨리누스 박물관에
보관되어 있는 피타고라스의
흉상

미적분학을 창시한 라이프니츠는 자신을 피타고라스 학파의 마지막 후
예라고 말했다.

피타고라스는 음악이 생활 속에서 카타르시스를 일으킨다고 여겼다.
그는 음정 사이에 존재하는 수의 관계를 발견했다. 완벽하게 조율한 하
프의 선을 반으로 줄이면 본래의 음보다 8도 높아진다. 마찬가지로 선
을 2/3줄이면 네 번째 음이 나오고, 이런 식으로 계속 예측할 수 있다.
하프 선을 조절해서 소리 사이의 조화를 만드는 개념은 그리스 철학
에 중요한 자리를 차지한다. 조화란 균형을 가리키는데 대립면을 조정
하고 결합하는 것은 음정을 적절하게 높이고 낮추는 것과 같다. 러셀은
윤리학(또는 도덕철학이라고도 불린다)에서 중용 등의 개념이 피타고라스
의 이러한 발견으로까지 거슬러 올라갈 수 있다고 여겼다.

음악에서의 발견은 곧바로 '만물의 근원은 수에 있다'라는 생각을 이
끈다. 이는 피타고라스 철학의 핵심이라 할 수 있고 또 피타고라스의
관점을 밀레투스 세 명의 철학자와 구별 짓는다. 피타고라스는 수의 구
조를 파악하면 세계를 지배할 수 있다고 보았다. 그 이전에 사람들은

실제적인 필요 때문에 수학에 흥미를 느꼈다. 이집트인은 토지를 측량하고 피라미드를 건설하는 데에 수학을 이용했다. 하지만 피타고라스의 시기에 이르러서는 헤로도토스의 표현대로 '탐구하기 위해' 수학을 연구했다. 이 점에서 피타고라스가 '수학'과 '철학'이라는 이름을 지은 이유를 알 수 있다. 한편 '계산'이라는 단어의 원래 의미는 '돌멩이를 배치하다'이다.

피타고라스에게 수는 곧 신의 언어였다. 그는 우리가 살아가는 세상에서 대부분의 것들은 잠시 머물 뿐 곧 사라지지만, 오로지 수와 신만이 영원하다고 주장했다. 미래에는 디지털 시대가 될 것이라고 예언한 것도 피타고라스였다. 다만 안타깝게도 현재 숫자가 지배하는 것은 신성하거나 정신적인 것이 아닌 물질세계이다.

그리스 수학의 중심 아카데메이아

제논의 네 가지 역설

피타고라스 학파에 입학하려면 엄격한 기준이 있었다. 귀족이나 부자, 왕자까지도 이 기준을 충족하지 못하면 입회할 수 없었다. 선망의 대상이었던 피타고라스 학파에 거절당한 사람들이 반감을 갖게 된 것은 자연스러운 일이었다. 이를 피해 피타고라스도 크로톤에서 달아났지만 얼마 지나지 않아 피살되었다. 한편 오랜 시간 지속된 페르시아와 그리스 사이의 전쟁이 그리스의 승리로 끝나자 아테네는 정치, 경제, 문화의 중심이 되었다. 특히 페리클레스^{Pericles}가 아테네 민주정치제도의 형성과 발전에 큰 공헌을 했다. 여기에는 BC 447년에 건설하기 시작한 성채 아크로폴리스도 포함된다.

그리스 사회가 발전하자 수학과 철학도 번영의 길로 들어섰고 아울러 수많은 학파가 생겨났다. 가장 먼저 이름을 알린 학파는 엘레아 학파이다. 이 학파의 창시자는 피타고라스 학

페리클레스 상

파의 일원인 파르메니데스Parmenides이다. 그는 이탈리아 남부 엘레아(지금의 나폴리에서 남동쪽으로 100여 km 떨어진 곳이다)에서 살았다. 이 학파의 대표적인 인물은 그의 제자 제논Zenon이다. 사제지간인 두 사람은 소크라테스 전 시기에 가장 지혜로운 그리스인으로 불린다.

파르메니데스는 철학 사상을 시로 표현한 몇 안 되는 그리스 철학자 중 한 사람이다. 그가 남긴 시집 『자연에 대하여On Nature』의 첫 부분을 '진리의 길'이라고 부른다. 여기에는 훗날의 철학자들이 매우 관심을 갖는 논리학이 포함되어 있다. 파르메니데스는 존재하는 다수의 사물과 그들의 형태 변화 및 운동은 유일하게 영원히 존재하는 현상일 뿐이라고 보았다. 이렇게 해서 모든 것은 하나라는 '파르메니데스 원리'를 세웠다. 그리고 그는 생각해내지 못하는 것은 존재할 수 없으며, 따라서 존재하는 것은 생각해낼 수 있다고 여겼다. 이러한 주장은 선배 철학자 헤라클레이토스Heraclitus의 "그것은 존재하면서도 존재하지 않는다"라는 주장과 상충한다. 또한 논증을 판단의 기초로 삼았기 때문에 헤라클레이토스를 형이상학의 창시자라고 불린다. 헤라클레이토스, 피타고라스 그리고 파르메니데스 이 세 수학자 모두 본토 밖에서 활동하던 이오니아인이다.

플라톤은 『파르메니데스』에서 파르메니데스와 그의 제자 제논이 함께 아테네를 방문했을 때의 상황을 묘한 뉘앙스로 기술했다.

파르메니데스는 대략 65세로 나이가 꽤 많았는데 백발이 성성했지만 풍채가 당당했다. 당시 제논의 나이는 마흔 살 남짓이었다. 체구가 크고 잘생긴 미남인 그를 두고 파르메니데스가 사랑하는 사람이라고들 했다.

후대의 그리스학자들은 플라톤이 이 부분을 지어낸 것이라고 평했다. 하지만 제논의 의도를 설명한 부분은 정확하다고 평가받는다. 한편 제논은 파르메니데스의 '존재론'을 옹호한 것으로 알려져 있다. 존재란 영원하고 불변하는 존재인 '일자'이지 성질과 운동이 각각 다른 여러 개인 '다자'가 아니라고 주장한 스승을 위해 귀류법을 사용하기도 했다. "만약 일자가 아니라 다자를 믿는 것은 논리적으로 자기모순에 빠질 것이다."

이 방법이 바로 '제논의 역설'의 출발점이다. 제논은 '다자'와 운동의 가설에서 출발하여 40가지의 역설을 제기했다. 안타깝게도 저작이 유실되어 현재까지 전해오는 것은 오직 8가지뿐이다. 그중 운동과 관련하여 유명한 4개의 역설이 아리스토텔레스의 『자연학Physics』 등의 저서에 실려 있다. 하지만 후인들도 이 역설의 의미를 정확히 파악하지 못했다. 그들은 아리스토텔레스가 제논의 역설을 인용한 것은 흥미롭지만 엉뚱한 그들의 견해를 비판하기 위해서라고 여겼다. 그러다 19세기 후에 들어서야 학자들은 제논의 역설을 새롭게 연구했고 그 결과 수학에서 연속, 무한 등의 개념과 밀접하게 연결되어 있음을 발견했다. 제논의 네 가지 운동 역설은 다음과 같다.

1. **이분법의 역설:** 운동은 존재하지 않는다. 왜냐하면 움직이는 사물은 종착점에 도착하기 전에 반드시 중간 지점을 통과해야 하기 때문이다. 중간 지점이 무한히 있고, 물체는 무한히 많은 지점을 통과해야 하므로 움직이는 물체는 유한한 시간 안에 종착점에 도달하지 못한다.

2. **아킬레스와 거북이의 역설:** 호머의 『일리아드』 중에서 달리기를 잘하는 용사

인 아킬레스는 거북이를 결코 앞지르지 못한다. 거북이의 출발점이 그보다 앞서 있기 때문이다.

3. **화살의 역설:** 움직이는 물체가 '현재' 하나의 공간을 차지한다면, 날아가는 화살은 움직이는 것이 아니라 실제로는 정지하고 있는 것이다.

4. **경기장의 역설:** 공간과 시간은 분할할 수 없는 단위로 구성된 것이 아니다. 예를 들면 경기장의 트랙에 A, B, C 세 팀이 있는데 B팀은 정지해 있고 A팀이 오른쪽으로 이동하고, C팀이 왼쪽으로 이동한다. 이때 B팀이 느끼는 A팀과 C팀의 속도는 매 순간 하나의 점이 이동하는 것이다. 이렇게 되면 같은 속도라도 A팀은 매 순간 C팀과 두 개의 점이 멀어진다. 따라서 더 작은 시간 단위가 존재해야 한다.

앞의 두 역설은 사물을 무한히 나눌 수 있다는 관점이고, 뒤의 두 역설은 나눌 수 없는 무한소량의 생각을 담고 있다. 이 역설들은 극한, 연속 그리고 무한집합 등 고등수학의 지식이 있어야 이해가 가능하다. 이는 당시 그리고 훗날의 그리스인들이 이해할 수 없는 내용이었다. 아테네의 지식인이던 소피스트들 역시 해석을 내놓지 못했다. 그러나 아리스토텔레스는 제논이 상대방의 논점에서 출발하여 귀류법을 통해 논박했음을 간파했다. 그래서 제논을 두고 웅변술을 발명한 사람이라 불렀다. 토지의 측량이나 천문 관측 등 수학의 경험적인 효용성에 중점을 둔 다른 문명과 달리 그리스의 학자들이 이처럼 진리 탐구에 매진할 수 있었던 것은 그리스 사회에 언론의 자유가 보장되고 다양한 학파가 세워졌기 때문이었다.

제논은 시골에서 자라서 운동을 매우 좋아했다. 아마도 그가 역설을 제기한 것은 순전히 호기심과 호승심^{好勝心}에서이지 결코 도시의 유명인들에게 위협을 주려는 것은 아닐 것이다. 그러나 제논은 반 피타고라스 학파임에 틀림없다. 피타고라스 학파의 일원들은 만물은 수라고 주장했다. 미국의 수학사가 벨이 말한 대로, 제논은 "수학이 아닌 언어로써 연속성, 무한과 투쟁을 벌인 사람들이 겪는 고충을 최초로 기록했다." 그로부터 2400여년이 지난 지금 우리는 이미 제논의 이름이 수학사와 철학사에서 결코 사라지지 않을 것을 알고 있다. 독일의 철학자 헤겔 ^{G. W. F. Hegel}은 제논이 객관적이면서도 변증법적으로 운동을 고찰했다고 하여 그를 '변증법의 창시자'라고 불렀다.

그리스의 3대 수학자

이제부터 고대 그리스 3대 철학자인 플라톤^{Plato}, 그의 스승인 소크라테스^{Socrates}, 그리고 그의 제자 아리스토텔레스^{Aristotle}에 대해 소개하겠다. 이 세 사람 모두 아테네와 인연이 있다. 소크라테스와 플라톤은 아테네에서 태어났고, 아리스토텔레스는 아테네에서 공부한 뒤 학생들을 가르쳤다. 소크라테스는 후세에 아무런 저술도 남기지 않았고 학파도 이루지 않았다. 그의 삶과 철학 사상은 플라톤과 소크라테스의 또 다른 제자 크세노폰^{Xenophon}을 통해 알 수 있다. 크세노폰은 장군이자 역사가, 산문가이다. 소크라테스는 수학 분야에 그다지 공헌을 하지 않았지만 그의 두 제자가 평가한 대로 논리학에서 귀납법과 일반정의법이라는 두 가지 큰 성과를 남겼다.

소크라테스가 플라톤에게 끼친 영향은 헤아릴 수 없을 정도이다. 플라톤이 권세 높은 가문 출신인데 반해 소크라테스의 부모는 조각공과

그림 가운데에 배치된 플라톤과 아리스토텔레스 외에도 피타고라스, 제논, 유클리드가 등장한다. 라파엘로, <아테네 학당>(1510).

산파였다. 소크라테스는 평범한 용모였지만 절제력이 비범했고 때로 말을 하다가 문득 멈추고는 깊은 생각에 빠지기도 했다. 술을 거의 마시지 않았지만 어쩌다 술을 마시게 되면 함께 술을 마시던 상대가 취해서 탁자 밑으로 구를 지경이 되어도 소크라테스는 전혀 취기를 느끼지 않았다. 소크라테스의 죽음(아테네 젊은이의 영혼을 타락시킨다는 이유로 독약을 마셔야 했다)과 죽음을 앞둔 그의 의연한 정신은 플라톤에게 깊은 충격을 주었다. 그 일로 플라톤은 정치에 대한 야망을 포기하고 일생을 철학을 연구하며 보냈다. 플라톤은 자신의 스승을 이렇게 평가했다. "내가 만났던 사람 중에서 가장 지혜롭고 공정하며 훌륭한 사람이다."

소크라테스가 죽은 뒤 플라톤은 아테네를 떠나 10년(혹은 12년) 동안 떠돌아다녔다. 소아시아, 이집트, 키레네^{Cyrene}(지금의 리비아), 남이탈리아와 시칠리아 등지를 거쳤다. 도중에 플라톤은 많은 수학자들을 만났고 그들로부터 영향을 받아 수학을 연구했다. 아테네로 돌아온 뒤 그는 지금의 사립대학에 해당하는 아카데메이아^{Academeia}(오늘날에는 이과대학 혹은 대학을 가리킨다)를 세웠다. 그곳은 교실, 식당, 강당, 정원과 기숙사로 구성되어 있었다. 플라톤은 아카데메이아의 교장이 되어 그의 조수들과 함께 강의했다. 시칠리아에서 초대를 받아 강의하러 간 몇 번을 제외하고 그는 이곳에서 인생의 후반 40년을 보냈다. 그리고 놀랍게도 아카데메이아는 900년 동안이나 운영되었다.

플라톤은 철학자로서 유럽의 철학은 물론 전반적인 문화, 사회 발전에 깊은 영향을 끼쳤다. 그는 평생 36권의 저서를 집필했는데 대부분이 대화체 형식이다. 내용은 주로 정치와 윤리에 대한 문제이고 때로 형이상학과 신학을 다루기도 했다. 그는 『국가^{Politeia}』에서 모든 사람에게는 남녀를 불문하고 자신의 재능을 드러낼 기회가 주어져야 하며 이를 관리하는 기구에 들어가야 한다고 주장했다. 『향연^{Symposion}』에서는 평생 미혼으로 살았던 그가 사랑에 대해 언급했다.

사랑은 영혼에서 출발하여 갈망하던 선에 도달하는 것이며 그 대상은 영원한 아름다움이다.

이를 통속적으로 말하면, 미인을 사랑하는 것은 실제로 미인의 육체와 그녀에게서 얻은 후사를 통해 생명이 영원히 이어지기를 바라는 것이다.

플라톤 자신은 수학 분야에서 특별한 업적을 남기지는 않았다(그가 해석학과 귀류법에 공헌했다는 사람도 있다). 그러나 그의 아카데메이아는 당시 그리스 수학 연구의 중심이었고 대다수의 수학적 성과 모두 그의 제자들이 이룬 것이다. 예를 들면 일반 정수의 제곱근 혹은 고차 방정식

해의 무리성 연구(무리수의 발견으로 제1차 수학의 위기를 벗어난 것까지 포함한다), 정팔면체와 정이십면체의 구조, 원뿔곡선과 수많은 기본 도형들을 이용해 주어진 넓이를 소진시켜 값을 구하는 실진법의 발명(원뿔곡선은 정육면체의 배가 문제*를 해결하기 위한 것이다) 등이 있다. 뒤에서 설명할 유클리드도 아카데메이아에서 기하학을 배웠는데, 그의 모든 성과가 플라톤과 아카데메이아에게 '수학자의 창조자'라는 명예를 안겨주었다.

수학에 대한 철학적 탐구 또한 플라톤에서 시작된다. 플라톤은 수학 연구의 대상은 마땅히 이데아 세계의 영원불변의 관계이어야지 변화무쌍한 현실 세계여서는 안 된다고 보았다. 그는 수학 개념을 현실에서 대응하는 실체로부터 떼어놓았으며, 수학을 연구하는 과정에서 사용되는 기하학 도형과도 엄격히 구분했다. 예를 들면 '삼각형의 이데아(본원적인 삼각형의 형상-편집자 주)'는 유일하다. 하지만 세상에는 수많은 삼각형이 있다. 또 이들 삼각형의 각종 불완전한 모방, 즉 삼각형의 모양을 한 현실 속의 물체도 존재한다. 이렇게 해서 피타고라스에서 시작된 수학 개념의 추상화가 플라톤을 거치면서 한층 더 심화되었다.

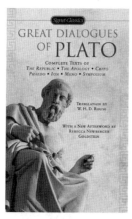

『국가』가 수록된 『플라톤의 대화편』 영문판(208)

플라톤의 모든 저서 중에서 가장 영향력이 큰 작품을 꼽으라면 단연 『국가』일 것이다. 총 10편의 대화로 구성된 이 책의 핵심 부분에서 형이상학과 과학을 설명한다. 그중 제

---

* 고대 그리스 기하학의 3대 문제 중 하나이며, 다른 두 가지는 원을 사각형으로 바꾸는 문제와 각을 3등분하는 문제이다.

6편에서 수학적 가설과 정리를 언급하고 있다. "기하, 산술 등의 학문을 연구하는 사람은 우선 홀수, 짝수, 둔각, 예각, 직각 등을 이미 알고 있는 것으로 가정해야 한다. 이미 알고 있다는 가설에서 출발해서 시종일관된 방향으로 추론하여 원하는 결론을

정사면체　　정팔면체　　정육면체

정십이면체　　정이십면체

'플라톤의 다면체'라고 불리는 다섯 가지 정다면체

얻어야 한다." 이를 통해 연역추리가 아카데메이아에서 이미 성행했음을 알 수 있다. 한편 플라톤은 수학 작도를 할 때 자와 컴퍼스만 허용했다. 이것은 훗날 유클리드가 기하학 공리 체계를 세우는 기초가 되었다.

기하학이 그가 매우 중요하게 여긴 학문이라는 것은 이미 널리 알려진 사실이다. 플라톤은 철인을 선발하기 위한 절차 중에서 수학, 과학 등의 분야를 10년 동안 공부하도록 계획했다. 플라톤은 이 세상을 창조한 신을 '위대한 기하학자'라고 여겼다. 그는 다섯 가지 정다면체의 특징과 작도를 체계적으로 설명했는데 후인들은 이것을 '플라톤의 다면체'라고 불렀다. 서기 6세기 이래 널리 알려진 이야기 중에서 플라톤의 아카데메이아 입구에는 "기하학을 모르는 사람은 출입을 금한다"라는 글이 새겨져 있다고 한다. 결론적으로 플라톤은 수학이 인간의 이성을 탐구하는 데에 매우 중요하다는 사실을 의식하고 있었다. 말년에 쓴 저서에서 기하학의 중요성을 무시하는 사람을 가리켜 "돼지와 같다"라고 표현하기도 했다.

아리스토텔레스

수학이 낳은 철학자 아리스토텔레스

BC 347년 플라톤은 친구의 결혼식에 참석했다가 갑자기 몸이 좋지 않아서 한쪽으로 물러나 휴식을 취했는데 그대로 조용히 세상을 떠났다. 그때 그의 나이 80세였다. 비록 기록에는 없지만 그의 장례식에는 그가 직접 가르쳤던 학생인 아리스토텔레스가 참석했을 것이다. 아리스토텔레스는 17세 되던 해에 플라톤의 아카데메이아에 입학해 꼬박 20년 동안 플라톤을 따라다녔다. 아리스토텔레스는 플라톤의 아카데메이아가 배출한 가장 우수한 학생이었다. 그는 후에 고대 역사에서 가장 위대한 철학자, 과학자로 인정받았고 서양 문화의 성격과 내용에 깊은 영향을 주었기에 그와 필적할만한 사상가를 찾을 수 없다.

아리스토텔레스는 그리스 북부 할키디키Halkidiki 반도에서 태어났는데 이곳은 당시 마케도니아의 영토(오늘날 그리스 북부의 관광지)였다. 그의 부친은 한때 마케도니아 왕의 궁중의사를 맡기도 했다. 어쩌면 부친의 영향 때문인지 아리스토텔레스는 생물학과 실증과학에 관심이 많았고 후에 플라톤의 영향을 받아 철학적 추리에 심취했다. 플라톤 사후에는 소크라테스가 세상을 떠난 뒤 플라톤이 그랬던 것처럼 주변 지역을 여행하며 다녔다. 그는 먼저 아카데메이아의 동료이자 친한 친구와 함께 소아시아의 아소스Assos에서 3년을 지냈고, 이후 그리스 레스보스섬의 미틸리니Mytilene에 정착해서 학교를 세우고(이 두 지역의 지리적 위치는 남쪽의 밀레투스와 사모스섬의 위치와 흡사하다) 생물학 연구를 시작했다.

42세 때, 아리스토텔레스는 마케도니아 왕 필리포스 2세의 초청을 받고 수도 펠라에서 13세의 왕자 알렉산드로스^{Alexandros}의 가정교사가 되었다. 그는 호머의 서사시『일리아드』에 나오는 영웅의 모습 그대로 왕자를 가르쳐서 그리스 문명의 최고의 성과를 이루고자 했다. 몇 년이 지난 뒤 아리스토텔레스는 고향으로 돌아갔다. BC 335년 알렉산

아리스토텔레스의 『자연학』 라틴어판 (1623)

드로스가 왕위를 물려받았을 때 아리스토텔레스는 다시금 아테네로 가서 자신의 학교 리케이온^{Lykeion}을 세웠다. 이후 12년 동안 연구와 저술 외에는 오로지 리케이온을 관리하고 학생들을 가르치는 일에만 매진했다. 영어에서 강연 혹은 담화를 뜻하는 'discourse'의 원래 뜻이 '거닐다, 소요하다'인 이유가 바로 아리스토텔레스가 주로 학생들과 정원에서 산책하며 강의했기 때문이라는 일화도 전해진다.

리케이온과 플라톤의 아카데메이아는 모두 아테네 교외에 세워졌다. 플라톤이 수학에 관심을 기울인 것과 달리 아리스토텔레스가 관심을 보인 분야는 물리학과 역사학이었다. 그러나 아리스토텔레스는 20년 동안 아카데메이아에서 공부했었기 때문에 플라톤의 수학 사상을 부분적으로 계승했다. 그는 정의에 관해 좀 더 세밀하게 토론했고 동시에 수학 추리의 기본 원리를 깊이 연구했다. 또한 이를 공리와 공준으로 구분했다. 그에게 공리란 모든 과학의 공통된 진리이며, 공준은 어느 한 과학 분야가 고유하게 지니는 최초의 원리이다.

아리스토텔레스는 수학 추리를 규범화하고 체계화시켰다. 그중 가장 기본이 되는 원리는 모순율(하나의 명제는 참이면서 동시에 거짓일 수 없다),

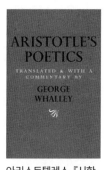

아리스토텔레스 『시학』
영문판 (2004)

배중률(하나의 명제는 참이거나 거짓 둘 중 하나에 반드시 속해야 한다)이며, 이것은 일찌감치 수학적 증명의 핵심 원리가 되었다. 철학 분야에서 아리스토텔레스가 이룬 가장 큰 업적은 형식논리학을 세운 것이다. 속칭 3단 논법이라는 논리 체계인데 이것은 그가 이룬 백과사전만큼이나 수많은 업적 중 하나이다. 후인들은 형식논리학을 추리연역의 준칙으로 여긴다. 그리스 수학의 황금시기를 대표하는 유클리드 기하학도 방법론적 기초를 아리스토텔레스의 형식논리학에 두었다.

이밖에도 아리스토텔레스는 수학에서 독립해서 나온 통계학의 시조이기도 하다. 그는 〈국가의 사안$^{Matters of state}$〉에서 각 도시국가의 역사, 행정, 과학, 예술, 인구, 자원과 부 등 사회경제 상황을 비교분석했다. 이런 유형의 연구는 2천 년이 넘게 이어졌고 17세기 중엽에 '통계학^{statistics}'으로 신속하게 대체되었다. 하지만 그 이름에는 여전히 도시국가^{state}가 어근으로 남아있다.

마지막으로 아리스토텔레스의 작품 중에서 반드시 언급해야 할 것이 바로 『시학^{Poetica}』이다. 이 책은 시를 쓰는 방법뿐만 아니라 어떻게 그림을 그리고, 연극을 하는지 가르쳐주고 있다. 이 얇은 소책자와 이후에 출판된 유클리드의 『원론』 모두 삼차원 공간에 대한 모방에 기초를 두는데 『시학』은 형상의 모방이고 『원론』은 추상의 모방이다. 이 둘은 고대 세계의 문예 이론과 수학 이론을 가장 높은 수준에서 총결했다고 평가받는다.

알렉산드리아 학파

유클리드, 기하학을 정의하다

앞서 소개한 인물과 비교할 때, 유클리드는 상당히 늦은 시기에 태어났음에도 그의 일생에 대한 세부 내용이나 단서는 전혀 남아있지 않다. 심지어 그가 어느 대륙에서 태어났는지조차 모른다. 이것은 수학 역사상 풀리지 않는 수수께끼인데 그의 생몰년마저도 알려진 바가 없다. 다만 그가 플라톤의 아카데메이아에서 수학했고, 후에(대략 BC 300년경)에 이집트 알렉산드리아 대학의 수학 교수로 초빙되었으며 『원론^{Elements}』이라는 책을 남겼다는 것만 알려졌다. 사실 영문 서명인 'Elements'의 본래 뜻은 '원본^{原本}'이다. 이 책은 교과서로 2천 여 년 동안 널리 사용되었고(현대 초등수학의 주요 내용이 여전히 이 책에서 유래한다), 인간의 지혜에 수학이 차지하는 의의를 고려할 때, 유클리드는 수학 연구에만 전념한 학자들 중에서 세계

유클리드 조각상

역사의 발전에 가장 큰 영향을 끼친 사람 중 하나이다.

이제 알렉산드리아^{Alexandria}라는 도시에 대해 알아보자. 펠로폰네소스 전쟁이 끝난 뒤, 그리스는 정치적으로 분열시대를 맞았다. 북방의 마케도니아가 이 틈을 노리고 침공했고 얼마 지나지 않아 아테네를 함락했다. 마케도니아의 왕위를 계승한 젊은 왕 알렉산드로스는 그리스 문명에 탄복하는 한편 세계를 정복하려는 야심을 키웠다. 그의 군대는 가는 곳마다 승리했고 정복한 지역에서 적절한 장소를 골라 새로운 도시를 건설했다. 알렉산드로스가 이집트를 점령한 뒤 지중해변의 한 곳(카이로*에서 북서쪽으로 200여 킬로미터 떨어진 곳)에 도시를 건설하고 자신의 이름을 따서 알렉산드리아라고 불렀다. 이것이 BC 332년에 일어난 일이다. 그는 가장 우수한 건축사를 초빙했고 도시 건설 계획과 시공, 백성의 이주까지 직접 감독했다.

9년이 지난 뒤 알렉산드로스는 인도를 정복하고 돌아오는 길에 바빌로니아에서 급작스럽게 병에 걸려서 32세의 젊은 나이로 세상을 떠났다. 그 후 그의 거대한 제국은 세 조각으로 나뉘었지만 여전히 그리스 문화의 영향 아래 있었다. 알렉산드로스의 뒤를 이어 이집트를 통치하게 된 프톨레마이오스 1세^{Ptolemaeus}는 수도를 알렉산드리아로 정했다. 그는 지식인을 이 도시로 끌어들이기 위해 알렉산드리아 대학을 세웠는데 그 규모와 조직 면에서 현대적인 대학과 견줄만하다. 이 대학의 중심은 60여만 권의 파피루스를 소장했다고 알려진 대도서관이다. 그때부터 알렉산드리아는 그리스 민족정신의 중심이자 문화의 수도가 되었

---

* 카이로의 역사는 1300여 년에 불과하지만 여기서 남쪽으로 25km 떨어진 멤피스(이미 파괴되어 유적지만 남았다)는 5000년 전 대도시였다. 나일강이 이곳에서 두 갈래로 나뉘어 지중해로 유입되는데 그 한 갈래를 가리켜 로제타라고 부른다.

고 아울러 천 년 가까이 이어갔다. 19세기에서 20세기로 넘어오면서 그리스의 가장 유명한 현대 시인 카바피^{C.P.Cavafy}는 이곳에서 반평생을 넘게 살았다.

유클리드는 위에서 설명한 시대적 상황에서 알렉산드리아로 건너왔다. 『원론』은 아마도 이 기간에 집필되었을 것이다. 책에서 제시된 기하학과 수론에 관한 모든 정리는 이전 시기 사람들도 이미 알고 있었고 그가 증명하기 위해 사용한 방법도 대부분이 알려진 것이다. 그럼에도 그는 기존의 내용들을 체계적으로 진술했고 각종 공리와 공준(기하학적인 내용을 지닌 공리-편집자 주) 가운데 필요한 부분만 취사 선택했다. 그러고 난 뒤 모든 정리^{定理}가 이전의 정리와 논리적으로 일치하도록 이 정리들을 세밀하게 안배했다. 이런 이유에서 우리는 유클리드를 고대 그리스 기하학의 집대성자라고 인정하는 것이다. 『원론』은 세상에 나온 뒤 이전의 수학 교과서를 대체했다.

유클리드가 기하학을 집대성할 수 있었던 것은 플라톤의 아카데메이아에서 수학의 기초를 닦았기 때문일 것이다. 플라톤은 궁극적인 실재의 추상적인 본성과 수학이 철학적 사유를 훈련하는 데 매우 중요하다고 제자들에게 강조했다. 그의 영향을 받은 유클리드를 비롯한 많은 수학자들이 이론을 실제적인 필요에서 분리해냈다. 고대 세계(모든 연대라고 말해도 무방하다)에서 가장 유명한 수학 교과서인 『원론』에서 유클리드는 정의, 공준, 공리에서 출발하여 정리와 증명을 이끌어냈다. 그는 '점은 부분이 없는 것이다', '선(현재는 호^弧 혹은 곡선이라고도 부른다)은 폭이 없는 길이다', '직선은 그 위의 모든 점이 구부러지지 않은 선이다' 등의 정의를 내렸다. 이 책은 총 13권으로 이루어져 있다. 1~6권까지는 평면기하학, 7~9권은 수론, 10권에서 무리수, 11~13권에서 입체기하학을 다루고 있다. 5개의 공준과 5개의 공리를 이용해서 모두 465개의 명제를 증명했다. 잘 알려신 내로, 제5 공준이 증명 또는 치환은 비유클리드 기하학의 탄생을 유도했는데 이에 대해 제7장에서 상세하게 다루고자 한다.

여기서는 수론 부분을 자세히 소개하고자 한다. 수론의 일부분이 오늘날의 초등 수론 교과서에 등장한다. 예를 들면 제7권에서 둘 혹은 둘 이상의 자연수의 최대공약수를 계산하는 방법(오늘날에는 유클리드 호제법이라고 부른다)을 설명하고, 이를 이용해서 두 수가 서로소인지 확인한다. 제9권의 명제 14는 정수론의 기본 정리에 해당한다. 즉 1보다 큰 양의 정수는 유한개의 소수의 곱으로 분해할 수 있다는 것이다. 명제 20은 소수는 무수히 많다는 것이며, 그 증명은 수학 증명의 모범으로 평가되어 지금도 수학 교과서에서 빠지지 않고 등장한다. 명제 36은 유명한 짝수 완전수의 필요충분조건을 제시했다. 이것은 피타고라스의 문제에서 시작된 것으로 지금까지 이 문제를 완벽하게 해결한 사람은 없다.

한편 유클리드에 관한 두 가지 일화가 있다. 두 가지 모두 그리스의 수학자가 『원론』에 주석을 단 주석서에 나온 것이다. 어느 날 프톨레마이오스 왕이 유클리드에게 기하학을 배우는 쉬운 방법이 무엇인지 물었다. 그러자 그는 "기하학에는 왕도가 없습니다"라고 답했다. 또 다른 일화는, 유클리드의 한 제자가 기하학을 배우면 무엇을 얻느냐고 물었다고 한다. 이때 유클리드는 제자의 질문에 대답하지 않고 시종을 불러서 그 제자에게 동전 한 닢을 주라고 시켰다. 그 이유를 물으니 "그는 배움에서 이득을 얻을 것만 생각하기 때문이다"라고 답했다.

독일인 구텐베르크[J.Gutenberg](가 15세기 중엽 서양에서 처음으로 발명한 활자 인쇄술 덕분에 『원론』은 세계 각지에서 수천 권 이상 출판되었고 현대 과학이 탄생하게 된 주된 원동력이 되었다. 사상가들마저 이 책 속에 담긴 완벽한 연역적 추리 구조에 빠져들었다. 알렉산드리아 도서관이 로마 군대와 과격한 일군의 기독교도들에 의해 불탄 뒤로 이 책의 내용을 가장 온전하게 보존한 라틴어 번역본은 아라비아어 번역본을 원전으로 삼는다.

구의 부피를 구한 응용수학자 아르키메데스

유클리드가 알렉산드리아 대학에서 강의한 뒤로 이 대학 수학과의 명성은 날로 높아져서(아마도 그는 수학과 주임교수였을 것이다) 각지에서 인재들이 몰려왔다. 그중 가장 유명한 인물을 꼽으라면 단연 아르키메데스 Archimedes이다. 로마 역사학자들이 그에 대해 여러 기록을 남겼기 때문에 아르키메데스의 생몰년도는 다른 수학자에 비해 신빙성이 높다. 그는 시칠리아섬

1620년에 제작된 아르키메데스의 초상화

남동부의 시라쿠사Siracusa에서 태어났다. 그는 왕과 왕자의 친척이거나 친구로 지냈던 것으로 보이며 아버지는 천문학자였다. 어릴 때 그는 이집트에서 유클리드의 제자를 따라 공부했고 고향으로 돌아와서도 그곳 사람들과 자주 연락을 주고받았다(그의 학술적 업적은 대부분 이때의 서신을 통

1543년 인쇄된 아르키메데스의 저서

해 전파되고 보존되었다). 그런 이유로 그를 알렉산드리아 대학파로 분류할 수 있다.

아르키메데스는 많은 저술을 남겼는데 장편의 저작이 아니라 대부분이 논문의 수기 원고이다. 그는 수학사에서 가장 많은 연구 성과를 남긴 사람으로 꼽힌다. 그가 쓴 논문은 수학, 역학, 천문학을 다루고 있는데 지금까지 전해오는 기하학 분야의 논문에는 〈원의 측정에 관하여Measurement of the Circle〉, 〈포물선의 평면 계산법Quadrature of the Parabola〉, 〈나선에 관하여On Spirals〉, 〈구와 원기둥에 관하여On the Sphere and Cylinder〉, 〈원뿔곡선체와 회전타원체에 대하여On Conoids and Spheroids〉, 『평면의 평형에 대하여On the Equilibrium of Planes』, 『평면의 무게중심Centres of Gravity of Planes』가 있다. 역학 분야에서는 〈부체에 관하여On Floating Bodies〉, 〈역학 문제를 다루는 방법Method Concerning Mechanical Theorems〉이 전해진다. 또한 어린 왕자를 위해 과학 관련 저작으로 『모래 계산가The Sand-Reckoner』를 집필했다(이 왕자는 성인이 되어 왕위를 계승했고 아르키메데스를 선대했다). 이 외에 그는 지금은 라틴어로만 남은 『보조 정리집Book of Lemmas』과 그리스의 풍자시 〈소몰이의 문제〉를 남겼는데 그 부제는 '알렉산드리아 수학자 에라토스테네스에게 보내는 편지'이다.

기하학 분야에서 아르키메데스는 넓이, 부피, 그와 관련된 문제의 해를 구하는 데 가장 뛰어나서 이 분야에서는 유클리드보다 한 수 위였다. 그는 원의 둘레를 계산하는 데 실진법Method of Exhaustion을 이용했다. 이를 통해 원에 내접한 정다각형의 변의 개수를 점차 증가시켜서 정96각형의 둘레 길이를 계산하여 원주율의 근삿값이 $\frac{22}{7}$ 임을 알아냈다. 이 값은 소수점 둘째 자리, 즉 3.14까지 정확히 구한 것으로 기원전의 인류가 가장 정확히 구한 원주율이라 할 수 있다. 비슷한 방법으로 구의 겉면적은 원 넓이의 네 배와 같음을 증명했고 이를 통해 구 겉면적의 계산 공식을 얻었다.

그러나 이는 실진법으로 이미 알고 있는 명제를 엄밀하게 증명한 것일 뿐 새로운 결과를 발견한 것은 아니다. 그래서 아르키메데스는 일종의 '평형법'을 발명했는데 여기에는 극한의 개념이 포함되어 있고 또 물리학의 지렛대 원리가 이용됐다. 이는 근대 적분학의 기본 개념이기도 하다. 아르키메데스는 이 방법으로 구의 부피공식을 발견했다.

$$V = \frac{4}{3}\pi r^3 \ (* r = \text{원의 반지름})$$

그는 실진법으로 이 공식을 증명해보였다. 발견과 증명의 이중 방법은 아르키메데스만의 독창적인 것으로 '직선과 임의의 포물선으로 둘러싸인 넓이와 그 직선을 밑변으로 하고, 곡선 부분과 같은 높이를 갖는 삼각형 넓이의 비율이 4:3'임도 이 방법으로 알아냈다. 이 명제의 발견은 피타고라스 수의 비율을 입증하는 것이다.

유클리드와 비교할 때 아르키메데스는 응용수학자라고 말할 수 있는데 이와 관련한 여러 가지 이야기가 전해온다. 고대 로마의 건축학자 비트루비우스[Marcus Vitruvius Pollio]는 모두 10권으로 된 『건축 10서[De architectura]』를 지었다. 이 책의 주제는 신전과 공공건축에서 고전의 전통을 보전해야 한다는 것이다. 이 책의 제9권에 오래 전부터 전해오는 이야기가 수록되어 있다. 시라쿠사의 왕 히에론[Hieron]은 자신의 정치적 명망이 갈수록 높아지자 순금으로 왕관을 제작했다. 그런데 사람들 사이에서 이 왕관에 은이 들어 있다는 소문이 퍼졌다. 왕은 곧 아르키메데스를 불러

왕관이 순금으로 만든 것이 맞는지 물었다. 아르키메데스는 며칠을 고민했지만 좋은 방법이 떠오르지 않았다. 그러던 어느 날 목욕하러 물이 가득 담긴 욕조에 들어갔을 때, 그는 몸이 가볍게 뜨는 것을 느꼈고 욕조 밖으로 물이 빠져나가는 것을 보았다. 여기서 고체의 부피를 물속에 넣고 측정할 수 있고 이를 통해 그 비중과 재질을 알 수 있음을 발견했다.

흥미로운 점은, 반복적인 실험과 사고를 거쳐 아르키메데스가 부력의 원리(또는 아르키메데스의 원리)를 발견했다는 것이다. 즉 물체가 유체 안에서 줄어든 중량은 배출된 유체의 중량과 같다. 또한 그리스 최후의 위대한 기하학자 파푸스[Pappus]의 기록에 의하면 아르키메데스는 이렇게 말했다고 한다. "나에게 서 있을 자리를 주면 지레로 지구를 들어 올리겠다." 그는 자신의 말을 증명하기 위해 지레의 원리를 이용해서 복합 도르래를 설계한 뒤 왕에게 이 장치를 가지고 세 개의 돛을 단 대형 범선을 직접 옮겨보게 했다. 거대한 범선이 움직이자 왕은 아르키메데스에게 탄복한 나머지 그 자리에서 이렇게 선포했다. "이제부터 아르키메데스가 하는 말은 누구를 막론하고 믿어야 한다." 오늘날에도 파나마운하 혹은 수에즈운하를 통과하는 대규모 선박은 여전히 도르래 장치를 이용해서 이동한다.

아르키메데스가 그렇게 호언장담을 할 수 있었던 것은 그가 지렛대 원리를 발명하고 그 사용법에 통달했기 때문이다. 그는 전쟁이 일어나자 조국을 지키기 위해 자신의 지혜와 역학 지식을 동원해서 다양한 기계를 만들었다. 시라쿠사에서 가까운 콰르트 하다쉬트[Qart-ḥadašt]*는 지중

---

* 고대 페니키아인이 세운 고대 도시이며 로마인은 카르타고(Carthago)라고 불렀다. 위치는 오늘날의 북아프리카 튀니지에 해당하는데 전성기에는 동쪽으로 시칠리아섬, 서쪽으로 모로코와 스페인까지 차지했다.

해 지역의 패권을 놓고 BC 3세기와 BC 2세기에 걸쳐 로마인과 세 차례 전쟁을 벌였는데 이를 '포에니 전쟁'이라 부른다. 제2차 포에니 전쟁은 콰르트 하다쉬트와 동맹을 맺은 시라쿠사도 참전했다. 그 결과 BC 214년 시라쿠사는 로마군에 포위됐다.

시라쿠사인들은 아르키메데스가 발명한 기중기를 이용해서 연안이나 성벽에 접근하려는 선박을 들어올린 뒤 힘껏 내던졌다고 한다. 또 거대한 투석기로 돌덩이를 던졌는데 마치 폭우가 쏟아지는 듯해서 이에 놀란 적군이 정신없이 도망쳤다는 이야기도 있다. 조금 과장된 이야기도 전해오는데, 아르키메데스가 거대한 거울 장치로 햇빛을 반사해서 적들의 배를 불태웠다고 한다. 좀 더 신뢰할만한 버전은, 불을 붙인 공을 던져서 적선을 불태웠다는 것이다. 전쟁이 지속되자 로마군은 장기전에 돌입해서 성을 포위하는 방법을 택했고 결국 시라쿠사는 양식과 무기가 떨어져서 함락되었다. 이때 한창 모래 위에 도형을 그리고 있던 아르키메데스는 포악한 로마 병사의 창에 찔려 목숨을 잃었다. 아르키메데스의 죽음은 그리스 수학과 찬란한 문화가 쇠퇴의 길로 접어들게 됨을 예고한다. 이때부터 로마인의 야만적이고 우매한 통치가 시작되었다.

원뿔곡선을 정리하고 지도의 모양을 예측하다

로마인이 시라쿠사를 침공했을 때 알렉산드리아 대학의 또 다른 대표적인 인물인 아폴로니오스^{Apollonios}는 필생의 업적을 거의 완성하고 있었다. 그는 소아시아 남부 팜필리아^{Pamphylia}에서 태어났다. 젊은 시절 알렉산드리아 대학에서 수학을 공부한 그는 고향으로 돌아왔지만 만년에 다시 알렉산드리아로 가서 여생을 보냈다. 아폴로니오스가 남긴 가장 위대한 업적은 『원뿔곡선론^{Conics}』을 집필한 것이다. 오늘날 우리에게 익숙한 다원^{ellipse}, 쌍곡선^{hyperbola} 그리고 포물선^{parabola}이 이 책에 최초로 등장한다. 이 해에 다윈의 『종의 기원』이 정식으로 출판되기도 했다.

원뿔곡선의 기하학적 의의

아폴로니오스의 원뿔은 이렇게 정의된다. 하나의 원과 그 원이 위치한 평면 밖에 한 점이 주어질 때, 이 점과 원 위 임의의 점을 지나는 직선(모선母線)이 회전하며 그리는 도형을 '원뿔'이라고 한다. 이어서 두 원뿔을 서로 꼭짓점을 마주하게 두고 이를 평면으로 자르는데, 이 절단면이 바닥의 원과 만나지 않으면서 기울어져 있으면 이때 얻는 교선은 '타원'이다. 절단면이 바닥면과 서로 만나지만 모선과 평행이 되지 않으면 이때 얻는 교선은 '쌍곡선'이다. 절단면이 바닥면과 만나고 또 모선과 평행하면 이때 얻는 교선은 '포물선'이다. 이 외에도 그는 원뿔곡선의 직경, 접선, 중심, 점근선, 초점 등을 연구했다.

아폴로니오스는 오로지 기하학적 방법만으로 거의 2000년도 이후에 등장한 해석기하학의 주된 성과를 얻어냈으니 실로 놀라운 일이다. 그의 『원뿔곡선론』은 연역적 추론을 기반으로 한 그리스 기하학 최고의 성과라고 할 수 있다. 이런 이유에서 그와 유클리드, 아르키메데스를 알렉산드리아 전기의 3대 수학자라고 부르며 이들이 활동하던 시기를 그리스 수학의 '황금시대'라고 일컫는다. 이후 로마제국이 영토를 확장하면서 아테네와 다른 많은 도시의 학술 연구가 급격하게 쇠퇴했다. 그러나 그리스 문명의 영향이 갖는 관성, 특히 상대적으로 멀리 있는 알렉산드리아의 자유로운 사상을 관대하게 대했던 로마인의 태도 덕분에 여전히 1군의 수학자들이 활약했고 뛰어난 학술성과를 이루었다.

알렉산드리아 후기의 수학자들이 기하학에서 이룬 업적은 그다지 크지 않다. 그중에서 가장 큰 의의를 가진 것은 헤론^{Heron}의 공식이다. 삼각형의 변을 길이의 순서에 따라 a, b, c라고 하고 $s=(a+b+c)/2$라고 하면 넓이 Δ은 다음과 같다.

$$\Delta=\sqrt{s(s-a)(s-b)(s-c)}$$

이 공식을 가장 먼저 발견한 사람은 아르키메데스지만 이 내용을 자신의 책에 수록하지 않았다는 사실이 나중에 알려졌다. 이 공식과 비교할 때 삼각법의 정립이 더 큰 의의를 지닌다. 그래서 수학자이자 천문학자이며 이집트 왕과 이름이 같았던 프톨레마이오스는 삼각법을 자신의 천문학 저작인 『수학대계^{Almagest}』에 수록했다. 이 책에 지구가 우주의 중심이라고 생각하는 '천동설'이 담겨있다. 이 책은 중세 전 시기에 걸쳐서 서양 천문학의 바이블이 되었고, 덕분에 프톨레마이오스도 고대 그리스에서 가장 위대한 천문학자로 평가받게 되었다. 물론 그가 세상에 태어났을 때 프톨레마이오스 왕조는 이미 몰락한 뒤였다. 또한 그는

60진법으로 π의 값이 (3 ; 8, 30), 즉 $\frac{377}{120}$ 혹은 3.1416임을 계산해냈다. 기하학에서 말하는 '프톨레마이오스의 정리'는 다음과 같다. "원에 내접하는 사각형에서, 마주보는 변끼리 곱한 값의 합은 대각선의 곱과 같다."

알렉산드리아 후기 그리스 수학의 특징 중 하나는 기하학 중심이었던 전기의 전통을 깨고 산술과 대수학을 독립적인 학문으로 분화시킨 것이다. 그리스인이 말하는 '산술^{Arithmetic}'은 오늘날의 수론$^{number\ theory}$이며 지금까지도 쓰이고 있다. 폴란드 〈수론학보〉의 영문명이 'Acta Arithmetic'인 것을 보면 알 수 있다. 『원론』 이후 수론 영역의 대표 저작은 디오판토스^{Diophantos}의 『산학』인데 그 라틴어 번역본은 아라비아어 판본을 번역한 것이다. 이 책에서는 부정방정식의 해를 구하는 방법이 유명하다. 이러한 종류의 방정식을 '디오판토스 방정식'이라고 부르며 정수를 계수로 갖는 대수방정식을 가리킨다. 일반적으로 정수의 해만 구하며 미지수의 수가 방정식의 수보다 많다.

이 책에서 가장 유명한 문제는 제2권의 문제 8이다. 디오판토스는 이렇게 설명하고 있다. "하나의 제곱수는 다른 두 제곱수의 합으로 표시할 수 있다." 참고로, 17세기의 프랑스 수학자 페르마$^{Pierre\ de\ Fermat}$는 이 책의 라틴어판을 읽을 때 주석을 써넣었는데 이것이 후에 세상의 주목을 받는 『페르마 마지막 정리』를 탄생하게 했다(페르마가 세상을 떠난 뒤, 큰아들이 아버지의 업적을 후대에 전하기 위해 그가 생전에 남긴 주석들을 한데 모아 출간했다-편집자 주). 한편 디오판토스는 250년 전후에 활동한 것으로 알려져 있다. 6세기 원년 전후에 엮은 시집 『그리스 시선^{詩選}』에 실린 시 한 편이 마침 디오판토스의 묘지명이다.

무덤에 안장된 디오판토스

그가 걸어온 놀라운 삶을

여기에 충실히 기록하노라.

신이 허락한 어린 시절은 일생의 6분의 1이고

다시 12분의 1이 지나니 두 볼에 수염이 자랐네.

다시 7분의 1이 지나 결혼식의 촛불을 밝혔네.

5년이 흐른 뒤 하늘로부터 아들을 얻었구나.

가엾어라 뒤늦게 얻은 아이는

아비의 생의 반만을 누리며 싸늘한 묘지로 들어갔네.

슬픔을 오로지 정수 연구로 달래며

다시 4년이 흐른 뒤 그도 인생의 여정을 모두 걸었네.

이것을 방정식으로 표시하면 다음과 같다.

$$\frac{x}{6} + \frac{x}{12} + \frac{x}{7} + 5 + \frac{x}{2} + 4 = x$$

답은 $x = 84$이다. 따라서 디오판토스가 84세를 향수했음을 알 수 있다.

디오판토스처럼 파푸스도 저작 『수학집성$^{The\ collection}$』을 남겼는데 이 책은 그리스 수학의 '진혼곡'으로 불린다. 이 책에서 가장 눈에 띄는 결론은 이것이다. "둘레의 길이가 같은 평면의 닫힌 도형은 가운데 원의 넓이가 가장 크다." 이 문제는 극값을 다루고 있기 때문에 고등수학의 범주에 속한다. 또한 주어진 정육면체를 두 배의 부피로 늘리는 '배가 문제'를 해결하는 4가지 방법을 제시했다. 그중 첫 번째 방법은 에라토스테네스^{Eratosthenes}가 고안한 것이다. 에라토스테네스는 키레네^{Cyrene}(지금의 리비아)에서 태어났고 후에 알렉산드리아로 가서 공부하여 '제2의 플라톤'이라는 영예로운 별명을 얻었다. 그는 다재다능해서 시인, 철학자, 역사학자, 천문학자이자 철인 5종경기 선수이기도 했다.

수론에서 말하는 에라토스테네스의 체sieve of Eratosthenes는 소수를 찾는 방법이다. 20세기에 와서 2보다 큰 모든 짝수는 두 개의 소수의 합으로 표시할 수 있다는 골드바흐의 추측Goldbach's conjecture도 주로 이 방법과 그 변형을 이용했다. 에라토스테네스는 처음으로 지구의 둘레를 비교적 정확하게 계산한 사람이기도 하다. 그가 계산한 결과는 아르키메데스가 산출한 값과 큰 차이를 보인다. 에라토스테네스가 이룬 가장 큰 업적은 지구를 다섯 개의 기후대로 나눈 것으로 이 방법은 지금까지도 사용된다. 그는 지중해(대서양 수계)와 홍해(인도양 수계)의 조수를 비교분석한 후 이 둘이 서로 연결되었다고 결론 내렸다. 즉 바다를 통해 아프리카 대륙을 돌아서 아시아로 갈 수 있다는 가능성을 발견한 것이다. 이

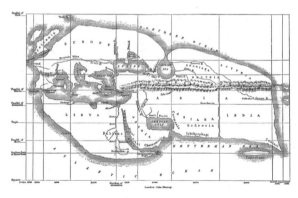

BC 220년에 에라토스테네스가 그린 세계지도. 바다는 지금의 홍해인 아라비아만, 인도양인 에리트리아해(Eritrea)만 있고 대륙은 아시아 동부, 아메리카 대륙, 오세아니아와 남극 대륙이 없다.

는 15세기 포르투갈의 바스코 다가마^{Vasco da Gama}가 해로를 따라 인도로 항해하는 데에 이론적인 근거가 되었다.

그러나 에라토스테네스가 그린 인류 역사상 최초의 세계지도에는 고대 그리스인이 인식한 세계를 보여주기 때문에 매우 부정확하다. 따라서 그들이 수학과 예술 분야에서 이룬 성취가 이미 고전 시기의 최고봉에 이르렀다 해도 신뢰하기 어렵고, 적어도 완전지는 않다는 평가를 받는다. 그러나 그의 업적은 19세기 전반에 나타나 번성한 모더니즘(수학 영역에서는 비유클리드 기하학과 비가환 대수)의 씨앗이 되었다.

앞의 설명을 통해 그리스 수학의 두 가지 특성을 정리할 수 있다. 첫째는 추상화와 연역적 추론이고 둘째는 철학과의 긴밀한 관계이다. M. 클레인이 지적한 것처럼 이집트인과 바빌로니아인이 축적한 지식은 모래로 지은 집과 같아서 건드리는 즉시 무너지고 만다. 그러나 그리스인은 결코 무너지지 않는 견고한 궁전을 지었다. 이 외에 음악 애호가들이 음악을 구조, 음정, 멜로디의 조합으로 보는 것과 같이 그리스인 또한 아름다움을 질서, 일치, 완전, 명료함으로 보았다. 플라톤은 "우리 그리스인은 무엇을 받아들이든 그것을 완전무결하게 개선한다"라고 말했다.

플라톤은 기하학을 좋아했고, 아리스토텔레스는 수학과 미학을 따로 보지 않았다. 그는 질서와 대칭이 아름다움에서 중요한 요소이며 이 두 가지를 수학에서 어렵지 않게 발견할 수 있다고 여겼다. 사실 고대 그리스인은 모든 도형 중에서 구球를 가장 아름답다고 생각했다. 그들에게 구는 신성하고도 선한 것이다. 원 또한 구와 같이 사람들의 사랑을 받았다. 아무리 오랜 시간이 지나도 변하지 않고 언제까지나 질서를 유지하는 행성들이 원으로써 그 움직임의 궤도를 표시하기 때문이다. 하지만 불완전한 대지 위에서는 직선 운동이 주를 이룬다. 그리스인들은 수학을 통해 아름다움을 느꼈기 때문에 현실의 필요를 초월해서 수학적 정리와 법칙을 집요하게 탐색했다.

게다가 그리스인은 천부적인 철학자이다. 그들은 이성을 사랑했고 체육과 정신 활동을 좋아했다. 이는 다른 민족에서는 볼 수 없는 그리스인만의 고유한 특징이다. BC 6세기 밀레투스의 탈레스부터 BC 4세기 플라톤이 세상을 떠날 때까지 수학과 철학은 첫 번째 밀월기蜜月期를 맞았다. 이 시기의 수학자는 곧 철학자였다.

그리스 철학의 뚜렷한 특징은 우주 전체를 연구 대상으로 삼았다는 것이다. 즉 철학은 우주 삼라만상을 포괄했다. 그 영향으로 당시 수학은 초급 단계에 머문 채 더 나아가지 못했다. 수학자들은 간단한 기하학과 산술만 토론할 뿐 운동과 변화에 관한 문제는 감당하지 못했다(이 때문에 제논의 역설이 나온 것이다). 철학자인 그들은 해석자라는 별도의 역할을 맡았을 뿐이다.

그러나 그리스의 여러 도시국가가 마케도니아 제국에 넘어가면서(BC 338년), 그리스 수학의 중심은 아테네에서 지중해 남부의 알렉산드리아로 옮겨졌고 수학과 철학의 밀월기도 끝이 났다. 그렇다 하더라도 이 기묘한 결합은 고대 사회의 논리적 연역법을 바탕으로 한 최고의 걸작이 탄생하는 촉매제가 되었으니 그것이 바로 유클리드의 『원론』이다. 이 책은 아름답고 오묘한 일련의 수학 명제를 정리했다. 뿐만 아니라 이성적인 사고의 가치를 밝혔다는 데 더 큰 의의가 있다. 후세의 유럽인은 이 책을 통해 논리적이고 결코 흠잡을 수 없는 추리 방법을 배웠다. 서양 사회가 고대 그리스의 민주주의와 사법제도에서 영향받았다는 것을 누가 부정할 수 있겠는가?

고대 그리스의 수많은 원주민과 그 발달한 문명에 이끌려 찾아온 외래 노예는 땅을 일구고 농작물을 수확하며 도시국가의 운영에 필요한 각종 노동과 잡무를 담당했다. 이 덕분에 많은 사람들이 이성을 통해 사고하고 토론할 여유와 시간을 얻었다. 하지만 이런 생활은 물질적으로 풍족하지 않으면 오랫동안 지속하기 어렵다. 효율을 중시하는 로마 제국이 이성을 으뜸으로 삼는 그리스 문화를 대체한 것은 오랜 시간 후 물질문명에 열광한 미국이 이상주의를 신봉한 유럽을 제압한 것과 같다. AD 415년 기록상 인류 최초의 여자 수학자 히파티아^{Hypatia}는 자신의 고향 알렉산드리아에서 폭도에 의해 살해되었다. 이는 그리스 문명이 결국 쇠퇴했음을 알려준다.

1866년에 제작된 소묘 <히파티아의 죽음>

히파티아의 부친 테온$^{Theon\ Alexandricus}$은 『원론』의 가장 권위 있는 주석자였고 그녀 역시 디오판토스의 『산술』과 아폴로니오스의 『원뿔곡선론』의 주석자였다. 또한 알렉산드리아 신플라톤주의 철학의 지도자이기도 했다. 그녀는 아름다운 용모, 선량한 마음 그리고 비범한 지혜로 많은 추종자를 두었다고 한다. 안타깝게도 그녀의 주석본은 전해지지 않는다. 더욱이 우리는 그녀가 어떤 철학 저서를 썼는지조차 모른다. 다만 제자가 그녀에게 쓴 편지 중에서 천구의$^{天球宜, Astrolabe}$와 물시계를 어떻게 만드는지 그녀에게 가르침을 구한 내용만 전해진다.

그리스 문명이 쇠퇴한 후 로마 통치 시기와 길고 긴 중세시대(다음 두 개의 장에서 이 시기의 동방의 고대 국가가 세계 역사의 무대에 재등장하는 계기가 된다는 걸 알 수 있다)를 거치면서 수학과 철학 사이의 간격은 점차 벌어졌다. 그러다가 17세기에 이르러 미적분학의 탄생을 계기로 철학과 수학은 다시금 가까워졌다. 훗날 러셀은 이렇게 말하기도 했다. "이탈리아 인문주의 사상은 피타고라스와 플라톤의 수학 전통을 강조한다. 한때 아리스토텔레스의 전통이 두 사람의 영광을 빼앗았지만, 인도-아라비아 숫자 체계가 다시 세계의 주목을 받으면서 이전으로 되돌아갔다(그리스 문화를 부흥하자는 운동인 르네상스를 통해 인도-아라비아 숫자가 유럽에 전파되었다-편집자 주)." 하지만 연구 영역이 넓던 고대 그리스 철학과는 달리 당시 철학의 주된 연구는 '인간은 세계를 어떻게 인식하는가?'라는 주제로 축소되었다.

제3장

깨달음과
실용 수학의 만남
중국 수학

단언컨대 중국 고대 과학기술이 이룬 경지는 갈릴레이식이 아니라 다빈치식이다.

– 조지프 니덤

고대~현대까지 중국 수학에 영향을 끼친 인물 연표

BC 1000   정치가 주공 단(周公 旦, BC 약 1000년대)

BC 300   정치가 · 사상가 혜시(惠施, BC 370?~310?)

BC 200   유학자 장창(張蒼, BC 256?~BC 152)

BC 100   역사가 사마천(司馬遷, BC 145?~BC90?)

AD 70   수학자 · 천문학자 장형(78~139)

AD 200   지리학자 배수(裵秀, 224?~271)

         박물학자 · 연단술사 갈홍(葛洪 284~364)

         수학자 유휘(劉徽, 220~280)

         수학자 조상(祖冲之, 약 220년대)

AD 300   정치가 하승천(何承天, 370~447)

         수학자 조긍지(祖暅之, 456~536)

AD 400   수학자 장구건(張邱建, 약 400년대)

AD 600   수학자 이순풍(李淳風, 602~670)

         승려 · 천문학자 일행(一行, 683~727)

         수학자 · 신학박사 왕효통(王孝通, 580?~640)

AD 1000   수학자 가헌(賈憲, 1010~1070)

         수학자 · 북송학자 심괄(沈括, 1031~1095)

         수학자 · 북송학자 이야(李冶, 1192~1279)

AD 1200   수학자 진구소(秦九韶, 1208?~1261)

         수학자 양휘(楊輝, 1238~1298)

         수학자 주세걸(朱世杰, 1249~1314)

AD 1500   수학자 정대위(程大位, 1533~16592?)

         이탈리아 선교사 마테오 리치(Matteo Ricci, 1552~1610)

AD 1600   일본 수학자 세키 다카카즈(關孝和, 1642~1708)

AD 1800   수학자 이선란(李善蘭, 1810~1882)

AD 1900   수학자 화나경(華羅庚, 1910~1985)

         중국 출신 수학자 천성선(陳省身, 1911~2004)

         수학자 우원쥔(吳文俊, 1919~2017)

AD 1920   물리학자 양전닝(楊振寧, 1922~)

         수학자 펑캉(馮康, 1920~1993)

         수학자 천징룬(陳景潤, 1933~1996)

AD 1940   수학자 리원린(李文林, 1942~)

         수학자 추청퉁(丘成桐, 1949~)

도^道와 함께 수학을 발전시킨 중국

춘추전국시대의 사상가들, 제자백가

이집트와 바빌로니아의 문명이 아시아, 아프리카, 유럽 세 대륙이 만나는 곳에서 발전하고 있을 때 이들과 전혀 다른 또 하나의 문명이 황하와 양쯔강 유역에 널리 퍼지고 있었다. 그것이 바로 중국문명이다. 학자들에 따르면 험한 산, 광활한 사막, 난폭한 유목부족이 지금의 신장^{新疆} 타림 분지와 유프라테스강 사이를 가로막고 있어서 먼 옛날 다른 문명권의 사람들이 이곳으로 이주했을 가능성은 없다고 한다. BC 2700년에서 BC 2300년 사이에 전설 속의 삼황오제가 출현했고 그 뒤를 이어 중국의 고대 왕조가 출현했다.* 한자를 새겨서 기록한 죽간은 점토판이나 파피루스처럼 오랜 세월을 견디지는 못했지만 영국 과학사가 조지프 니덤^{Joseph Needham}에 의하면 "당시의 일들을 착실히 기록한 중국인 덕분에 의외로 상당히 많은 자료가 전해"졌다.

바빌로니아와 이집트처럼 고대의 중국도 일찍이 수와 도형에 대한

---

* 2007년 겨울 공개된 양저(良渚, 량주)문화유적지는 신석기 시대에 벼농사를 하고 도시 문명을 형성했던 흔적으로 어쩌면 하(夏)왕조가 중국 역사상 최초의 왕조가 아닐 수 있음을 시사한다.

개념을 인식했다. 은殷왕조의 갑골문이 아직 완전히 해독되지는 않았으나 이 시대에 10진법을 사용한 사실이 밝혀졌다. 산목을 이용한 계산법은 늦어도 춘추전국시대에 출현한 것으로 보인다. 이 계산법은 가로형과 세로형으로 홀수자릿수와 짝수자릿수를 표시했고 0이 나올 때는 자리를 비워두었다. 도형에 관해 사마천司馬遷은『사기 하본기史記 夏本紀』(BC 1세기)에 "여름에 우禹임금이 황허 치수 사업을 할 때 왼손에는 규구規矩, 오른손에는 준승準繩을 들었다"라고 기록했다. '규'와 '구'는 컴퍼스와 직각자이고, '준승'은 수직선을 알려주는 먹줄인데 이것이 기하학을 최초로 실제 생활에서 응용한 예라고 말할 수 있다.

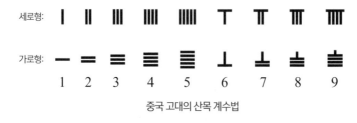

중국 고대의 산목 계수법

철학과 수학 이론을 탐구하는 데 몰두했던 그리스 아테네 학파와 마찬가지로 같은 시기 전국시대(BC 475~221)의 중국도 제자백가諸子百家로 일컫는 수많은 사상가를 배출했다. 제자백가에는 여러 학파가 존재했는데 그중 묵가墨家의 대표 저서『묵경墨經』에서 형식논리학에 관한 몇 가지 법칙을 논했고, 이를 기초로 해서 일련의 수학 개념에 관한 추상적인 정의를 제시했다. 심지어 '무한'의 개념도 언급했다. 한편 변론에 능했던 학파 명가名家는 무한 개념을 좀 더 깊이 인식했다. 또 다른 학파인 도가道家의 저서『장자莊子』에는 명가를 대표하는 인물인 혜시惠施가 제기한 명제를 기록하고 있다. "지극히 커서 바깥이 없는 것을 대일

大一이라 하고, 지극히 작아서 안이 없는 깃을 소일小一이라 부른다." 이때 '대일'은 무한한 우주를 가리키고, '소일'은 헤라클레이토스^{Herakleitos}의 원자原子에 해딩한다.

혜시惠施는 철학자이며 지금의 허난河南 성에 해당하는 송宋나라 사람이다. 당시 그는 공자와 묵자 다음으로 유명했다. 위魏나라에서 15년간 재상을 지낸 바 있고 제齊나라와 초楚나라가 연합해서 진秦을 대항해야 한다고 주장하는 등 정치적으로 탁월한 업적을 남겼다. 혜시는 동시대의 철학자 장주莊周와 친구이면서 변론의 맞수였다. 물고기의 즐거움에 대한 두 사람의 변론은 매우 유명하다. 혜시가 죽은 뒤 장주는 더불어 이야기 나눌 사람이 없다고 탄식하기도 했다. 혜시는 수학개념에 관해 다음과 같은 글을 남겼다.

곱자矩는 네모꼴을 만들지 못하고, 그림쇠規로는 원을 그릴 수 없다.
날아가는 새의 그림자는 결코 움직이지 않는다.
화살이 빠르게 날아가도 나아가지 않고 멈추지 않는 시간이 있다.
한 자 길이의 밧줄을 매일 절반씩 잘라도 아무리 긴 시간이 지나도록 없어지지 않는다.

혜시의 변론은 그보다 한 세기 먼저 살았던 그리스인 제논의 역설과 절묘하게 일치한다. 혜시의 후계자 공손룡公孫龍은 '백마비마白馬非馬의 명제'로 이름을 알렸는데, 논리학상 '일반'과 '개별'을 구분했지만 궤변이라는 비판은 면하지 못했다.

안타깝게도 명가와 묵가 모두 선진 시대의 제자백가 중에서 비주류에 속했다. 한편 사회적으로 영향력이 컸던 유가, 도가, 법가는 수학과 관련된 논제에 거의 관심을 보이지 않았다. 이들은 오로지 치국경세治國經世, 사회윤리, 심신수양心身修養의 도에 치중했다. 이는 고대 그리스 학파의 이성주의와 성격이 달랐다. 이후 진시황秦始皇이 중국을 통일하자 학자들이 자유롭게 뜻을 펼쳤던 백가쟁명의 시대는 끝나고 각국의 역사서와 민간에서 소장하던 서적들이 강제로 소각되었다. 뿐만 아니라 한漢나라 무제武帝(BC 140년) 때에 이르러 유가를 유일한 사상으로 인정한 뒤로 명가와 묵가의 저작에 담긴 수학논증 사상은 발전할 기회를 잃었다. 그러나 사회가 안정되고 대외적으로 개방되면서 경제가 이전에 없던 번영을 누리자 수학은 실용과 산술 방향으로 발전하였고 또 상당한 성과를 거두었다.

천문관측으로 직각삼각형의 공식을 얻다

BC 47년, 알렉산드리아 도서관은 줄리어스 시저가 이끄는 로마군에 의해 그 일부가 불에 탔다. 시저는 자신의 연인인 클레오파트라가 정권을 차지하도록 돕기 위해 이와 같은 군사행동을 일으킨 것이다. 이집트 왕 프톨레마이오스의 12세의 딸인 클레오파트라는 이후 두 동생인 프톨레마이오스 13세와 14세 그리고 자신과 시저 사이에서 태어난 아들 프톨레마이오스 15세와 공동으로 이집트를 통치했다. 당시 중국은 서한西漢 후

현재 중국 최초로 알려진 수학 서적 『산술서(算術書』

기로 접어들었고 수학이 처음으로 전성기를 구가하던 시기였다. 중국에서 가장 중요한 수학의 고전으로 꼽히는 『구장산술九章算術』이 바로 이 시기(BC 1세기)에 책으로 엮어졌다. 이보다 더 오래된 수학 서적인 『주비산경周髀算經』*은 그 이전 시기에 집필되었을 것이다.

중국의 고대 과학기술사를 연구한 조지프 니덤은 『구장산술』이 『주비산경』보다 수준이 더 높다고 인정했다. 하지만 『주비산경』이 현재의 형태로 엮어진 시기는 『구장산술』보다 두 세기가 늦다. 서양의 『원론』과 달리, 『주비산경』은 편찬 연도를 고증할 수 없을 뿐만 아니라 저자마저 알지 못한다. 이 책에서 가장 큰 관심을 끄는 수학적 성과는 두 가지이다. 하나는 '구고정리', 즉 직각삼각형에 관한 피타고라스 정리이다. 이 정리는 적어도 피타고라스가 활동하던 BC 6세기보다 이전에 생겼으나 유클리드가 『원론』 제1권의 명제 47에서 제시한 것과 같은 증명은 없다. 주목할 것은 이 정리가 서주 초기(BC 11세기)의 정치가 주공周公과 대부 상고商高가 구고를 측량하는 문제를 두고 나누는 대화 형식으로 제시되었다는 점이다. 따라서 이 두 사람은 중국 역사상 최초로 수학과 관련되어 이름을 남긴 인물이다.

주공은 문왕의 아들이며 무왕의 동생이다. 그는 무왕이 죽은 뒤 왕을 대신해서 나라를 통치하고 반란을 평정하다가 7년이 지난 뒤 성인이 된 성왕에게 왕위를 돌려주었다. 주공은 예로써 나라를 다스려야 한다고 주장하며 중국 고대의 예법을 제정했다. 이 덕분에 주나라는 800년이 넘도록 왕조를 이어갈 수 있었고 공자는 그를 이상적인 정치가로 추

---

* 1984년 초에 후베이 성(湖北省) 장링(江陵) 장샹산(張象山)에서 출토된 서한 초기의 죽간 중에서 『산술서(算術書)』의 일부가 나왔다. 이것은 문제집의 형식을 띠지만 장절이 구분되지 않았는데 아마도 현전하는 중국 최초의 수학 저작일 것이다.

앙했다. 상고는 주공이 제시한 문제에 "구^勾가 3이고 고^股가 4면 현^弦은 5"라고 답했는데, 이는 피타고라스 정리의 전형적인 해답이다. 그래서 중국에서는 이를 '상고정리^{商高定理}'라고도 부른다. 책에는 주공 후대의 영방^{榮方}과 진자^{陳子}(BC 6~7세기)가 나눈 대화가 실려있는데, 여기에도 구고정리가 등장한다.

해가 지는 것을 '구'라 하고, 해가 높이 뜬 것을 '고'라 하는데 구와 고를 각각 제곱한 뒤 더한 값의 제곱근을 구하면 그 길이를 얻는다.

이는 천문관측을 통해 도출한 법칙임을 어렵지 않게 알 수 있다. 중국 고대문헌에서 구와 고는 직각삼각형에서 직각을 이루는 짧은 변과 긴 변을 가리킨다. 비^髀의 뜻은 허벅지 혹은 대퇴골을 의미하며 태양의 고도를 측정하기 위해 두 지점에 세운 측량 도구를 가리킨다.『주비산경』에 나오는 또 다른 중요한 수학적 성과인 '일고공식^{日高公式}'은 태양의 높이를 측정하는 계산법으로 초기 천문학과 역법 제작에 널리 사용되었다.

책에는 분수의 응용, 곱셈에 대한 연구 그리고 공통분모를 찾는 방법도 있어서 당시에 제곱근을 응용했음을 알려준다. 이 책에 수록된 대화에는 황허를 다스린 우임금과 복희씨, 여와가 다루던 곱자와 그림쇠가 등장한다. 이것으로 당시에 측량술과 응용수학이 이미 사용되었음을 알 수 있다. 뿐만 아니라 측량할 때 생기는 기하학에 관한 여러 가지 관점도 드러나 있다. 하지만 중국인은 구체적인 숫자와는 관계없는 순수하게 가설로만 증명된 정리와 명제로 이뤄진 추상적인 기하학에는 별다른 관심이 없었다.

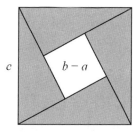

조상은 이 그림을 사용하여
구고정리를 증명했다.

3세기 동오東吳의 수학자 조상趙爽은 독자적이고 탁월한 방법으로 구고정리를 증명했다. 그는『주비산경』을 주석할 때 도형을 자르고 옮겨서 넓이를 알아내는 방법인 '출입상보법出入相補法'을 이용해서 증명했다. 그림에서 보듯 직각삼각형에서 직각을 이루는 두 변 a, b에서 $b > a$라고 할 때 빗변 c를 변으로 하는 정사각형은 다섯 조각으로 나눌 수 있다. 즉 한 변의 길이가 $b - a$인 정사각형 하나와 서로 합동인 직각삼각형 네 개로 나눌 수 있는데 이를 식으로 표시하면 $a^2 + b^2 = c^2$이다. 이는 800년 전 피타고라스 증명과 일치한다. 다만 피타고라스 증명은 후세 사람들이 추측한 것과 달리 이 증명은 그 근거 자료가 남아 있다.

264가지 문제를 담은 구장산술

『구장산술』은 비록 그 작가와 편찬 연대가 상세히 알려지지 않았지만 기본적으로 이 책이 서주西周 시대 귀족 자제들이 반드시 공부해야 하는 육예六藝(예禮, 악樂, 사射, 어御, 서書, 수數-역주)중 하나인 '구수九數'에서 발전했으며 서한 시대 두 수학자가 내용을 보충하고 삭제했음은 확실하다. 두 수학자 중 책임자인 장창張蒼은 유명한 정치가이다. 그는 한나라 문제文帝 시대에 재상을 지내는 동안 직접 율법과 도량형을 제정했다. 이처럼『구장산술』은 선진 시대부터 서한 중엽에 여러 학자들이 편집하고 수정해 만들어진 수학 서적으로 알려져 있다.

『구장산술』은 수학 문제집에 해당되는데 그 안에 264개 문제를 담고 있다. 구성을 보면 방전^{方田}, 속미^{粟米}, 쇠분^{衰分}, 소광^{少廣}, 상공^{商功}, 균수^{均輸}, 영부족^{盈不足}, 방정^{方程}, 구고^{勾股}의 아홉 개 장으로 이루어졌다. 이 책이 중요하게 다룬 분야는 계산과 응용수학이며 기하학은 주로 넓이와 부피의 계산만 다룬다. 속미, 쇠분, 균수 세 장은 수의 비례문제를 집중적으로 논했는데 그리스인이 기하학적으로 접근한 비례론과 선명한 대조를 이룬다. 여기서 '쇠분'은 비례 계산에 관한 것이고, '균수'는 식량운송의 부담을 해결하기 위한 평균 분배문제이다.

책에서 가장 큰 학술적 가치가 있는 산술문제는 '영부족술', 즉 방정식 $f(x)=0$의 근을 구하는 것이다. 우선 답수^{答數} x_1, $f(x)=y_1$이라 가정하고, 또 다른 답수 x_2, $f(x)=-y_2$라고 할 때 다음을 구할 수 있다.

$$x = \frac{x_1 y_2 + x_2 y_1}{y_1 + y_2} = \frac{x_2 f(x_1) - x_1 f(x_2)}{f(x_1) - f(x_2)}$$

$f(x)$가 1차 함수라면 이 해답은 정확하다. 그러나 $f(x)$가 비선형함수라면 이 해답은 다만 근삿값일 뿐이다. 당시의 영부족술은 현대의 내삽법 (어떤 연속 함수가 변수의 띄엄띄엄한 값에 대해서만 그 함숫값이 알려져 있을 때, 임의의 중간 변수에 대한 함숫값을 구하는 방법. 보간법이라고도 한다-역주)에 해당한다.

13세기 이탈리아 수학자 피보나치가 쓴 『계산판에 대한 책$^{Liber\ abaci}$』(일명 『산반서』) 중에서 'Khitan algorithm'이라는 이름으로 별도로 장을 할애했는데 이것이 바로 '영부족술'이

청나라 가경제(嘉慶帝) 시기에 인쇄된 『구장산술』

다. 유럽인과 아라비아인이 고대에 중국을 'Khitan'(契丹, 우리나라에서는 '거란'으로 읽는다-역주)이라고 불렀기 때문이다. '영부족술'은 비단길을 통해서 중앙아시아를 거쳐 아라비아 문명으로 전해졌고 다시 그들의 저서를 통해 서양으로 전해졌을 것이다.

대수 영역에서 『구장산술』의 기록은 더욱 의의가 있다. '방정' 장에는 1차 연립방정식의 해법이 제시되었다.

$$\begin{cases} x + 2y + 3z = 26 \\ 2x + 3y + z = 34 \\ 3x + 2y + z = 39 \end{cases}$$

『구장산술』에는 미지수를 표시하는 부호가 없지만 미지수의 계수와 상수를 수직으로 배열하면 행렬(方程)이 된다.

$$\begin{matrix} 1 & 2 & 3 \\ 2 & 3 & 2 \\ 3 & 1 & 1 \\ 26 & 34 & 39 \end{matrix}$$

다시 소거법(미지수의 개수를 줄여나가며 연립방정식을 풀이하는 기법-역주)에 해당하는 '직제법直除法'을 거치면 이 방정方程(수를 사각형으로 나열해서 계산하는 것-역주)의 앞 3행은 역대각선 방향에 0이 아닌 원소를 갖는다. 이렇게 해서 얻은 답은 아래와 같다.

$$\begin{array}{ccc} 0 & 0 & 4 \\ 0 & 4 & 0 \\ 4 & 0 & 0 \\ 11 & 17 & 37 \end{array}$$

위에서 사용한 소거법을 서양에서는 '가우스 소거법$^{\text{Gauss Elimination}}$'이라고 부른다. '방정술'은 중국 수학 역사에서 한 알의 빛나는 보석이라 부를 수 있다.

방정술 외에 『구장산술』에서 제시한 또 다른 두 가지 성과 또한 그 의의가 크다. 그중 하나는 정부술^{正負術}, 즉 양수와 음수 사이의 덧셈·뺄셈 규칙이다. 다른 하나는 제곱근을 구하는 방법인 개방술^{開方術}(방^{方}을 풀어서 연다는 뜻으로 정사각형을 풀어서 열면 네 개의 변이 나오는데 이때 한 변의 길이가 정사각형 면적의 제곱근이다-역주)이다. 본문에서 어떤 수에 대해 "풀어서 계산이 떨어지지 않고 계속 이어지면 풀 수 없는 것으로 한다"라는 구절이 있다. 이처럼 중국인은 정부술을 통해 음수를 사용했음을 알 수 있다. 이는 7세기에 이르러 사용했던 인도인보다 앞선 것이며, 서양에서 음수에 대한 인식은 그 시기가 더 늦었다. 한편 개방술은 중국인이 이미 무리수의 존재를 알고 있었음을 증명한다. 하지만 중국인은 방정술을 사용하는 과정에서 무리수를 알게 되었기 때문에 이를 자세히 다루지 않았다. 연역적 사고를 중시한 그리스인이라면 깊이 있게 연구할 기회를 결코 그냥 지나치지 않았을 것이다.

『구장산술』에 나오는 기하학 문제에서 고대 중국인의 오류를 발견할 수 있다. 예를 들어 '방전^{方田}'에서 원의 넓이를 계산하는 공식이 나오는

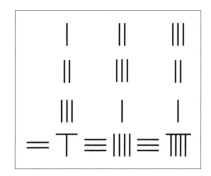
산목으로 표시한 연립방정식

데 이때 원주율을 3으로 계산했다. 이는 바빌로니아인의 계산 결과와 비슷하다. 하지만 구의 부피를 계산하는 공식으로 나온 결과는 아르키메데스가 정확히 구한 값의 절반 밖에 되지 않는다. 원주율을 3으로 취한 것을 고려했을 때 오차는 더욱 커진다. 하지만 책 속에서 직선으로 이루어진 도형의 넓이 혹은 부피를 구하는 공식은 기본적으로 정확하다. 이처럼『구장산술』의 특징은 기하학 문제를 산술화 혹은 대수화했다는 것이다. 이는 마치『원론』에서 대수문제를 기하학으로 변환한 것과 같다. 안타깝게도 책 속에 있는 몇 가지 기하학 문제의 계산법에 그 풀이 과정이 없다. 이를 통해 당시에는 기하학의 실용적인 측면에만 관심을 보인 것을 알 수 있다.

할원술에서 손자 정리까지

원을 쪼개어 답을 구하는 할원술의 탄생

서기 391년, 기독교 내부의 모순과 교회-로마 교황청 사이의 갈등이 거세질 무렵이었다. 한 무리의 기독교 폭도들이 클레오파트라 여왕이 일찌감치 알렉산드리아 대도서관에 대피시킨 귀중한 소장품들을 모조리 불태웠다. 프톨레마이오스 왕조가 대량의 그리스 수기 원고를 보관했던 '세라피스 신전'도 불행을 피하지 못했다. 그해, 동한東漢(제지술을 발명한 채륜蔡倫과 대과학자 장형張衡*이 활동했던 시기이다)은 이미 분열했고 수隋나라가 아직 건국되기 이전으로, 중국사회는 역사적으로 불안정한 위진남북조魏晉南北朝 시대였다. 이로 인해 장기간 유학만을 숭상했던 학술계에 변화의 바람이 불기 시작했다. 이때 오늘날에도 여전히 회자되는 '위진풍도魏晉風度', '죽림칠현竹林七賢'이 등장했다.

'위진풍도'는 위진 시대 명사들의 풍류를 가리키는 말로 '위진풍류'라고도 부른다. 명사들은 자연을 숭상하고 세속에 구애받지 않고 초연했

---

* 세계 최초의 지진 감측기인 '지동의(地動儀)'를 만든 것으로 유명한 그는 730/232(≈3.1466)을 원주율로 삼았다(이것이 사실이라면 유휘보다 앞서 발견한 것이다). 안타깝게도 그의 수학 저술은 전해지지 않고 있다.

으며 마음껏 풍류를 즐겼다. 그들은 높은 수준의 문학적 언어를 구사했고, 벼슬길에 나아가지 않은 채 음주와 은일隱逸을 즐거움으로 여겼다. 『여경易經』, 『노자老子』, 『장자莊子』를 '삼현三玄'이라 받들었으며, 무위자연 사상에 심취하고 명리를 멀리하는 청담淸談 혹은 현담玄談이 하나의 기풍이 되었다. 위나라 말기, 진나라 초기 시인 완적阮籍, 혜강嵇康이 '죽림칠현'을 대표하는 인물이다. 사대부의 의식과 인격을 가리키는 말인 '위진풍도'는 한 시대를 풍미하는 이상적인 경지가 되었다.

이와 같은 사회적, 인문적 환경에서 중국의 수학 연구에서 논증이 주목을 받았다. 대부분의 학술저서가 『주비산경』 혹은 『구장산술』을 주석하는 형식으로 출현했는데, 실질적으로는 이 두 저서에 담긴 몇 가지 중요한 수학적 결론을 증명하는 내용이다. 앞에서 언급한 조상은 수학적 정리를 논증하는 데에 선구적인 인물이었고, 유휘는 그보다 더 큰 업적을 이루었다. 두 사람의 생몰년을 고증할 수 없지만 유휘 또한 AD 3세기 인물이며, 위나라와 오나라가 모두 멸망하기 전인 263년에 『구장산술주九章算術注』를 편찬했다. 두 사람 중에서 누구의 출생이 먼저인지 단정하기 어렵지만, 중요한 업적을 거둔 중국 수학자 중에서 최초로 역사에 이름을 남겼다고 인정받고 있다.

위진 시대의 수학자 유휘

유휘는 기하학적 도형으로 분할하고 다시 모아 맞추는 '출입상보법'으로 『구장산술』에 나온 각종 도형을 계산하는 공식이 정확함을 증명했다. 이것은 조상이 피타고라스 정리를 증명한 것과 같이 중국 고대 역사에서 수학 명제에 대해 논리적인 증명을 펼친 범례가 되었다. 평면도형과 달리 두 개의 부피가 같은 입체도형은 나누거나 모아 맞출 수 없다. 유휘 역시 이러한 방법의 한계를 알고 있었다. 이 장애물을 피하기 위해 그는 무한소(모든 유한한 양보다도 적은 양이면서 0이 아닌 양을 나타내는 수학 용어-역주)의 도움을 받았다. 이는 아르키메데스가 했던 방법과 같은 것이다. 실제로 그는 극한과 불가분량^{不可分量}, 이 두 가지 방법을 이용해서 『구장산술』에 나온 구의 부피 공식이 틀렸음을 지적했다.

좀 더 자세히 설명하자면, 정육면체에 내접하면서 수직으로 교차하는 두 개의 원기둥의 공동 부분이 나타내는 입체도형을 가리켜서 모합방개$^{牟合方蓋, \text{Steinmetz solid}}$라고 불렀다. 또한 구의 부피와 모합방개 부피의 비가 $\frac{\pi}{4}$임을 알아냈다. 이것은 실제로 적분학에서 이탈리아 수학자가 명명한 '카발리에리 원리$^{\text{Cavalieri's principle}}$'와 유사하다. 안타깝게도 그는 일반적인 형식으로 결론을 도출하지 않았기 때문에 모합방개의 부피를 계산할 수 없었고, 구의 부피를 계산하는 공식도 얻을 수 없었다. 그러나 두 세기가 지난 뒤 조충지 부자가 그가 사용한 방법을 이용해서 공식으로 정리하는 데 성공했다.

『구장산술주』는 『구장산술』의 내용을 일일이 주석한 것이지만, 1권의 제10장은 유휘가 쓴 논문이다. 이는 후에 단독으로 간행되어 『해도산경^{海島算經}』으로 불렸다. 『해도산경』은 고대 천문학 중에서 '중차술^{重差術}'을 발전시켜서 측량학의 모범이 되었다. 물론 유휘가 이룬 가장 큰 업적은 '주방전^{注方田}, 『구장산술주』(제1장 방전^{方田}의 주석)'에서 다룬 할원술^{割圓術}이다. 원의 둘레, 넓이, 원주율을 계산할 때 쓰인 할원술의 주된 내용은 원에 내접하는 정다각형의 변의 개수를 늘려서 원에 근접시키는 것이

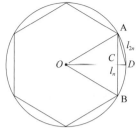
유휘가 사용한 할원술

다. 이에 대해 유휘는 이렇게 적었다.

세밀하게 나눌수록 잃는 것이 적어진다. 나누고 또 나누어 더 이상 나눌 수 없게 되면 원과 합쳐져서 잃는 것이 없게 된다.

유휘는 피타고라스 정리를 두 번 이용해서 정n각형의 변 l_n으로부터 정$2n$각형의 변 l_{2n}을 도출했다. 그림에서 보듯 원의 반지름을 r이라고 할 때 변 l_{2n}의 값은 다음과 같다.

$$l_{2n} = AD = \sqrt{AC^2 + CD^2}$$
$$= \sqrt{(\frac{1}{2}l_n)^2 + (r - \sqrt{r^2 - (\frac{1}{2}l_n)^2})^2}$$

$r=1$일 때, 정육각형에서 출발해서 다섯 번을 더 분할하면 정192(6×2^5)각형의 변의 길이를 얻는데 여기서 구한 원주율은 다음과 같다.

$$\pi \approx \frac{157}{50} = 3.14$$

이를 가리켜 휘율^{徽率}이라고 부른다. 이는 아르키메데스가 BC 240년에 얻은 결과와 기본적으로 일치한다. 다만 아르키메데스는 '원의 둘레가 외접 다각형의 둘레와 내접 다각형의 둘레 사이의 값'이란 사실을 이용해서 96(6×2^4)각형의 변의 길이를 계산했고 같은 답을 얻었다. 주석에는(이것이 유휘가 한 것인지 아직 증명이 되지는 않았으나 정3072(6×2^9)각형까지 계산한 것이다) π의 값을 다음과 같이 제시했다.

$$\pi = \frac{3927}{1250} = 3.1416$$

유휘가 수학 영역에서 이룬 탁월한 업적을 고려하여 AD 1109년에 송나라 휘종은 그에게 치향남淄鄕男이란 작위를 내렸다. 당시 작위를 받은 사람들 모두 그 고향의 이름이 들어간 것으로 보아 유휘는 산둥山東 출신임을 알 수 있다.* 산둥 지역은 유학의 발현지인 제齊나라와 노魯나라의 영토였고 서한과 동한을 거쳐 위진 시대에 이르기까지 학문을 숭상하는 풍조가 짙었다. 이곳에서 유휘는 문화적인 자양분을 얻었을 뿐만 아니라 변론의 기초를 쌓을 수 있었다. 유휘의 글에서 그가 제자백가의 사상에 정통하면서도 사상의 해방이라는 흐름에 깊이 빠져 있음을 알 수 있는데 그 덕분에 산술을 연역적으로 연구할 수 있었던 것이다.

원주율과 구의 부피를 계산한 조 씨 부자

유휘가 『구장산술』의 주석을 쓴 지 3년째 되던 해에 중국은 진나라 이후 두 번째로 통일왕조를 이루었다. 위나라의 장군 사마염司馬炎이 진나라西晉를 건국한 것이다. 경제의 발전과 빠르게 늘어나는 외국과의 무역은 지리학적인 발전을 자극했고 지도학자 배수裵秀를 배출했다. 그는 비례자, 방위, 거리 등 여섯 가지 기본 원칙을 제시하고 중국의 제도학에 이론적인 기초를 세운 인물이다. 사회문화에서도 외국 문물의 영향으로 몇 가지 새로운 풍습이 생겼다. 차 마시기가 성행했고, 외바퀴 손수레와 물레방아 등 노동력을 절약할 수 있는 새로운 공구도 발명되었

---

* 치(淄)라는 글자가 들어간 고장은 오로지 치박(淄博)과 임치(臨淄) 두 군데만 있는데, 『한서(漢書)』의 기록에 따르면, 치박과 가까운 추평 현(鄒平縣)에 치향(淄鄕)이라는 지명이 있기 때문이다.

다. AD 283년에는 도가의 박물학자 겸 연단술사 갈홍葛洪이 태어났다.

그러나 진나라의 북방은 여전히 수많은 외래 민족으로부터 위협을 받고 있었다. 317년 진나라는 결국 강남 이남으로 밀려 내려왔고 건강建康(지금의 난징南京)으로 수도를 정했다. 동진東晉이라 불리던 이 왕조는 103년을 이어갔고, 북방은 16개의 소국으로 분할되었다. 이후 동진이 멸망하면서 4명의 무신이 권력을 찬탈하고 영토를 차지해 각각 국호를 바꾸었다. 이것이 송(유송劉宋이라고도 부른다), 제齊, 양梁, 진陳의 남조이며 170년 동안 고르게 유지됐다. 유송 10년, 즉 429년 건강建康에서 대대로 역법을 연구하는 집안에서 조충지祖沖之가 태어났다. 그는 말단 관리 출신이지만 신분 제약을 넘어 중국 수학 역사에 최초로 이름을 올린 수학자이다.

남북조 시기의 수학자 조충지

$$3.1415926 < \pi < 3.1415927$$

『수서隋書』에 기록되어 있는 조충지가 계산한 원주율의 값이다. 소수점 아래 일곱 번째 자리까지 정확한 이 결과는 그가 이룬 가장 중요한 업적이다. 이 기록은 1424년 아라비아 수학자 알카시Jamshīd al-Kāshī가 소수점 아래 17번째 자리까지 계산한 값에 의해 깨졌다. 안타까운 점은 조충지가 이 값을 계산한 방법이 알려지지 않았다는 것이다. 일반적으로 그가 유휘의 할원술을 활용했을 것이라 본다. 그렇다면 조충지는 대단한 끈기를 가진 사람임에 틀림없다. 왜냐하면 할원술을 이용하면 연속해서 정24576각형까지 계산해야만 이 수치가 나오기 때문이다.

『수서』에는 조충지가 계산한 원주율의 또 다른 결과가 기록되어 있는데 대략적인 비율은 $\frac{22}{7}$, 좀 더 정확한 비율은 $\frac{355}{113}$이다. 약률은 아르키메데스의 계산과 일치하고 소수점 아래 두 번째 자리까지 정확하다. 밀률은 소수점 아래 여섯 번째 자리까지 일치한다. 현대 수론에서 π를 연분수로 표시하면 다음과 같다.

$$\frac{3}{1}, \frac{22}{7}, \frac{333}{106}, \frac{355}{113}, \frac{103993}{33102}, \frac{104348}{33215}, \cdots$$

첫 번째 값은 바빌로니아인과 『구장산술』에 나온 값과 일치한다. 그래서 이를 고율古率이라 부른다. 두 번째 값은 약률, 네 번째 값은 밀률이라고 하는데 분자와 분모 모두 1,000을 넘지 않으면서 π값에 가장 가까운 분수이다.

1913년 일본 수학자 요시오 미카미三上義夫는 그의 유명한 저서인 『중국과 일본 수학의 발전』에서 π값 $\frac{355}{113}$를 '조율祖率'이라고 불러야 한다고 주장했다. 유럽에서는 1573년에 이르러서야 유럽의 수학자 오토V.Otho가 이 밀률을 계산해냈다. 이 역시 오늘에 이르기까지 조충지가 이 분수를 어떻게 계산했는지 알지 못한다. 고대부터 중국에서 분수가 겹겹이 쌓여있는 형태의 연분수의 개념을 알고 응용했음을 밝히는 증거가 없고, 할원술만으로는 직접적으로 조율을 구할 수 없다. 따라서 사학자들은 조충지가 사용한 것이 남북조 시기에 고안된 '조일법調日法'일 것이라고 추측한다.

조일법의 기본 개념은 이렇다. 만약 $\frac{a}{b}, \frac{c}{d}$이 각각 참값에서 부족한 분수와 참값보다 큰 분수라면, m, n을 선택해서 새롭게 얻은 분수 $\frac{ma+nc}{mb+nd}$는 참값에 더욱 가까울 수 있다는 것이다. 이 방법은 유송의 정치가 하승천^{何承天}이 가장 먼저 제시한 것인데 그는 천문학자이자 문학가이기도 했다. 만약 $\frac{157}{50}$(휘율)과 $\frac{22}{7}$(약률) 사이에서 $m=1$, $n=9$를 선택하거나 $\frac{3}{1}$(고율)과 $\frac{22}{7}$(약률) 사이에서 $m=1$, $n=16$을 선택하면 모두 $\frac{355}{113}$(밀률)을 얻을 수 있다. 따라서 조충지가 '조일법'으로 밀률을 구한 뒤 다시 할원술로 증명했다고 추측할 수 있는데 이는 아르키메데스가 원의 둘레를 구할 때 평형법과 실진법을 동시에 사용한 것과 같다.

유휘와 마찬가지로, 조충지의 또 다른 업적은 구의 부피를 계산한 것이다. 그는 계산 결과를 자신이 집필한 '박의'^{駁議}(『송서^{宋書}』에 수록됨)에서 언급했다. 흥미롭게도 당나라 수학자 이순풍^{李淳風}은 『구장산술』의 주해로 쓴 글에서 "조긍지^{祖暅之}가 입원술^{立圓術}을 풀었다"라고 언급했다. 조긍지는 조긍^{祖暅}, 즉 조충지의 아들인데 그 역시 수학에서 많은 업적을 남겼다. 이 때문에 현대의 수학사가들은 구의 부피 공식을 조씨 부자의 공으로 돌린다. 이순풍에 따르면, 조씨 부자는 입체도형인 '모합방개'의 부피를 다음과 같이 계산했다.

우선 한 모서리 길이가 원의 반지름 r인 정육면체를 선택한다. 꼭짓점 하나를 중심으로 삼고 r을 반지름으로 하는 원기둥에 이 정육면체를 수직으로 교차해서 위에서 한 번, 옆으로 한 번 절단한다. 이렇게 되면 정육면체는 네 부분으로 나뉜다. 즉 원기둥 두 개의 공통 부분(조씨 부

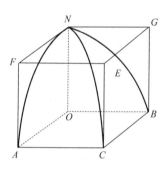

위와 같이 정육면체를 절단하면 모합방개의 1/8인 아래 도형을 얻을 수 있다.

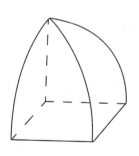

자는 내기內棋라고 불렀으며 모합방개의 $\frac{1}{8}$에 해당한다)과 나머지 세 부분(조씨 부자는 외삼기外三棋라고 불렀다)이 된다. 조씨 부자는 먼저 '외삼기'의 부피를 계산했는데 이것이 이 문제의 핵심이다. 그들은 이 외삼기를 임의의 높이에서 바닥과 평행으로 자른 절단면의 넓이가 정육면체에 내접하는 뒤집어진 사각뿔을 같은 높이에서 자른 절단면의 넓이와 같음을 발견했다. 이 뒤집어진 사각뿔의 부피는 정육면체의 $\frac{1}{3}$이고 내기의 부피는 정육면체의 $\frac{2}{3}$이므로 모합방개의 부피는 $\frac{16}{3}r^3$이 된다. 마지막으로, 유휘가 구한 모합방개 부피와 구 부피 사이의 비율 $\frac{4}{\pi}$를 이용하면 아르키메데스가 얻은 구의 부피 계산공식이 나온다.

$$V = \frac{4}{3}\pi r^3$$

중국 현대수학사가 리원린李文林은 이렇게 지적했다. "유휘와 조씨 부자의 연구에는 매우 심오한 사상이 담겨 있다. 위진남북조 시기의 중국 고전수학 연구에서 변론의 경향이 나타났고, 심지어 절정기에 이르렀다. 그런데 묘하게도 이러한 경향은 이 시기가 끝나면서 갑자기 사라졌다." 조충지의 『철술』은 수당隋唐 시기 『구장산술』과 함께 공인된 교과서로 분류되었고 국자감의 산학과에서도 이것을 필수도서로 지정했는데 그 수학 기간이 4년에 달했다. 또한 한국과 일본에도 전해졌지만 10세기 이후에는 중국에서 완전히 자취를 감췄다.

물건의 수를 맞추는 문제집을 만들다

639년 아라비아인이 이집트를 대대적으로 침공했을 때 로마인은 이미 물러난 뒤였고 이집트는 행정적으로 비잔틴 제국의 통제를 받고 있었다. 비잔틴 군대는 아라비아인과 교전한 지 3년이 지난 뒤에야 완전히 물러났고, 알렉산드리아 대학의 수장고에 남은 얼마 안 되는 자료마저 침략자의 불길에 휩쓸려 사라졌다. 그렇게 그리스 문명은 막을 내렸다. 이후 이집트는 카이로를 수도로 삼았고 이집트인은 원래 쓰던 언어 대신 아랍어로 말하고 이슬람교를 믿었다.

같은 시기 중국은 최고의 전성기를 구가했던 당나라 시대로, 태종인 이세민李世民이 다스리고 있었다. 중국 봉건왕조 중에서 가장 번성했으며 영토를 계속해서 확장하고 있었다. 수도인 장안長安(지금의 시안西安)은 각국 상인과 명사들이 모이는 집결지가 되었고 서역 등 여러 지역과 활발하게 교역했다.

당나라 시기에는 수학 분야에서 그 이전의 위진남북조 혹은 이후의 송원宋元 시대와 필적할 만한 대가를 배출하지 못했다. 하지만 수학 교육 제도를 확립하고 수학 저서를 정리했다. 당나라 시기는 북조와 수나라가 세운 '산학算學' 제도를 그대로 이어갔을 뿐만 아니라 산학박사 자

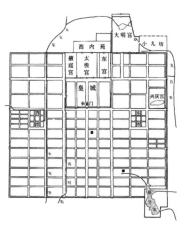

당대 장안성의 평면도, 정사각형의 큰 틀 안에 직사각형으로 구획을 나눴다.

리를 두었다. 또 과거 시험에 수학 과목을 두어 이를 통과한 사람은 관직을 받았다. 하지만 관직의 직급은 최하위였고 당나라 말기에는 폐지되었다. 사실상 당나라의 문화는 인문주의가 중심을 이루었기 때문에 과학기술은 그다지 중시하지 않았던 것이다. 이는 이탈리아의 르네상스 시기와 매우 비슷하다.

300여 년을 이어간 당나라가 수학 분야에서 이룬 가장 큰 성과는 『산경십서算經十書』의 정리와 출판인데 이는 고종 이치李治의 명으로 진행한 것이다.

열 권의 산경을 편찬하는 작업을 책임진 사람은 앞에서 언급한 이순풍李淳風이다. 그는 수학뿐만 아니라 천문학에서도 큰 업적을 남겼다. 그는 세계 최초의 기상학서인 『을사점乙巳占』에서 풍력을 여덟 단계로 나누었다(여기에 무풍無風과 미풍微風을 더하면 열 단계가 된다). 이를 기반으로 1805년에 영국의 한 학자가 풍력을 0~12단계로 구분했다. 『산경십서』에 포함된 『주비산경』, 『구장산술』, 『해도산경』, 『철술』 외에 다음 세 권은 따로 언급할 필요가 있는데 이는 바로 『손자산경孫子算經』, 『장구건산경張邱建算經』 그리고 『집고산경緝古算經』이다. 이 세 권은 모두 수학에서 매우 중요한 문제를 제기했으며 이는 후세에도 전해졌다.

청나라 판본(집고산경)

『손자산경』의 저자는 알려지지 않았다. 일반적으로 4세기의 작품으로 추정하며 저자는 아마도 성이 손 씨인 수학자일 것이다. 이 책에서 가장 유명한 것은 '물건의 수 맞히기' 문제이다.

어떤 물건이 있는데 그 수를 알지 못한다. 이것을 세 개씩 세면 둘이 남고, 다섯 개씩 세면 셋이 남고, 일곱 개씩 세면 둘이 남는다. 이 물건은 몇 개인가?

이는 다음과 같은 연립합동방정식의 해를 구하는 것과 같다.

$$\begin{cases} n = 2 \,(\text{mod } 3) \\ n = 3 \,(\text{mod } 5) \\ n = 2 \,(\text{mod } 7) \end{cases}$$

中国의 수학자 일행의 동상

『손자산경』에 나온 답은 23이다. 이것은 연립 합동방정식의 최소 양의 정수해인데 책에는 해를 구하는 방법까지 나와 있다. 여기서 나머지 2, 3, 2는 임의의 수로 바꿀 수 있다. 이것은 1차 연립합동방정식의 해법(손자 정리)을 보여주는 특수한 형식이다. 8세기 당나라 승려 일행一行은 이 방법으로 역법을 만들었고 송나라 수학자 진구소秦九韶가 더욱 일반적인 방법을 제시했다.

『장구건산경』은 5세기에 책으로 만들어졌는데 저자는 북위 사람 장구건張邱建이다. 책의 마지막 문제가 주목할 만한데 보통 '백계百鶏 문제'로 불리며 민간에서는 고을의 현령이 신동을 테스트하는 이야기로 전해온다. 문제는 다음과 같다.

수탉 한 마리는 5원이고 암탉 한 마리는 3원, 병아리 세 마리는 1원이다. 백원으로 백 마리 닭을 사려면 수탉, 암탉, 병아리 각각 몇 마리를 사야 하는가?

수탉, 암탉, 병아리의 수를 각각 x, y, z 라고 하면 이 문제는 다음의 부정연립방정식의 양의 정수해를 구하는 것이다.

$$\begin{cases} x+y+z=100 \\ 5x+3y+\dfrac{z}{3}=100 \end{cases}$$

장구건은 세 가지 답을 제시했다. 즉 (4, 18, 78), (8, 11, 81), (12, 4, 84)이다. 두 개의 3원 1차 연립 방정식은 하나의 2원 1차 방정식으로 바꿀 수 있고 또 다른 미지수를 매개변수로 만들 수 있다. 오늘날 우리는 다원 1차 방정식은 일반해를 갖는다는 것을 알고 있다. 오랜 시간이 흐른 뒤 13세기의 이탈리아인 피보나치와 15세기 아라비아인 알카시가 이와 유사한 문제를 제시했다. 안타깝게도 장구건은 이 문제의 결론을 도출하지 않았다. 이 점에서 손자가 그보다 행운아라고 할 수 있다. 진구소가 손자의 연구를 이어받아 발전시켰기 때문이다.

『집고산경緝古算經』은 열 권의 산경 중에서 시기가 가장 늦은 7세기에 책으로 편찬되었다. 작가는 왕효통王孝通으로 당나라 초기의 수학자이고 산학박사(아마도 당나라 때 가장 높은 업적을 이룬 산학박사일 것이다)였다. 이 책도 실용적인 문제를 다룬 수학 문제집에 해당하며 당시 사람들에게는 너무 어려운 내용을 담고 있다. 주로 천문역법, 토목공사, 창고와 요새의 크기 그리고 피타고라스 정리에 관한 문제 등인데 대부분의 문제가 2차 방정식 혹은 고차 방정식을 이용해서 해결해야 한다. 특히 주목할 것은 책에 다음과 같은 형태의 방정식이 28가지가 나온다.

$$x^3+px^2+qx=c$$

저자는 각 방정식마다 양의 유리수 해를 제시했지만 구체적인 해법을 알려주지 않았다. 이 책은 세계 수학사에서 3차 방정식의 해와 그 응용을 제시한 가장 오래된 문헌이다.

주목할 점은 세계에서 현존하는 가장 오래된 목판인쇄 서적은 인도 불교경전 『금강경金剛經』의 중문판으로 당나라 시대인 868년에 인쇄된 것이다. 1900년, 이 책은 헝가리계 영국 고고학자 스타인A.Stein이 둔황燉煌에서 구입한 것을 한때 런던 대영박물관에서 소장했다가 지금은 영국 국립도서관에서 소장하고 있다. 따라서 『산경십서』의 원본은 존재하지 않음을 알 수 있다. 명나라 때 이탈리아에서 온 선교사 마테오 리치Matteo Ricci의 기록에 따르면, 당시 중국에서 엄청나게 많은 도서가 유통되었으며 판매 가격마저 매우 저렴했다고 한다.

송원의 6대 인물

박물학자 심괄과 가현의 삼각형

당나라는 경제와 문화가 번성했다. 그러나 9세기 이후 주변 이민족을 방비하기 위해 변방에 세운 번진藩鎭의 세력이 커지면서 반독립적인 상태로 할거했다. 관료 중심의 중앙정부는 급속히 커져가는 번진을 통제하지 못했다. 여기에 조세 부담이 가중되자 황소黃巢가 농민봉기에 나섰고 이를 진압하는데 참여한 절도사의 세력이 크게 강해졌다.

907년에 이르러 중국은 다시금 분열 시대를 맞이하는데 이때부터 오대五代가 시작되었다. 고작 반세기 만에 후량後梁, 후당後唐, 후진後晉, 후한後漢, 후주後周 다섯 왕조가 바뀐 것이다. 이들은 수도를 카이펑開封 혹은 뤄양洛陽에 두었다. 전란으로 훌륭한 저작들이 사라졌는데 조충지의 『철술』도 같은 운명을 맞았다. 한편 남방에서도 10개의 작은 나라가 세워졌다. 그중에는 금릉金陵(지금의 난징南京)을 수도로 삼은 남당南唐이 있다. 남당의 마지막 황제 이욱李煜은 송의 침입을 받고 수도가 함락되자 항복하고 포로로 끌려갔다. 그는 송의 대표적인 문학양식인 사詞의 작가로도 유명하다.

하지만 세상은 나관중羅貫中이 『삼국지연의三國志演義』에서 지적한 대로 "분열하면 통일되고, 통일되면 반드시 분열"되기 마련이다. 960년, 군인 출신인 조광윤趙匡胤이 허난河南에서 부하들에 의해 황제로 옹립되어 송나라를 세웠다. 무혈 혁명에 성공한 그는 '배주석병권杯酒釋兵權(연회를 베풀어 장수들의 병권을 빼앗은 사건-역주)'을 통해 황제의 권한을 강화하고 새로운 군사 제도를 수립했다.

새롭게 통일을 이룬 중국은 문화와 과학에서 눈부신 발전을 이루었다. 산문화된 시가인 사詞는 당대 이후 다시금 전성기를 맞았고 상업과 수공업이 발전함에 따라 4대 발명 중 나침반, 화약, 인쇄술 세 가지가 송대에 완성되어 광범위하게 응용되는 등 기술의 진보가 일어났다. 이는 곧 수학이 발전하는 데에 새로운 원동력이 되었다. 특히 활자 인쇄술의 발명은 수학 지식을 전파하고 보존하는 데 큰 기여를 했다.

조지프 니덤은 『중국의 과학과 문명』에서 '손자 정리'를 간략히 언급만 하고 '정리'의 수준까지는 인정하지 않았다. 하지만 그는 송대(남송)에서 위대한 수학자들을 배출했음을 지적했다. 이때는 유럽이 이제 곧 중세시기를 끝내게 될 13세기 전후이다. 니덤이 지적한 위대한 수학자들은 '송원 수학 4대가'라고 불리는 양휘楊輝, 진구소秦九韶, 이야李冶, 주세걸朱世杰이다. 그러나 이 네 사람을 논하기 전에 두 사람의 북송학자 심괄沈括과 가헌賈憲을 먼저 소개하겠다.

북송의 박물학자 심괄

심괄은 항저우杭州 위항餘杭 출신으로 1086년에 『몽계필담夢溪筆談』을 완성했다. 그는 중국 고대 과학사에서 괴짜로 통하는데, 말년에 장쑤 성江蘇省의 전장鎭江에 정착해 자신의 저택을 '몽계'라고 이름 지었다. 아마도 동초계東苕溪라는 이름의 시내가 그의 집 앞에 흘렀기 때문일 것이다.

심괄은 진사 출신으로 문학가 왕안석王安石의 신법에 동참했고 시인 소식蘇軾과도 친했다. 후에 요遼나라에 사신으로 간 뒤 귀국해서 한림학사를 맡는 등 정치적으로도 성공했다. 그는 타지로 여행할 때 아무리 공무가 바빠도 새로운 기술을 보면 빠짐없이 기록하는 습관이 있었다. 그래서 그를 고대 중국의 가장 위대한 박물학자라고 부른다. 그는 『몽계필담』에 자신이 알고 있는 모든 자연과학, 사회과학 지식을 담았다. 예를 들면 그는 하지에 낮이 길고, 동지에 낮이 짧다는 사실을 알고 있었다. 또한 역법에 12절기節氣를 도입하고 큰 달은 31일, 작은 달은 30일로 정하자는 대범한 주장을 펼쳤다. 물리학에서는 오목렌즈에 상이 맺히는 현상과 소리의 공명을 실험했다. 지리학과 지질학 분야에서는 흐르는 물의 침식작용으로 기이한 지형이 생긴 원인을 밝혔고, 화석으로 물과 육지의 변천을 짐작하기도 했다.

이제 심괄의 저서에 수록된 수학과 관련된 내용을 살펴보자. 기하학에서 그는 정확한 측량에 필요한 원호의 둘레를 구하기 위해 원호의 일부를 직선으로 대체는 방법을 발명했다. 이것은 후에 '구면삼각법(구면삼각형의 변과 각과의 관계를 삼각함수를 써서 나타내는 방법으로, 구면도형의 기하학적 성질을 연구하는 방법-역주)'의 기초가 되었다. 대수학에서 각뿔대 모양으로 쌓은 술통의 수(이때의 술통의 수는 층별로 가로, 세로 모두 바뀐다)를 알아내기 위해 그는 연속해서 이어지는 정수의 제곱의 합을 구하는 공식을 제시했다. 이것은 중국 수학사에서 처음으로 고계등차급수高階等

^{差級數}의 합을 구하는 예제이다. 심괄은 수학의 본질은 간결함에 있다고 보고 '모든 물건에는 고유한 형태가 있고 형태에는 수가 있다'고 주장 했다. 이것은 피타고라스가 수학을 보는 관점과 매우 비슷하다.

한편 심괄과 동시대 인물인 가헌에 대해 알려진 사실이 매우 적다. 단지 그가 『황제구장산경세초^{黃帝九章算經細草}』의 저자라는 사실만 알 뿐 이 책은 전해지지 않고 있다. 다행히도 이 책의 주요 내용을 200년 뒤 남송 의 수학자 양휘가 『상해구장산법^{詳解九章算法}』(1261)에 수록했다. 이 책은 가헌의 고차제곱근 풀이법을 기록한 것이다. 이 방법은 '개방작법본원 도^{開方作法本源圖}'의 기초가 된다. 이것은 실제로 이항 계수의 값을 삼각형 모양의 표로 나타낸 것인데, $(x + a)^n (0 \leq n \leq 6)$ 전개식 각항의 계수이다.

$$
\begin{array}{ccccccccccccc}
 & & & & & & 1 & & & & & & \\
 & & & & & 1 & & 1 & & & & & \\
 & & & & 1 & & 2 & & 1 & & & & \\
 & & & 1 & & 3 & & 3 & & 1 & & & \\
 & & 1 & & 4 & & 6 & & 4 & & 1 & & \\
 & 1 & & 5 & & 10 & & 10 & & 5 & & 1 & \\
1 & & 6 & & 15 & & 20 & & 15 & & 6 & & 1 \\
\end{array}
$$

후에 이 삼각형은 '가헌의 삼각형' 혹은 '양휘의 삼각형'으로 불렸으 며, 프랑스 수학자 파스칼보다 600여 년 먼저 발견한 것이다. 뿐만 아니 라 가헌은 이 삼각형을 제곱근을 계산하는 데에 응용했고 이를 기초로 다항방정식의 근사해를 얻는 '증승개방법^{增乘開方法}'까지 만들었다.

양휘의 마방진과 고차 방정식을 푼 진구소

오대 시기, 중국의 동북지방과 몽골 일대에 살았던 거란족은 당나라 말기에 요遼나라를 세웠다. 송나라 건국 초기 태종은 직접 군대를 직접 이끌고 출정하거나 장수를 파병하여 요를 공격했다. 하지만 얼마 지나지 않아 전세가 점점 기울어져서 결국 송나라는 조공을 바치며 화친을 청해야 했다. 이때부터 이민족에게 정기적으로 재물을 바치는 선례가 생겼는데 심괄도 사신으로 요나라에 간 적이 있었다. 당시 요나라의 압박을 받은 곳은 송나라 외에도 말타기에 능했던 여진족이 있었다. 이들은 헤이룽장강黑龍江 유역에 살다가 세력이 강성해지자 금金나라를 세운 뒤 출병하여 요나라를 멸했다. 이후 금나라 군대는 남하해서 북송의 수도 변경汴京(지금의 카이펑開封)을 공격해서 송나라 휘종徽宗과 흠종欽宗 부자를 포로로 잡아갔다. 후에 흠종의 아우 고종高宗이 황제로 옹립되었다. 그리고 1127년에 수도를 항저우로 옮긴 뒤 임안

1433년 조선에서 출판된 『양휘산법』

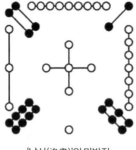

'낙서(洛書)'의 마방진

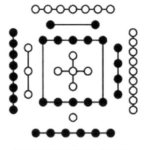

마방진 탄생에 영감을 준 하도

臨安(현재의 저장浙江 성 항저우杭州)로 이름을 바꿨는데, 이 왕조를 역사에서 '남송南宋'이라 부른다.

비록 북방의 위협이 여전히 있었지만 남송 사람들의 생활은 무척 윤택했고 경제, 문화 분야에서 이전보다 더 큰 번영을 누렸다. 수학자 양휘는 심괄과 같은 임안 사람이었다. 그의 생몰년은 자세히 나와 있지 않지만 13세기 인물임을 알 수 있다. 그는 타이저우台州, 쑤저우蘇州 등지에서 지방관으로 일했으며 여가 시간을 이용해서 수학을 연구했다. 그 결과 1261년부터 1275년까지 15년 동안 홀로 5편의 수학 서적을 완성했는데, 여기에 앞서 언급한 『상해구장산법』이 담겨있다. 그는 책에서 심오한 내용을 알기 쉽게 설명했고 어디를 가든 그에게 가르침을 구하는 사람이 많았다. 이런 까닭에 그는 수학 교육가로도 불린다.

앞서 언급한 대로 가헌의 뒤를 이어 양휘는 4차 방정식을 푸는 방법을 예제를 들어 설명했다. 이는 고도로 기계화된 방법으로 n차 방정식을 풀 때 적합하며 현대 서양에서 통용되는 호너의 법칙Horner's rule(1819)과 기본적으로 일치한다. 양휘는 '타적술垛積術(일정한 법칙에 따라 쌓아올린 물건의 총수를 구하는 방법으로 고계등차급수의 합을 구하는 방법이다-역주)'로 정사각뿔대의 부피를 계산하는 공식을 도출했다. 또한 간편한 계산을 위해 중국에서 처음으로 소수素數의 개념을 제시했고 아울러 200부터 300 사이에 있는 소수 16개를 모두 찾아냈다. 물론 양휘가 소수를 연구한 것은 유클리드와 비교할 때 연구 시기는 물론 연구 내용에 있어서 훨씬 뒤쳐졌다.

양휘가 이룬 업적 가운데 가장 흥미로운 것은 바로 마방진이다. 옛사람들은 이것을 '종횡도縱橫圖'라고 불렀다. 마방진Magic Square은 중국에서 가

장 먼저 생겼다. 중국에서 가장 오래된 서적인 『역경』에 '하도河圖'와 '낙
서洛書'라고 부르는 숫자로 구성된 도표가 나온다. 전해오는 바로는 대홍
수 때 물길을 다스린 치수사업으로 유명한 우임금이 BC 2200년경 황허
강변에서 용마龍馬가 '하도'를 지고 나온 것을 보았고, 낙수洛水에서는 신
령한 거북이의 등에서 이 '낙서'를 보았다고 한다. '하도'는 오행수五行數
인데 가로, 세로 각각 다섯 개의 숫자가 배열되어 있고 가운데에 공통
으로 숫자 5가 있다. '낙서'를 아라비아 숫자로 표시하면 다음과 같다.

4	9	2
3	5	7
8	1	6

표에서 각각의 행, 열, 대각선 위의 세 수를 더하면 모두 같은 값이 된
다. 13세기 이전의 중국 수학자들은 이 마방진을 그다지 중시하지 않았
다. 그저 숫자 게임으로 보았고, 여기에서 신비감을 느끼는 사람도 있었
다. 특이하게도 양휘는 마방진의 성질을 탐구했고 그 결과 마방진의 규
칙을 밝혀냈다.

양휘는 등차급수의 합을 구하는 공
식을 이용해서 3차 마방진과 4차 마방
진을 만들어냈다. 4차 이상의 마방진은
단지 그림만 그렸을 뿐 만드는 방법은
남기지 않았다. 그러나 그가 그린 5차,
6차, 10차 마방진은 아무런 오류도 없

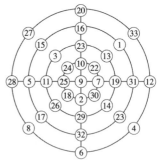

간략히 그린 양휘의 원형 마방진

어서 그가 마방진의 규칙을 이미 확실히 파악했음을 알 수 있다. 그는 10차 마방진을 백자도百子圖라고 불렀는데 각 행과 열을 더하면 모두 505이다. 이밖에 양휘는 원형 마방진도 연구했다. 그림과 같이 4개의 원과 4개의 직경 위에 있는 8개의 숫자를 더하면 거의 모두가 138이다(각각 하나씩은 예외로 140이다). 이로 보건대, 그가 '하도河圖'에서 영감을 얻었음을 알 수 있다.

페르시아, 아라비아, 인도 모두 마방진을 연구한 사람이 있었다. 유럽에서 마방진의 발견과 연구는 비교적 늦었지만 독일 화가 뒤러Albrecht Dürer의 작품 〈멜랑콜리아〉에 등장하는 4차 마방진은 매우 유명하다. 주목할 것은 마방진은 회전 혹은 반사를 해도 여전히 마방진이어서 모두 여덟 종류의 등가 형식을 보이지만 결국 한 종류로 묶을 수 있다. 따라서 3차 마방진의 해법은 오직 한 개이고, 4차와 5차 마방진은 각각 880개와 275, 305, 224개가 있다.

양휘가 수학 연구를 꾸준히 했던 점에 반해, 진구소는 학문을 연구한 기간이 상당히 짧다. 그는 보주普州(지금의 쓰촨四川 안웨安岳)에서 태어나서 오랫동안 전란을 겪었으며 어릴 때 가족들과 함께 수도인 임안에서 거주한 적이 있었다. 성년이 된 그는 다시금 쓰촨을 나와 후베이湖北, 안후이安徽, 장쑤, 푸젠福建 등지에서 관리로 일했다. 난징에서 재직할 때 모친이 세상을 떠나자 그는 관직에서 물러나 후저우湖州로 돌아갔다. 후저우에서 3년 상을 지키는 동안 수학 연구에 매진했고 세대를 거쳐 회자되고 있는『수서구장數書九章』을 집필했다. 이 책은 모든 면에서『구장산술』을 뛰어넘었다.

『수서구장』에서 가장 중요한 두 가지 성과는 '정부개방술正負開方術(고

차 방정식의 정근을 구하는 법-역주)'과 '대연
술大衍術(1차 합동식 해법-역주)'이다. 정부
개방술 혹은 '진구소 산법'은 일반적인
고차 대수방정식, 즉

$$a_0 x^n + a_1 x^{n-1} + \cdots + a_{n-1} x + a_n = 0$$

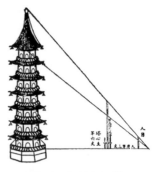

『수서구장』 일본판 삽화

위의 방정식의 해를 구하는 완벽한 계산
법인데 그 계수는 양수, 음수 모두 가능
하다. 일반적으로 이런 종류의 방정식에
서 해를 구하려면 $\frac{n(n+1)}{2}$번의 곱셈과 n
번의 덧셈을 거쳐야 한다. 그런데 진구
소는 이것을 n개의 일차식으로 바꾸었
다. 그래서 해를 구하려면 단지 n번의 곱
셈과 n번의 덧셈만 필요하다. 지금이야

진구소의 조각상. 필자가 난징 베이지거
(北極閣) 기상박물관에서 촬영한 사진

복잡한 계산은 컴퓨터로 간단히 해결하지만 당시만 해도 진구소의 이
계산법은 획기적인 방법이었다.

대연술은 손자 정리를 원형으로 하고 있다. 현대적으로 풀이하면, m_1,
m_2, $\cdots$, m_k가 쌍마다 1 이외에 공약수가 없는 서로소이면서 1보다 큰 양
의 정수일 때, 임의의 정수 $a_1, a_2, \cdots, a_k$에 대한 다음의 1차 합동식은

$$x \equiv a_i (\bmod m_i), 1 \leq i \leq k$$

일 때 $m = m_1 m_2 \cdots m_k$에 대해 오로지 하나의 해만 있다. 진구소는 해를
구하는 과정까지 제시했는데 이를 위해 그는 다음의 합동식도 설명했다.

$$ax \equiv 1 (\bmod\ m)$$

여기서 a와 m은 서로소이다. 그는 초등 수론에서 저저상거법輾轉相去法(2개의 자연수 또는 정식整式의 최대공약수를 구하는 알고리즘의 하나로 서양의 유클리드 호제법과 같다-역주)을 이용했고 아울러 이것을 '대연구일술大衍求一術'이라 불렀다. 이 방법은 완전하고 매우 엄밀해서 암호학에 응용되고 있다.

중국 고대 수학사에서는 손자 정리를 가장 완벽하고 가치 있는 성과로 인정한다. 이 정리는 중국은 물론 외국의 모든 초등수론 교과서에 수록되어 있다. 서양에서는 이를 '중국인의 나머지 정리中國剩餘定理, Chinese Remainder Theorem'라고 부르는데 필자가 볼 때 이 정리는 '손자-진구소 정리' 혹은 '진구소 정리'라고 부르는 것이 합당하다. 필자의 졸서 『수지서數之書』 중문판과 영문판에는 이 정리를 '진구소 정리'라고 칭했다. 그러나 고대 중국의 수학자들은 역법, 토목공사, 부역, 군대와 관련된 실질적 문제를 해결하기 위해 수학을 연구했을 뿐, 이론을 탐구하는 경우가 드물었다. 진구소도 예외가 아니어서 이 정리에 대한 증명을 제시하지 않았다. 실제로 그는 m_i가 쌍마다 서로소가 아닌 경우도 허용했으며 아울러 확실한 계산 과정을 제시해서 그것을 쌍마다 서로소로 전환시켰다.

유럽에서 18세기의 오일러와 19세기의 가우스C.F.Gauss는 각각 1차합동식을 세밀히 연구했고 다시금 진구소 정리와 일치된 결론을 얻었다. 또한 구체적인 수가 아닌 문자를 사용하여 일반화했고 m_i가 쌍마다 서로소인 경우에 대해 엄격한 증명을 제시했다.

영국의 선교사이자 한학자 알렉산더 와일리Alexander Wylie가 쓴 『중국 수학 및 과학에 관한 비망록$^{Jottings\ on\ the\ Sciences\ of\ Chinese\ Mathematics}$』이 출판된 뒤에
야 유럽 학술계는 중국인이 이 분야에서 선구자적인 역할을 했음을 인
식했다. 이 후 진구소의 이름과 '중국인의 나머지 정리'도 알려지게 되
었고, 수론 이외 다른 수학의 분야에도 응용되기 시작했다. 독일 수학사
가 모리츠 칸토어$^{M.Cantor}$는 진구소를 "가장 운이 좋은 천재"라고 불렀다.
벨기에 출신의 미국 과학사가 조지 사턴$^{G.Sarton}$은 진구소를 "그의 민족,
그의 시대는 물론 모든 시대를 통틀어 가장 위대한 수학자 중 한 사람"
이라고 평하기도 했다.

방정식에 기호를 넣은 이야와 사원소법의 주세걸

양휘와 진구소가 남방에서 줄곧 생활한데 반해 송대의 또 다른 두 위
대한 수학자 이야와 주세걸^{朱世杰}은 북방에 거주했다. 이야^{李治}는 금나라
가 통치하던 다싱^{大興}(베이징 교외)에서 태어났다. 원래 이름은 이치^{李治}인
데 후에 당나라 고종의 이름과 같다는 사실을 알고 난 뒤 치의 한자 표
기 '治'에서 점 하나를 없앤 '冶(야)'로 바꿨다. 이야의 부친은 강직한 지
방관이었고 학문이 깊고 재주가 많은 학자였다. 이야는 어려서부터 부
친의 영향을 받아서 학문이 부귀보다 더 귀하다고 여겼다. 그래서 문학
과 역사, 수학서를 깊이 탐독했다. 후에 진사에 합격했고 경전과 문장에
능하다는 찬사를 받았을 정도다. 얼마 후 몽골군이 침략하자 그는 산시
^{陝西}로 가지 않고 허난^{河南}에서 지사로 부임했다.

1232년 몽골족이 중원을 침입하자 이미 마흔이 넘은 이야는 평민 복
장으로 갈아입고 고달픈 방랑길에 올랐다. 2년 뒤 금나라가 멸망했을
때 그는 남송으로 돌아가지 않고 몽골족이 통치하는 원^{元}나라에 머물렀

다. 그 이유는 남송이 금나라와 전부터 적대 관계에 있었고 또 원 세조 元世祖(몽골 제국의 5대 대칸이자 원나라의 초대 황제-편집자 주)가 금나라의 지식인을 예우했기 때문이다. 이야는 원 세조를 세 번 만났는데 이때 형벌을 감하고, 정벌을 그칠 것을 권했다고 한다. 이 일은 이야 인생의 전환점이 되어 이때부터 거의 반세기 동안 학술 연구에 전념했다(그는 디오판토스보다 3년 더 장수했다). 그는 허베이河北의 고향으로 돌아가서 지금의 스자좡石家莊 남서쪽의 펑룽산封龍山에서 제자를 모아 학문을 가르쳤고 『범설泛說』 등의 서적에 각종 사물에 대한 자신의 견해를 기록했다.

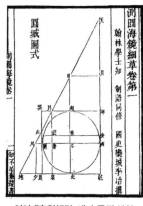

이야 『측원해경』에 수록된 삽화

이야는 평생 여러 권의 책을 집필했는데 그중에서 가장 대표적인 저작은 『측원해경測圓海鏡』(1248)이다. 이 책은 중국 고대 수학에서 천원술天元術의 기초를 다졌다. 천원술이란 수학 기호로 방정식을 표시하는 방법이다. 『구장산술』은 문자로 서술하는 방식으로 2차 방정식을 세웠는데 당시에는 미지수의 개념을 몰랐기 때문이다. 이미 3차 방정식을 나열한 사람이 있기는 했지만 기하학적 방법으로 도출한 것이어서 고도의 기술이 필요하기 때문에 널리 보급되지 못했다. 그 후 방정식 이론은 줄곧 기하학적 사고의 틀에 묶여 있었다. 예를 들면 상수항은 양수만 될 수 있었고 방정식의 차수도 3차를 넘지 못했다. 북송에 이르러서야 비로소 가헌 등의 학자들이 고차 방정식의 양의 해를 구하는 기본 해법을 찾아냈다.

그러나 수학 문제가 나날이 복잡해지자 좀 더 일반적이면서 고차 방정식도 표시할 수 있는 방법이 절실했다. 이런 배경으로 탄생한 것이 천원술이다. 이야는 기하학적 사고의 틀에서 벗어나서 구체적인 문제에 의존하지 않는 보편적인 절차를 만들어야함을 깨달았다. 이를 위해 그는 우선 "천원일^{天元一}을 세

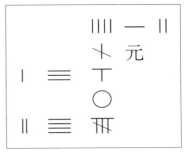

이야는 숫자 위에 사선을 그어 음수를 표시하는 방법을 최초로 만들었다

워 ○○이라 한다"라고 설정했다. 이는 'x는 ○○이다'에 해당하는 것으로, '천원일'은 미지수를 나타낸다. 그는 1차항 계수 옆에 '元'을 쓰고, 위에서 아래로 제곱의 차수를 오름차순으로 배열했다. 여기서 미지수는 순수하게 숫자를 대신해서 쓴 문자, 대수^{代數}를 의미한다. 따라서 거듭제곱은 반드시 넓이를 의미하는 것이 아니며 세제곱도 꼭 부피를 의미하지 않는다. 상수항 역시 양수 혹은 음수일 수 있다. 이렇게 해서 중국 수학자들을 천 년이 넘도록 곤란하게 만든 임의의 n차 대수방정식을 표현하는 쉬운 방법이 생겼다.

또한 이야는 기호 ○으로 빈자리를 표시했다. 이렇게 하니 전통적인 10진법이 완전한 숫자 체계를 갖추게 되었다. 남방에서 『측원해경』보다 1년 먼저 발표된 『수서구장^{數書九章}』도 같은 기호를 썼기 때문에 ○는 중국에서 신속하게 보급되었다. ○ 외에도 이야는 음의 부호(숫자 위에 사선을 긋는 방식)와 소수^{小數}를 기록하는 비교적 간편한 방법도 발명했다. 이 두 가지 기호를 사용한 것은 유럽인보다 2~4세기를 앞선 것으로 중국은 대수학에서 반기호화를 이루었다. 완전한 기호화라고 말하지 않는 것은 부등호 등 연산기호가 아직 갖추어지지 않았기 때문이다. 이와

같이 앞선 사상을 가진 이야는 철학적인 두뇌를 가진 사람임에 틀림이 없다. 그는 수가 오묘하고 무한하지만 한편으로 인식이 가능하다고 생각했다.

이야가 세상을 떠난 해, 남송도 멸망했다. 그전까지 남북은 상호 교류가 매우 드물었다. 주세걸은 '송원시대 수학의 4대가' 중에서 태어난 시기가 가장 늦다. 그래서 남북 두 지역이 수학 분야에서 이룬 성과를 받아들이는 행운을 얻었다. 그는 평생 관직에 나가지 않았기 때문에 그의 가문에 대해 알려진 바가 없다. 현재 그에 대해 알려진 내용은 그의 두 저서 『산학계몽算學啓蒙』(1299)과 『사원옥감四元玉鑑』(1303)에 친구가 써 준 서문을 통해서이다. 이야와 같이 주세걸도 베이징 부근에서 태어났다. 그러나 그때는 원나라가 이미 금金나라를 멸망시킨 뒤여서 베이징(당시 연경燕京)이 정치와 문화의 중심지가 되었다.

장장 20여 년에 걸친 유학생활 끝에 주세걸은 양저우揚州에 거처를 정하고 책 두 권을 간행했다. 『산학계몽』은 간단한 사칙연산에서 시작해서 당시 수학의 중요 성과인 고차 방정식의 풀이와 천원술을 수록하고, 수학의 다양한 분야를 논하는 등 온전한 체계를 갖춘 수학 입문 교재이다. 주세걸은 남송의 일상생활과 상업용 수학의 영향을 받고, 양휘의 저술에서 영감을 받아서 책의 가장 앞부분에 구구단 노래, 나눗셈 노래 등의 구결口訣(수학 지식을 시로

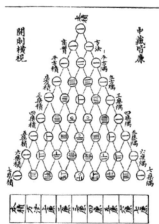

조선에서 받아서 새로 인쇄한 『산학계몽』

나타낸 것-역주)을 넣어 많은 사람들이 쉽게 공부하는 길을 제시했다.

역사 기록에 따르면, 명나라의 세종 주후총^{朱厚熜}은 『산학계몽』을 공부했으며 대신들과 이에 대해 토론했다고 한다. 하지만 명나라 말기에 이 책은 중국에서 자취를 감추었다. 다행히 이 책이 출판되고 얼마 지나지 않아 조선과 일본으로 전해졌고, 여러 차례 주석이 더해져서 일본의 와산^{和算}(에도 시대 독자적으로 발달한 수학-역주)에 영향을 주었다. 청나라 도광^{道光}(중국 청나라의 제8대 황제로 묘호는 선종^{宣宗}이다-역자) 1839년에 『산학계몽』은 당시 조선에서 출판된 판본을 바탕으로 새롭게 인쇄되었다. 『산학계몽』이 비교적 통속적인 입문서라면 『사원옥감』은 주세걸이 여러 해에 걸쳐 매달린 연구의 결정체이다. 그중 가장 중요한 성과는 이야의 천원에 지원, 인원, 물원을 더한 사원술^{四元術}을 도입해서 다원 고차 연립방정식을 다룬 것이다.

주세걸의 사원술을 설명하면 이렇다. 상수항을 가운데에 두고, '천원일을 아래에, 지원일^{地元一}을 왼쪽에, 인원일^{人元一}을 오른쪽에, 물원일^{物元一}을 위에 세운다.' 다시 말해 그는 하늘, 땅, 사람, 사물을 4개의 미지수로 표시했다. 오늘날의 x, y, z, w인 것이다. 예를 들어 방정식 $x+2y+3z+4w+5xy+6zw=A$를 다음 표로 표시할 수 있다.

$$
\begin{array}{ccc}
 & 4 & 6 \\
2 & A & 3 \\
5 & 1 &
\end{array}
$$

주세걸은 이 표의 사칙연산 법칙을 제시했고 또 '사원소법^{四元消法}을 발명했다. 사원소법이란 차례로 미지수를 소거해서 마지막에 하나의

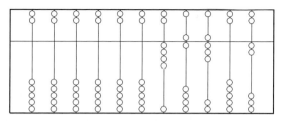

주판은 중국인이 발명한 것은 아니지만 중국에서 광범위하게 응용했다

미지수만 남기는 것으로 이를 통해 전체 방정식의 해를 구하는 것이다. 유럽에서는 19세기에 들어서야 비로소 실베스터와 케일리 등이 행렬을 이용해서 비교적 전면적으로 소거법을 연구했다. 주세걸은 사원술 외에도 고계 등차급수의 합(타적술)을 깊이 탐구했다. 또한 심괄, 양휘가 남긴 연구를 기초로 삼아서 좀 더 복합한 삼각타^{三角垛}(삼각뿔 형태로 쌓은 물건의 총수를 구하는 문제-역주)의 계산 공식을 제시했으며 뉴턴(1676)보다 먼저 내삽법의 계산 공식도 완성했다. 사턴은 『사원옥감』을 "중국에서 가장 중요한 수학 저작이자 중세기를 통틀어 뛰어난 수학서들 중 하나이다"라고 극찬하기도 했다.

안타깝게도 『사원옥감』 이후, 원나라에는 더 이상 높은 수준의 수학 저작이 나오지 않았다. 명나라에 이르러 농업, 공업, 상업에서 발전이 이어졌고 유클리드의 『원론』 등 서양 서적이 중국에 전래되었다. 그러나 유학 사상에 기반을 둔 통치 체제, 팔고문八股文(명·청 시대에 과거시험의 답안 작성에 사용하도록 규정된 특수한 문체-역주)으로 관리를 뽑는 과거 제도, 대규모의 문자옥文字獄(문서에 적힌 문자나 내용이 체제에 대한 은근한 비판을 담고 있다며 벌하는 중국 왕조의 숙청 방법 중 하나-편집자 주)이 사람들의 사상을 억압했고 자유롭고 창의적인 사고를 막았다. 명나라의 수학 수준은 송, 원에 미치지 못했고 수학자들은 선조들이 발명한 증승개방법, 천원술, 사원술을 이해하지 못했다. 한나라, 당나라, 송나라, 원나라의 수학 저서들은 새롭게 인쇄되지 않았고 오히려 많은 책들이 실전했다. 청나라 후기에 가서야 근대 과학의 선구적인 인물이자 전파자인 수학자 이선란李善蘭이 등장했다. 안타깝게도 당시의 중국 수학은 서양에 한참 뒤처진 상태였고 이선란 혼자 힘으로는 따라잡을 수 없었다.

청나라 수학자 이선란

일본의 '산성(算聖)' 세키 다카카즈

이쯤에서 중국과 가까운 일본의 수학을

살펴보자. 명말청초 중국 수학이 정체 상태일 때 일본 에도江戶(지금의 도쿄)에서 수학 신동 세키 다카카즈關孝和가 태어났다. 그는 뉴턴보다 몇 개월 먼저 태어났는데 후에 일본 수학의 기초를 다진 인물로 공인되었다. 그의 양부는 무사였고 그도 한때 막부의 무사와 재상부의 회계를 맡은 바 있다. 그는 주세걸의 천원술을 개선해서 행렬식의 수학 이론을 세웠는데, 이는 라이프니츠의 이론보다 더 일반적이고 시기적으로도 앞선 것이다. 또한 그는 미적분학에서도 업적을 쌓았다. 다만 당시 일본 사회에서는 무사에게 겸손을 요구했고 일본의 각 학파들 사이에서 연구 성과를 비밀로 지키는 풍조가 있었다. 그렇기 때문에 어떤 성과가 그의 공적인지 정확하게 설명하기 어렵다. 그와 그의 학생들로 구성된 '관류關流'는 일본 와산和算에서 가장 큰 유파였고, 그는 일본 수학의 시조로 불린다.

중세를 포함한 고대 중국 수학사를 종합적으로 살펴보면 수학자들 대부분이 팔고문으로 어느 정도 명성을 얻은 뒤 비로소 자신이 좋아하는 수학 연구에 매진했다. 그들에게는 그리스의 알렉산드리아 대학, 도서관과 같은 집단 연구기관이나 자료와 정보를 보관하는 곳이 없었다. 단지 개별적인 문인, 관리의 신분으로 수학을 연구했는데 그렇다보니 연구에 전념하기가 어려웠다. 수학이 비교적 빠르게 발전했던 송나라를 예로 들면 대부분의 수학자들이 말단 관리였다. 그들의 주된 관심은 백성과 기술공의 고민을 해결하는 것이어서 이론 연구에는 소홀했다. 비록 저서를 남겨도 대부분이 앞선 시기에 나온 저서의 주석을 다는 형식에 그쳤다.

그럼에도 고대 중국의 수학을 이집트, 바빌로니아, 인도, 아라비아와 같은 다른 고대 민족의 수학, 심지어 중세 유럽 각국의 수학과 비교했을 때 결코 성과가 부족하지 않다. 그리스 수학은 추상성과 체계성을 특징으로 하며 유클리드 기하학이 이를 대표하는데 그 수준은 의심의 여지없이 높다. 대수 분야만 놓고 보더라도 다른 민족과 비교했을 때 전혀 손색이 없다. 그러나 중국 수학의 최대 약점은 내세운 이론을 엄격하게 증명하는 과정이 빠져있고 순수한 수학 연구가 매우 드물다는 점이다. 이는 문인이 명성을 추구하듯 중국의 수학자들이 공리주의功利主義를 추구했기 때문이다.

공리주의의 근원은 중국 사회에서 찾을 수 있다. 당시 중국 수학자들의 최우선 과제는 통치 계급이 제시하는 문제를 해결하는 것이고 수학의 가치는 역법에서 실현되었다. 고대의 제왕들은 신앙과도 관련이 있는 역법을 장악함으로써 통치자로서의 특권을 누렸다. 조상이 구고정리를 증명한 것은 역법과 관련된 일원이차 방정식의 해를 구하기 위해서였다. 조충지는 약률과 밀률로 원주율을 표시했는데 그 목적은 윤년의 주기를 정확히 계산하기 위함이었다. 1차 합동식의 근을 구하는 산법인 진구소의 대연술은 상원적년上元積年을 추산하는데 쓰였다. 상원적년은 회귀년回歸年(태양이 황도를 따라서 천구를 서에서 동으로 일주하여 다시 춘분점으로 회귀하기까지의 시간 간격-역주), 삭망월朔望月(달의 음력 초하루에서 다음 초하루까지의 기간-역주) 등 천문 상수를 정하는 데 필요했다.

고대 중국에서 연이어 여러 해 흉년이 들면 기근으로 인구가 줄어들었다. 이때 통치자들이 걱정하는 것은 민중의 반란, 특히 농민봉기였다.

그들은 그 책임을 역법에 돌리며 역법이 정확하지 않아서 농사를 그르쳤다고 변명했다. 그래서 흉년이 들면 조정은 조서를 반포하고 학자들에게 역법을 새롭게 제정하라는 명을 내렸다. 그렇다보니 우수한 수학자들은 오로지 역법을 계산하는 데 몰두하느라 새로운 수학의 경지를 개척할 용기와 담력이 부족했다. 그런데 현대 수학자 우원쥔吳文俊은 고대 중국의 산술에서 영감을 얻어 '오방법吳方法'을 만들었고 이를 기하학 정리의 기계적 증명에 응용했다.

마지막으로, 고대 중국의 수학자 한 사람의 일화를 소개하고 이 장을 마치겠다. 중국의 수학자 중에서 저장 성 항저우와 인연이 깊은 사람이 적지 않다. 앞서 소개한 심괄과 양휘가 바로 항저우 출신이다. 양휘와 동시대에 활동했던 수학자인 진구소는 자字가 도고道古이다. 그는 가족을 따라 항저우로 와서 여러 해 동안 생활했었다. 저장대학 시시西谿 캠퍼스 부근에 도고교道古橋라는 석조다리가 있는데 알려진 바로는 진구서

항저우에 있는 석조다리 도고신교

가 이 다리의 건설을 제안했고 직접 설계해서 시시西溪에 세웠다고 한다. 다리의 본래 이름은 시시차오西谿橋였으나 원나라 수학자 주세걸이 이를 도고교로 바꾸어 부를 것을 제안했다.

진구소의 말년과 사후에 두 문인이 진구소가 법을 어기고 부정으로 금품을 취했다는 상소를 올려서 진

구소의 명예가 실추된 적이 있었다. 후에 청나라에 이르러 여러 지식인들이 그를 변호하며 그에 대한 비방을 맹렬히 비난했다. 안타깝게도 항저우 시의 토목사업으로 다리가 철거되어 도고교는 버스정류장의 이름으로만 남았다. (2012년 항저우 시는 필자의 건의를 받아들여서 원래 다리가 있던 곳에서부터 백여 미터 떨어진 곳에 새로운 다리를 짓고 도고신교라고 이름 지었다.) 조충지의 원주율, 부피 계산공식과 비교할 때, 진구소의 두 가지 성과인 대연술과 진구소 정리가 수학사에서 갖는 의의는 더 크다. 하지만 대중들은 원주율을 구한 조씨 부자의 업적과 그들의 이야기를 더 높게 평가하고 쉽게 받아들이는 경향이 있다.

제4장

신은 곧 수학자, 종교를 기반으로 한 중동 수학

인도 역사는 그 시작부터 최근 4백 년 전까지
'바다'라는 단어를 사용하지 않고도 살 수 있다.

— 허버트 조지 웰스

고대부터 인도 수학에 영향을 끼친 인물 연표

BC 600	인도 종교가 석가모니(Śākyamuni, BC 624?~544)
BC 500	인도 종교가 마하비라(Mahavira, BC 599?~527?)
BC 300	이집트 수학자 히파티아(Hypatia, 370?~415)
	인도 알렉산드로스 왕(Alexander the great, 356~323)
	인도 아소카 왕(Ashoka Maurya, BC 304~232)
AD 400	인도 수학자 아리아바타(Aryabhata, 476~550)
AD 500	인도 수학자 브라마굽타(Brahmagupta, 598~668)
AD 700	페르시아 알 마문 왕((Al-Ma'mun, 786~833)
	페르시아 수학자 알 화리즈미(al–Khwarizmi, 783?~850)
	시리아 천문학자 바타니(Battani, 858?~929)
AD 900	페르시아 수학자 카라지(Karaji, 953?~1029?)
	페르시아 철학자 이븐 시나(Ibn Sina, 980~1037)
AD 1000	페르시아 수학자 오마르 하이얌(Omar Khayyam, 1048~1131)
	수학자·천문학자 바스카라(Bhâskara II , 1114~1185)
AD 1200	이란 수학자 나시르 알딘 알투시(Nasīr al-Dīn al-Tūsī, 1201~1274)
AD 1300	이란 천문학자 잠시드 알카시(Jamshīd al-Kāshī, 1380~1429)
	티무르 군주 울루그 베그(Ulugh Beg, 1393~1449)
AD 1800	영국 수학자 드 모르간(Augustus de Morgan, 1806~1871)
	인도 수학자 스리니바사 라마누잔(S. Ramanujan, 1887~1920)
	인도 물리학자 찬드라세카라 벵카타 라만(C. V. Raman, 1888~1970)
AD 1900	인도 출신 천체물리학자 수브라마니안 찬드라세카(S. Chandrasekhar, 1910~1995)
	인도 수학자 라마찬드라(K. Ramanchandra, 1933~2011)

인더스강부터 갠지스강까지

아리안족의 종교, 베다

지금으로부터 약 4천 년 전, 이집트, 바빌로니아 그리고 중국에서 각지의 문명이 발전하고 있을 때 인도-유럽어족에 속하는 한 유목민족이 중앙아시아에서 히말라야 산맥을 넘어 북인도에 정착했다. 이들을 아리안^Aryan족이라고 부르는데 그 어원은 산스크리트어로 '고귀한' 혹은 '토지의 소유자'라는 뜻이다. 또 다른 아리안족은 서쪽으로 가서 이란과 일부 유럽의 선조가 되었다. 아리안족 중에서 북유럽과 게르만의 여러 민족의 혈통이 가장 순수하다며 이들을 '고귀한 인종'이라고 부르는 사람도 있는데, 이런 황당무계한 논리를 1940년대 히틀러와 그의 추종자들이 이용하기도 했다.

인도에는 아리안족이 유입되기 전에 이미 드라비다^Dravidian족이 살고 있었다. 그들의 역사는 적어도 천 년 이상 더 거슬러 올라간다. 그들은 파키스탄의 서부에서 인더스강을 건너왔는데 지금도 인도인 1/4이 드라비다어계의 언어를 구사한다. 그중 남부의 텔레구어, 타밀어 등 4가지 언어가 인도의 공식 언어이다. 초기 드라비다족이 사용한 상형문자는 중국의 은나라 갑골문처럼 해독되지 않았기 때문에 이 당시의 수학을 포함한 인도 문명에 대해 알려진 바가 많지 않다.

아리안족은 인도 서북부에 도착한 뒤 계속해서 동쪽으로 이동해서 갠지스강 평원을 지나 오늘날의 비하르^{Bihar}(인구가 1억이 넘고 인구밀도가 일본의 2배이다) 일대에 도착했다. 그들은 드라비다족을 정복해서 북부 지역을 인도 문화의 중심지로 만들었다. 힌두교의 전신인 베다교^{Vedism}, 자이나교^{Jainism}, 불교 그리고 오랜 시간이 지난 뒤 생긴 시크교^{Sikhism} 등이 모두 이곳에서 탄생했다. 그리고 이들의 영향은 인도 전체로 점차 확산되었다. 인도에 정착한 이후 처음 천 년 동안은 산스크리트어를 만들었다. 베다교 역시 아리안족이 만든 것으로 인도에서 가장 역사가 길고 또 문자 기록이 남아 있는 종교이다. 따라서 고대 인도의 문화는 베다교와 산스크리트어에 뿌리를 둔다고 말할 수 있다.

베다교는 예배의식을 중시하는 다신교이다. 특히 하늘, 자연현상과 관련된 남신을 숭상하는 전통은 이후 생긴 힌두교와는 매우 다르다. 예배의식의 핵심은 소마^{Soma}라는 식물에서 짜낸 즙을 신성한 공물로 바치는 것이다. 소마는 정확한 속성이 알려지지 않은 식물인데 줄기를 눌러 짠 즙을 양털 직물로 거른 다음 물이나 우유를 섞는다. 이것을 마시면 흥분이 되고 심지어 환각현상이 일어난다. 예배 의식을 통해 사람들은 신에게 '가축이 새끼

갠지스 강변의 알라하바드(Allahabad) 목욕 축제

를 잘 낳고, 하는 일이 잘 되고, 건강하고, 장수하고, 자손이 번성하기를 바라'는 등 물질적인 복을 기원한다. 그러나 복잡한 의식과 엄격한 계율 때문에 베다교는 갈수록 쇠퇴했다.

베다교의 이름은 그들의 유일한 경전인 『베다^{Veda}』에서 유래한다. 『베다』는 BC 15세기부터 BC 5세기까지 약 천 년에 걸쳐 완성되었다. 베다의 본래 뜻은 '지식', '광명'이고 경전은 주로 산스크리트어로 쓰여 있다. 그중 가장 중요하면서도 오래된 것이 '리그베다' 부분으로 여러 신을 찬양하는 시와 산문체 혹은 운문체의 제문이 있다. 베다는 인도 사회를 네 개의 계급 혹은 카스트로 나누었다. 성직자인 브라만, 지배자인 크샤트리아, 상인인 바이샤, 노예를 뜻하는 수드라이다. 네 계급의 기본 구조는 후대 힌두교에서도 대부분 존속되었다.

'우파니샤드'

『베다』에는 본집 외에 부록이 있는데 기도시와 제사 용어를 설명하는 것으로 '브라마나', '아라냐카', '우파니샤드' 세 부분으로 나뉘어 있다. '브라마나'는 주로 예배의식의 규칙을 설명하고, '아라냐카'는 의식의 이론과 영성을 수련하는 방법을 해설한다. '우파니샤드'는 영혼의 어리석음을 깨뜨리고 영성을 수련해 최고의 지혜와 훌륭한 업적을 쌓고 물질세계, 세속의 유혹, 소아^{小我}의 집착에서 벗어날 수 있는 방법을 알려준다. 이상의 책들은 '하늘의 계시'에 속한다. 한편 사람들의 기억으로 전승되는 경전으로는 『바가바드 기타』를 최고로 친다. 이 책에는 "고요함이 바로 요가이다"라는 잠언 한 구절이 있다.

『베다』는 처음에는 제사
장들 사이에서 구전되다 후
에 종려나무 잎이나 나무껍
질에 기록했다. 그래서 대
부분의 내용이 전해지지 않
고 있지만 그럼에도 남아있
는 『베다』에는 우주, 제단

전형적인 태국 힌두교사원, 외관은 사다리꼴을 하고 있다.

의 설계 및 측량에 관한 내용이 들어 있다. 이것이 바로 측량줄의 법칙
인 『술바수트라스』이다.

인도 최초의 수학책 『술바수트라스』

『술바수트라스』가 편찬된 시기는 약 BC 8세기부터 AD 2세기까지로
인도의 고전 서사시 『마하바라타^{Mahabharata}』와 『라마야나^{Ramayana}』보다 늦
지 않다. 이 책은 인도 최초의 수학 문헌으로, 그 전에는 화폐와 비석에
서 수학 기호를 드물게 찾아볼 수 있었다. 여기에는 제단을 설계할 때
필요한 기하학적 도형, 대수의 계산과 관련된 문제가 기록되어 있다. 피
타고라스 정리를 응용한 문제, 사각형 대각선의 성질, 비슷한 모양의 도
형의 성질, 그리고 작도법 등이 있으며 줄을 이용한 측량법과 기본 도
형의 넓이 계산도 나와 있다. 현재까지 보존 상태가 양호한 『술바수트
라스』는 모두 4종으로 그 작가, 작가가 대표하는 학파에 따라 이름이
붙여졌다.

책에는 제단을 건축하는 방법이 나와 있는데 제단의 형태와 치수도
포함되어 있다. 가장 많이 사용하는 세 가지 형태는 정사각형, 원형, 반

원형이며 형태와 상관없이 제단의 넓이는 반드시 동일해야 한다. 따라서 인도인은 정사각형과 같은 넓이의 원 혹은 반원의 제단을 만들기 위해 정사각형보다 넓이가 같거나 두 배인 원을 그릴 수 있어야 했고 실제로 그려냈다. 또 다른 형태로는 사다리꼴이 있고, 같은 넓이의 다른 도형도 있어서 여기서 새로운 기하학 문제가 제기된다.

이렇게 규정된 형태의 제단을 설계할 때 반드시 피타고라스 정리와 같은 기본적인 기하학적 지식을 알아야 한다. 인도인이 이 정리를 다음과 같이 독특한 방식으로 서술했다. "사각형의 대각선 방향으로 줄을 이어 만든 정사각형의 넓이는 사각형의 양변으로 각각 만드는 (정사각형의) 넓이를 더한 것과 같다." 이것은 『주비산경』이 태양의 고도를 잴 때 사용했던 넓이를 계산하는 방식과 차이를 보인다. 이 시기 인도 수학은 문자로 넓이와 부피의 근삿값을 구하는 법칙을 서술했지만 논리적이지 않았다. 이 법칙들이 경험에서 나온 것이지 결코 연역적으로 증명된 것이 아니였기 때문이다.

예를 들어 어떤 정사각형의 두 배 넓이가 되는 원형 혹은 반원의 제단을 만들려고 한다면 원주율을 알아야 한다. 『술바수트라스』에는 π의 근삿값이 다음과 같이 기록되어 있다.

$$\pi = 4\left(1 - \frac{1}{8} + \frac{1}{8 \times 29} - \frac{1}{8 \times 29 \times 6} - \frac{1}{8 \times 29 \times 6 \times 8}\right)^2 \approx 3.0883$$

이외에 $\pi = 3.004$와 $\pi = 4(\frac{8}{9})^2 \approx 3.16049$의 근삿값을 이용한 사람도 있었다. 그런데 넓이가 2인 정사각형을 작도하려면 한 변의 길이가 $\sqrt{2}$임을 알아야 한다. 이에 관해 『술바수트라스』에는 다음과 같은 공식이 기록되어 있다.

$$\sqrt{2} = 1 + \frac{1}{3} + \frac{1}{3 \times 4} - \frac{1}{3 \times 4 \times 34} \approx 1.414215686$$

$\sqrt{2}$의 값은 소수점 뒤 다섯 번째 자리까지 정확하다. 주목할 부분은 이 공식과 위에서 π값을 표시하는 공식 모두 단위분수를 사용한 것으로 이집트인의 계산법과 일치한다. 이것이 '단순한 우연의 일치'인지 아니면 모방한 것인지 알 수 없다.

BC 599년, 자이나교의 창시자 마하비라^{Mahavira}가 비하르^{Bihar}에서 태어났다. 비하르는 마하비라보다 36세 어린 불교의 시조 석가모니가 태어난 곳과 매우 가까운 곳이다. 두 사람은 공통점이 많은데, 우선 두 사람 모두 부족 족장의 아들로 태어났다. 또한 서른 살 전후로 재산과 가정, 안락한 삶을 포기하고 유랑 생활을 하며 진리를 찾아 나섰다. 다른 점은 석가모니는 포대기에 감싸놓은 아들을 내던졌고 마하바라는 어린 딸을 버렸다는 점이다. 자이나교와 불교는 거의 같은 시기에 번성하기 시작했는데 모두가 베다교의 복잡하고 불필요한 예절과 브라만을 최고로 치는 카스트 제도를 반대했기 때문이다.

자이나교는 산스크리트어에서 '승리자', '정복자'를 의미한다. 이 종교는 "세상을 창조한 신이 없으며, 시간은 다함이 없고 형태가 없으며, 우주는 끝없이 넓고, 만물은 영혼과 영혼이 아닌 것으로 나뉜다"고 설명한다. 이 종교가 관심을 갖는 분야와 원시 경전이 다루는 범위는 매우 넓어서 포교 활동 외에 문학, 연극, 예술, 건축 등의 분야에서도 큰 영향을 끼쳤다. 여기에는 수학과 천문학의 기초적인 원리 및 결론도 포함된다. BC 5세기부터 AD 2세기까지 프라크리트어^{Prākrit}(산스크리트어보다 더 오래 전의 언어이며 속어를 가리킨다)로 쓴 서적 중에서 원의 둘레 $C = \sqrt{10}d$, 호의 길이 $S = \sqrt{a^2 + 6h^2}$ 등의 계산 공식이 보인다.

한편 석가모니는 외재하는 사물이든 심신이든 모두 끊임없이 변화하기 때문에 모든 것이 무상하다고 여겼다. 따라서 어떤 제단의 크기도

인도 아잔타 석굴 안 옆으로 누운 석가모니

규정하지 않았다. 불교는 계급을 가리지 않고 모든 사람을 받아들였고 사람과 사람 사이에 어떤 본질적인 차이도 인정하지 않았다. 자이나교, 힌두교와 비교할 때 불교는 특히 인도에서 철학과 비슷했다. 불교의 독특한 시간 개념에는 수학적인 의미가 담겨 있다. 예를 들면 인도의 1년은 세 계절(우기, 하기, 건기)로 되어 있다. 불경에서 낮과 밤을 각각 세 부분으로 나누는데 상일^{上日}, 중일^{中日}, 하일^{下日} 그리고 초야^{初夜}, 중야^{中夜}, 후야^{後夜}이다. 해를 나눌 때는 100년을 1세^{世}, 500년을 1변^{變}, 1000년을

제단의 도안

1화^{化}, 12,000년을 1주^{周}라고 한다.

시간을 분할할 때 불교에서는 '찰나^{刹那}'를 가장 작은 시간의 단위로 쓴다. 산스크리트어에는 '찰나'와 '일념^{一念}'이 있다. 일념은 90찰나인데 '젊은 장수가 손가락 하나를 튕기니 63찰나이다'라는 말에도 등장한다. 그러나 '찰나'가 어느 정도의 시간인지 석가모니 외에는 누구도 정확히

알지 못한다. 그래서 다음과 같은 시가 전해온다.

달이 차고 이지러지는 것을 보고 시간이 쉬지 않고 흐름을 아네.
마음속 염원이 생기고 사라지는 것을 보고 세월의 짧음을 아네.

BC 6세기, 자이나교와 불교가 유행하자 "영혼의 재생, 인과응보 명상을 통해 윤회에서 벗어난다"는 교리가 베다교도 사이에 널리 퍼져서 이것이 점차 힌두교로 발전했다. 이때부터 인생의 대부분을 관여하는 새로운 종교인 힌두교가 점차적으로 인도 대륙 전체를 지배했다. 뿐만 아니라 네팔, 스리랑카와 같은 남아시아 여러 민족의 신앙, 풍속, 사회종교까지 영향을 끼쳤다. 반면 자이나교는 인도에서 그 영향력이 서부와 북부의 소수 지역에만 미쳤다. 불교는 동남아 등지를 중심으로 포교하여 인도에서는 오히려 철학과 도덕 규범으로 바뀌었다. 수학 역시 종교적 영향에서 벗어나서 천문학을 연구하는 수단이 되었다.

0의 발견과 10진법의 완성

BC 5세기 중엽까지 비하르에 위치한 마가다^{Magadha} 왕국은 갠지스강 평원을 모조리 정복해서 후에 세워진 마우리아 제국의 기초를 닦아주었다. 마우리아 제국은 아소카 왕이 통치하던 시기인 BC 3세기에 전성기를 누렸다. 인도 역사에서 가장 위대한 왕으로 평가받는 아소카 왕 Ashoka Maurya은 평생에 걸쳐 불교를 장려하고 전파하는 데 힘썼다. 그는 석가모니 이후 불교를 세계적인 종교로 만든 선교사이며 기독교의 사도 바울과 같았다. 한편 마우리아 제국을 창건한 사람은 아소카 왕의 할아버지 찬드라굽타였다. 그는 알렉산드로스 대왕을 몰아내고 인도 북부를 정복해서 인도 역사상 첫 제국을 건설했다.

알렉산드로스의 기적과도 같은 원정은 서양의 그리스와 동양의 인도를 연결했다. 카스피해 해안에 도착한 알렉산드로스의 군대는 계속해서 동진했고 아프가니스탄에 유명한 헤라트^{Herat}와 칸다하르^{Kandahar} 두 도시를 건설했다. 그 후 북으로 가서 중앙아시아의 사마르칸트^{Samarqand}에 진입했다. 알렉산드로스는 그곳을 점령하지 않고 남으로 군사를 몰고 내려가서 힌두쿠시^{Hindu Kush} 산맥의 좁은 골짜기를 지나서 카불 동쪽의 카이베르 고개^{Khyber Pass}를 통해 인도로 들어갔다. 본래 그는 계속해서 동진해서 사막을 지나 갠지스강 유역으로 진군할 계획이었다. 그러나 수년간의 전쟁으로 병사들은 이미 지칠 대로 지쳐있었다. BC 325년, 알렉산드로스는 인더스강 유역에서 철군하여 페르시아로 되돌아갔다. 이때 그는 펀자브^{Punjab}에 총독을 두고 일부 부대를 남겨두었다. 하지만 이들은 후에 아소카 왕의 할아버지에 의해 쫓겨났다.

알렉산드로스의 이번 원정은 비록 실패로 끝났지만 결코 사라지지 않을 흔적을 남겼다. 그리스와 인도의 교류가 시작된 것이다. 로마 시대에 이르러 알렉산드리아 상인들이 남인도에 상당히 많은 주택을 소유했으며 심지어 아우구스투스 신전까지 세웠다고 하니 그 영향력이 얼마나 컸는지 알 수 있다. 알렉산드리아 상인들의 거주 지역에는 보통 로마 부대가

알렉산드로스 대왕, 그의 정벌을 통해 동양과 서양을 잇는 다리가 놓였다

방위를 맡았고, 로마 황제는 관리를 남인도에 파견하기도 했다. 따라서 수학과 기타 과학 분야에서 그리스 문명은 인도인에게 적지 않은 영향을 미쳤을 것이 확실하다. 이는 AD 5세기에 한 인도 천문학자가 남긴 글에서도 드러난다. "그리스인은 순수하지는 않지만(다른 신앙을 가진 사람들은 서로 불순하다고 생각했다) 그래도 존경받을 만하다. 왜냐하면 과학 분야에서 그들은 훈련을 거쳤고 또한 다른 민족보다 월등하기 때문이다."

1881년 여름, 오늘날의 파키스탄(고대 대부분의 기간에는 인도에 속했다) 서북부 페샤와르Peshawar로부터 80km 떨어진 바크샬리라는 마을의 한 농부가 땅을 파다가 책 한 권을 발견했다. 이 책이 바로 자작나무 껍데기에 쓰인 '바크샬리 필사본The Bakhshali Manuscript'이다. 필사본에는 기원 전후의 수세기 동안에 걸친 수학(자이나교 수학이라고도 불린다) 지식이 적혀 있었다. 여기에는 분수, 제곱수, 수열, 비례, 수지와 이윤 계산, 급수의 합, 대수방정식 등 다양한 내용을 담고 있다. 그중에는 뺄셈 기호도 보이는데 그 모양은 지금의 덧셈 기호와 같고 뺄 수의 오른쪽에 놓였다. 주목해야 할 부분은 점으로 '0'을 표시한 완전한 10진법이 나왔다는 사실이다.

0을 표시하는 점은 후에 점차 동그라미, 즉 지금 쓰고 있는 '0'으로 바뀌었는데, 아무리 늦어도 AD 9세기에 이미 출현한 것으로 보인다. 왜냐하면 876년에 제작된 괄리오르Gwalior의 비석에 숫자 '0'이 선명하게 새겨져 있기 때문이다. 괄리오르는 인도 북쪽 도시로 인구가 가장 밀집한 마디아프라데시Madhya Pradesh주에 속한다. 이 도시는 비하르와 이웃하며 갠지스강 유역에 자리한다. 이 비석은 화원에 세워져 있는데 매일

현지 사원에 바쳐야 하는 화환의 수가 새겨져 있고 거기에 두 개의 '0'
이 비록 크지는 않지만 뚜렷하게 새겨져 있다.

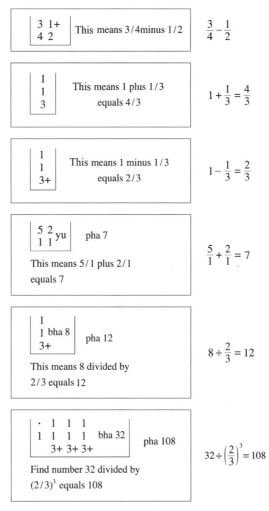

바크샬리 필사본에 적힌 산술 문제

인도인은 양수로 재산을 표시하고 음수로 부채를 표시했다. 영을 가
리키는 '0'은 인도인의 대단한 발명이라 할 수 있다. '0'은 '없음'의 개

넘을 표시하고 또 위치기수법에서 빈자리를 표시한다. 또한 수에서 하나의 기본 단위이므로 다른 수와 함께 계산이 가능하다. 이에 반해 초기 바빌로니아 쐐기문자와 송원 이전의 중국 산목 계산법은 빈자리를 남겨 둘 뿐 대응하는 기호가 없었다. 후에 바빌로니아인과 마야인이 영의 기호를 받아들였지만(마야인은 조개껍데기 혹은 눈을 그렸다) 그것으로 빈자리를 표시할 뿐 이를 독립된 숫자로 보지 않았다. 주목해야 할 점은 괄리오르 비석에 새겨진 숫자가 오늘날 전 세계에 사용되고 있는 인도-아라비아 숫자와 비슷하다는 것이다.

AD 8세기 이후, 인도 숫자와 0은 아라비아로 잇따라 건너갔고 다시 유럽으로 전해졌다. 13세기 초, 피보나치의 『계산판에 대한 책』에 이미 영이 포함된 완전한 인도 숫자가 소개되었다. 인도 숫자와 10진법의 셈법은 유럽인에게 두루 알려지고 개선된 뒤, 근대 과학의 발전에 중요한 역할을 담당했다. 이때 이후로 인도의 수학사도 몇 명의 뛰어난 수학자의 역사로 바뀌었다.

수학자들의 주석이 된 아리아바타의 산술서

476년, 파트나^{Patna}에서 멀지 않은 갠지스강 남쪽 도시에서 인도 최초의 수학자로 알려진 아리아바타^{Aryabhata}가 태어났다. 파트나는 오늘날 비하르 주의 주도인데 옛 이름은 파탈리푸트라^{Pātaliputra}였다. 16세기 아프간이 이곳을 침공한 뒤 도시를 재건하고 이름을 파트나라고 바꾸어 불렀다. 석가모니도 말년에 이곳으로 와서 포교^{布教}한 적이 있다. 이곳은 인도 역사상 가장 강성했던 두 왕조인 마우리아 왕조와 굽타 왕조

아리아바타 조각상

(320~540년)의 도성이었다. 굽타 왕조는 중세기에 인도를 통일한 최초의 왕조이다. 그 영토가 오늘날 인도 북부, 중부, 서부 대부분 지역까지 이르렀다. 이 시기에 10진법, 힌두교 예술과 산스크리트어 서사시, 연극 샤쿤탈라^{Shakuntala}와 그 작가 칼리다사^{Kalidasa}(약 5세기)가 탄생했고, 중국 동진의 고승 법현^{法顯}이 불경을 얻기 위해 이곳에 왔다.

아리아바타가 태어났을 때 굽타 왕조는 수도를 이미 서쪽으로 옮긴 뒤여서 파탈리푸트라는 쇠락하기 시작했지만 여전히 학문의 중심지였다. 당나라 초기의 고승이자 번역가인 현장 법사도 약 631년에 이곳에 왔었다. 훗날의 인도 수학자와 마찬가지로 아리아바타는 주로 천문학과 점성술을 연구하기 위해 수학을 연구했다. 그는 고향과 파탈리푸트라에서 책을 쓰고 이론을 세웠는데 대표작으로 두 권의 저서가 있다. 한 권은 『아리아바티야$^{\bar{A}ryabha\bar{t}\bar{\imath}ya}$』(499)이고 나머지 한 권의 산술서는 전해지지 않고 있다. 『아리아바티야』의 주된 내용은 천문표이지만 산술, 시간의 측정, 구^{球} 등의 수학과 관련된 내용도 들어 있다. 이 책은 800년경에 라틴어로 번역되어 유럽에 전해졌다. 인도 내에서는 특히 남인도에 큰 영향을 주었고 많은 수학자들이 이 책의 주석을 썼다.

아리아바타는 연속된 n개의 양의 정수 제곱의 합과 세제곱의 합을 표시하는 식을 만들었다.

$$1^2 + 2^2 + \cdots + n^2 = \frac{n(n+1)(2n+1)}{6}$$
$$1^3 + 2^3 + \cdots + n^3 = \frac{n^2(n+1)^2}{4}$$

원주율에 관해서 그는 인도에서 최초로 $\pi = 3.1416$이라는 값을 구했다. 그러나 그 방법은 알려지지 않았다(그가 원에 내접하는 정384각형의 둘레를 계산했다는 설도 있다). 어쩌면 중국의 π값 계산하는 방법과 관련이 있을 수도 있다. 삼각법에 관해 아리아바타는 삼각함수표를 만든 것으로 유명하다. 고대 그리스의 프톨레마이오스도 삼각함수표를 만들었는데 호와 반지름의 길이를 각각의 측정치로 구분해서 매우 불편했다. 아리아바타는 이를 개선해서 곡선과 직선을 동일한 단위로 측정했고 0°에서 90°까지 평균 3°45′ 간격의 삼각함수표를 제작했다. 아리아바타는 반현half-chord을 사냥꾼의 활이라는 뜻의 'jiva'라고 불렀다. 이를 본 아라비아 사람들이 그것을 'jiba'로 번역했고, 이후 라틴어로 번역할 때 'jiba'를 협곡이나 만灣을 뜻하는 'jaib'로 잘못 보고 같은 뜻의 라틴어 'sinus'를 사용했다. 이것이 바로 삼각함수 '사인sine'의 유래이다.

산술 문제를 풀 때, 아리아바타는 '시위법試位法'과 '반연법反演法'을 자주 이용했다. 반연법이란 제시된 조건의 순서를 거꾸로 해서 계산하는 것이다. 그는 다음과 같은 문제를 제시했다.

미소를 띤 아름다운 눈의 소녀여, 내게 말해줘요. 어떤 수가 자신의 세 배에 그 곱의 3/4를 더하고 7로 나눈 뒤 그 몫의 1/3을 뺀 다음 그것을 제곱하고 52를 뺀 뒤 그 제곱근을 구한 다음 8을 더하고 10으로 나누면 2가 될까요?

이것을 반연법에 따라 숫자 2에서부터 거꾸로 계산하면 아래의 답이 나온다.

$$(2 \times 10 - 8)^2 + 52 = 196, \sqrt{196} = 14, 14 \times (\frac{3}{2}) \times 7 \times (\frac{4}{7})/3 = 28$$

여기서 우리는 인도 수학자가 시를 통해 산술문제를 표현했음을 볼 수 있다. 이와 더불어 그가 이룬 수학적 성과는 1차 부정방정식의 해를 구한 것이다.

$$ax + by = c$$

그는 '쿠타카^{Kuttaka}(나눗셈 알고리즘)'법을 사용했다. 예를 들어 $a > b > 0$ 이고, $c = (a, b)$가 a와 b의 최대공약수일 때,

$$a = bq_1 + r_1, \ 0 \le r_1 \le b,$$
$$b = r_1q_2 + r_2, \ 0 \le r_2 \le r_1,$$
$$\ldots$$
$$r_{n-2} = r_{n-1}q_{n-1} + r_n, \ 0 \le r_n \le r_{n-1},$$
$$r_{n-1} = r_nq_n$$

순서에 따라 반복하면, $c = (a, \ b) = r_n$은 a와 b의 선형 조합으로 표시되어 위의 부정방정식의 정수해 x와 y를 구할 수 있다.

사실 이 방법은 훗날 진구소가 대연술에서 사용한 '전전상거법'과 동일하다. 그 초기 형태인 '경상감손술更相減損術'은 일찍이 『구장산술』에 이미 나와 있다. 서양에서 이 방법을 유클리드 호제법이라고 부르는데 그리스인도 완벽하게 정리하지 못했다. 수론의 대가 디오판토스도 이러한 종류의 방정식에서 양의 정수해만 고려했을 뿐이다. 그런데 아리아바타와 그의 후계자는 이러한 제한을 없앴다. 아리아바타는 천문학에서도 수많은 업적을 남겼다. 수학적 방법으로 황도, 백도의 승교점昇交點(천체의 궤도면과 특정 기준면과의 교점 중, 천체가 기준면을 남쪽에서 북쪽으로 통과하는 점-역주)과 강교점降交點(천체가 기준면을 북쪽에서 남쪽으로 통과하는 점-역주)의 운동을 계산했고 일식과 월식을 추산하는 방식을 제시했다. 또한 지구가 자전한다고 생각했지만 후대의 인도 학자들로부터 인정을 받지 못했다. 이를 반성하듯 1975년 인도는 아리아바타를 기념하기 위해 처음 발사에 성공한 인공위성에 그의 이름을 붙였다.

부정방정식의 대가 브라마굽타

계산에 몰두하고 있는 브라마굽타

아리아바타 이후 한 세기가 넘어 인도에 또 한 명의 위대한 수학자가 나타났다. 바로 브라마굽타[Brahmagupta]이다. 그가 등장하기 전까지 100여 년 동안 동서양을 막론하고 전 세계에서 단 한 명의 위대한 수학자도 나오지 않았다. 브라마굽타의 가문은 지금의 파키스탄 남부 신드[Sindh]주 출신이다. 브라마굽타는 여기서 조금 떨어진 마디아프라데시[Madhya Pradesh] 주의 남부 도시 우자인[Ujjain]에서 태어나고 자랐다. 비하르 주와 인접한 마디아프라데시 주는 인도에서 면적이 가장 큰 주인데 이 두 주는 고대 인도의 정치, 문화, 과학의 중심지였다.

우자인은 통일 왕조의 도성(굽타왕조 이후 인도는 줄곧 분열 상태에 놓였다)인 적은 없지만 인도의 힌두교 7대 성지 중 한 곳이다. 북회귀선이 이 도시의 북쪽을 지나는데 인도 지리학자가 확정한 제1 자오선도 이곳을 지난다. 이곳은 파트나 이후 고대 인도의 수학과 천문학의 중심지가 되었고, 인도 역사상 가장 위대한 작가로 꼽히는 칼리다사[Kálidása]가 태어난 곳이기도 하다. 우자인은 파트나로부터 1,000km 떨어져 있는데(뭄바이까지는 우자인이 파트나보다 더 가깝다) 이는 곧 인도의 과학 중심지가 서남쪽으로 옮겨졌음을 의미한다. 아소카 왕이 왕위에 오르기 전, 그의 부친은 그를 우자인으로 보내 총독을 맡겼다. 브라마굽타는 성년이 된 뒤 줄곧 우자인의 천문대에서 일했다. 이곳은 망원경이 등장하기 전

세계에서 가장 오래되고 명성이 높은 천문대 중 하나였다.

브라마굽타는 두 편의 천문학서 『브라마시단타^{Brahmasiddhanta}, 우주의 창조)』(628년)와 『칸다카디아카^{Khandakhadyaka}』(약 665년)를 남겼다. 『칸다카디아카』는 그가 세상을 떠난 후 출간된 것으로 삼각함수표가 들어 있다. 그는 아리아바타와 다르게 '2차 내삽법'을 이용했다. 한편 『브라마시단타』에는 더 많은 수학 내용이 포함되어 있다. 전체가 21장으로 이루어져 있으며, '산술 강의'와 '부정방정식 강의' 두 장에서 수학을 전문적으로 다룬다. '산술 강의'는 삼각형, 사각형, 2차 방정식, 영과 음수의 산술 성질, 연산 법칙에 관한 내용이 들어있다. '부정방정식 강의'에서는 1차와 2차 부정방정식을 다룬다. 다른 장은 천문학에 관한 내용이지만 적지 않은 수학적 지식도 찾아볼 수 있다.

영의 연산법칙에 대해 브라마굽타는 이렇게 썼다. "음수에서 0을 빼면 음수, 양수에서 0을 빼면 양수, 0에서 0을 빼면 아무것도 없고, 0에 음수나 양수 혹은 0을 곱해도 모두 0이다. …… 0을 0으로 나누면 아무것도 없고, 양수 또는 음수를 0으로 나누면 0을 분모로 하는 분수가 된다." 마지막 구절은 인도인이 0으로 나누는 문제에 관해 언급한 최초의 기록이다. 0을 하나의 수로 연산하는 발상은 훗날 인도의 수학자들에게 계승되었다.

그는 음수의 개념과 기호도 제안했으며 연산 법칙도 제시했다. "양수와 음수를 더한 값은 두 수의 절댓값의 차와 같다." "양수와 음수를 곱하면 음수가 되고, 두 양수를 곱하면 양수, 두 음수를 곱하면 양수가 된다." 이러한 내용은 세계적으로 앞선 것이다. 그런데 브라마굽타가 남긴 가장 큰 업적은 다음의 부정방정식을 푼 것이다.

$$nx^2 + 1 = y^2$$

여기서 n은 제곱수가 아니다. 유럽에서 페르마가 처음으로 이와 같은 종류의 방정식을 제시했다. 그런데 18세기 스위스 수학자 오일러가 이 방정식을 17세기 영국 수학자 펠이 처음 제시한 것으로 잘못 기록했다. 그 결과 오늘날 펠 방정식$^{Pell's equation}$이 더 익숙한 명칭이 됐다. 브라마굽타는 펠 방정식의 특수한 해법을 제시했는데 이 방법은 매우 독특해서 수학사에서 중요한 의의를 갖는다.

브라마굽타는 일원이차 방정식의 근을 구하는 공식 또한 제시했지만 아쉽게도 하나의 근을 놓쳤다. 그도 각각 a, b, c, d 네 개의 변을 갖는 사각형의 넓이를 구하는 공식을 얻었다.

$$s = \sqrt{(p-a)(p-b)(p-c)(p-d)}$$

여기서 $p = \dfrac{a+b+c+d}{2}$이다. 브라마굽타는 분명 이 결과를 보고 흐뭇했을 것이다. 그런데 실제로 이것은 원에 내접한 사각형에서만 적용된다. 한편 그는 두 개의 서로 이웃한 삼각형의 변의 비례 관계를 이용해서 피타고라스 정리를 완벽하게 증명하기도 했다.

수의 곱셈으로 대칭수를 만든 마하비라

브라마굽타는 뛰어난 수학자였지만 그의 생애를 알려주는 자료는 매우 적다. 남겨진 자료에 의하면 "태양이 눈부신 빛으로 수많은 별들의 빛을 제압하듯, 학자도 대수학 문제를 제기함으로써 수많은 동료들을 당황하게 만들 수 있다. 만약 해답까지 제시한다면 그들을 부끄럽게 만들 것이다"라는 내용이 있다. 그가 살았던 시대에 우자인 지역은 학문을 숭상하는 풍토가 자리 잡았고, 역사적으로도 이 지역 출신 학자들을 가리켜서 '우자인학파'라고 불렀다. 그러나 브라마굽타가 세상을 떠난 뒤 400년 동안 뛰어난 수학자가 나오지 않았다. 아마도 정치적인 혼란과 왕조의 교체가 그 주요한 원인일 것이다. 한편 남인도의 비교적 외딴 지역인 카르나타카^{Karnataka} 주에 두 명의 천재 수학자, 마하비라^{Mahāvīra}와 바스카라^{Bhaskara}가 태어났다.

인도의 국토는 면적이 약 300만km^2로 남북보다 동서가 길다. 그러나 '남인도'의 개념은 인도인에게 뿌리 깊게 심어져 있다. 인도 남쪽은 지세가 높은 데칸고원(데칸은 원래 '남부'라는 뜻의 산스크리트어이다)과 그 북쪽으로 이어진 두 산맥과 함께 천연의 요새를 이룬다. 여기에 나르마다^{Narmada} 강의 호위를 받아서 남인도는 북방의 역대 왕조나 제국의 침략을 피할 수 있었다. 실제로 북방에서 여러 차례 정벌을 시도했지만 남방은 맹렬히 저항했다. 아리안족은 그들의 음식 문화를 인도에 가져오지 않았고, 알렉산드로스의 군대도 이곳에 발을 들이지 못했다. 무슬림과 몽골족의 침입도 경미했을 뿐더러 프랑스와 영국의 영향도 미미했다.

아소카 왕이 다스리던 시대 이전의 남인도에 대해

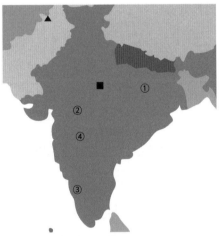

인도 수학자의 출생지
▲ 바크샬리 ■ 괄리오르(Gwalior) ① 아리아바타 ② 브라마굽타 ③ 마하비라 ④ 바스카라

알려진 사실은 매우 적다. 하지만 한 가지 분명한 점은 왕국이 분열해서 서로 적이 되었어도 남인도는 아리안족이 통치하는 북방만큼 풍부하고 발전된 문화를 보유했다는 것이다. 종교, 철학, 가치관, 예술형식은 물론 일상생활에서도 뒤지지 않았다. 남방의 비교적 큰 독립정권국가 혹은 왕조가 지배권을 얻기 위해 서로 경쟁했지만 누구도 전 지역을 통일해서 자신의 발아래 두지 못했다. 모든 왕조는 동남아시아와 발달된 해상 무역을 유지했고, 모든 왕조의 정치와 문화생활이 사원 건축을 위주로 한 수도를 중심으로 전개되었다.

남방의 여러 왕조 중에서 라슈트라쿠타^{Rastrakuta} 왕조는 755년부터 975년까지 데칸 고원과 그 주변지역을 통치했다. 이 왕조는 가장 초기에는 드라비다인이 세운 것으로 한때 방대한 제국을 세웠을 것이다. 한 이슬람교도 여행자는 자신의 책에 이 왕조의 통치자를 세계 4대 제왕 중 한 명이라고 불렀다. 또 다른 세 명은 이슬람 국가의 지도자를 뜻하는 칼리파^{Khalifah}, 비잔틴 제국의 황제, 그리고 중국의 황제이다. 방갈루루^{Bangalore}에서 320km 떨어진 곳에 비자야나가르^{Vijayanagar} 왕국의 도성 유적이 있는데, 인도계 영국 작가 네이폴^{V.S.Naipaul}도 이곳이 "14세기에 세계에서 가장 위대한 도시 중 하나였다"라고 언급한 바 있다.

라슈트라쿠타 왕조의 전성기에 마이소르^{Mysore}의 한 자이나교도 가정에서 마하비라^{Mahavira}가 태어났다. 마이소르는 인도 남서 해안 카르나타카^{Karnataka} 주에서 두 번째 큰 도시이며 방갈루루와 캘리컷 두 도시 사이에 위치한다. 카르나타카의 주도인 방갈루루는 지금은 인도의 실리콘밸리이자 국립수학연구소가 있는 곳이다. 캘리컷은 중국 항해가 정화^{鄭和}가 세상을 떠난 곳이며, 포르투갈인 바스코 다가마가 희망봉을 지나

인도에 도착한 항구이다. 마하비라에 대해 알려진 내용은 많지 않다. 단지 성년이 된 뒤 라슈트라쿠타 왕궁에서 오랫동안 생활했다고 하니 궁정수학자라 부를 수 있겠다.

약 850년, 마하비라는 『산법요론^{GanitaSāraSangraha}』을 썼다. 이 책은 남인도에서 널리 사용되었고 1912년 영어로 번역되어 마드라스^{Madras}(지금의 첸나이^{Chennai})에서 출판되었다. 이 책은 인도 최초의 현대적인 형식을 갖춘 교과서로 오늘날의 수학 교재 중에서도 이 책에서 다룬 몇 가지 논제와 구조가 실려 있다. 주목할 점은 『산법요론』이 천문학과는 아무런 상관이 없는 순수한 수학서라는 것인데 이 역시 마하비라가 선대 학자들과 다른 점이다. 전체 아홉 장으로 구성되었으며 그중 가장 중요한 연구 결과로는 영의 연산, 2차 방정식, 이율 계산, 정수의 성질, 순열 조합 등이 있다.

마하비라는 하나의 수에 0을 곱하면 0이 되고, 0을 빼면 그 수가 줄어들지 않는다고 지적했다. 또 분수로 나누는 것은 그 역수를 곱한 것과 같고, 수를 0으로 나누면 무한량이 된다고 했다. 그러나 그는 음수의 제곱근은 존재하지 않는다고 단언하는 오류를 범하기도 했다. 흥미롭게도 중국 수학자 양휘가 마방진에 심취했던 것처럼 마하비라도 '대칭수^{對稱數}'에 매료되었다. 두 정수를 서로 곱해서 그 곱한 수가 중심을 향해 대칭을 이룰 때 이를 '대칭수'라고 부르는데, 이런 특수한 정수의 구성 규칙을 연구했다. 예를 들면,

$$14287143 \times 7 = 100010001$$
$$12345679 \times 9 = 111111111$$
$$27994681 \times 441 = 12345654321$$

중국인은 시에서 이러한 구조를 이용했는데 대칭수를 '회문수^{回文數}'라고 불렀고 영문으로는 'Palindormic number'라고 한다. 『아라비안나이트^{Arabian Nights}』에서 이야기를 들려주던 페르시아 왕비의 이름을 붙여서 세헤라자데 수^{Scheherazade numbers}라고도 부른다. 거듭제곱 수도 대칭수가 많은데 예를 들면 $11^2=121$, $7^3=343$, $11^4=14641$ 등이 있다. 지금까지 다섯 제곱수에서 대칭수는 발견되지 않았다.

자이나교의 경전 중에 간단한 순열 조합 문제가 있는데 마하비라는 선배들이 연구한 기초 위에 오늘날 우리에게 익숙한 이항식 정리의 계산 공식을 제시했다. 즉 $1 \le r \le n$이면, 다음과 같다.

$$\binom{n}{r}=\frac{n(n-1)\cdots(n-r+1)}{r(r-1)\cdots 1}$$

이때는 중국 수학자 가헌이 활동했던 시대보다 200여 년 전이다. 이밖에 마하비라는 1차 부정방정식의 쿠타카 해법을 개선했고, 오래된 이집트 분수에 대해 깊이 연구해서 1이 임의의 여러 단위분수의 합으로 표시될 수 있다는 것을 밝혔다. 또한 어떤 분수든 짝수의 일정한 분자와 분수의 합으로 표시될 수 있음 등을 증명했다. 이 외에도 고차 방정식의 해를 구하는 방법과 평면 도형의 작도 문제와 타원의 둘레를 연구했다. 또한 활꼴 넓이의 근삿값을 계산하는 공식을 구했는데 이는 『구장산술』의 결과와 완전히 일치한다.

무한대와 미지수를 사용한 바스카라와 천재 수학자들

인도 고대 그리고 중세에서 가장 위대한 수학자이자 천문학자로 꼽히는 바스카라에 대해 이야기할 때가 되었다. 인도에는 두 명의 바스카라는 이름의 수학자가 있다. 한 명은 7세기 사람이고, 여기서 논할 사람은 12세기에 활동했던 인물이다. 1114년, 바스카라는 인도 남방 데칸고원 서쪽의 비두르Bidur에서 태어났다. 이 도시는 2010년 국제수학자대회International Congress of Mathematicians를 개최한 하이데라바드Hyderabad에서 뭄바이Mumbai까지의 국도와 철도 노선에 있고, 마하비라의 고향인 마이소르와 같은 카르나타카 주에 속한다. 바스카라의 부친은 정통 브라만 계급이고 점성술에 관한 책을 쓴 바 있다. 바스카라는 성년이 된 뒤 우자인 천문대에서 일하면서 브라마굽타의 후계자가 되었고 나중에는 천문대 책임자가 되었다.

12세기에 이르러, 인도 수학은 이미 상당히 많은 성과를 쌓았다. 그 중심에 바스카라가 있었으며, 선대의 연구를 토대로 시대를 앞서나가는 업적을 이루었다. 그는 문학에도 조예가 깊어서 그의 저작에는 시적 정취가 풍긴다. 바스카라의 중요한 저서로 『시단타 슈로마니Siddhānta Shiromani』가 있다. 그중 〈비자가니타Bījagaṇita〉와 〈릴라바티Līlāvatī〉 두 단원이 수학에 관한 내용이다. 〈비자가니타〉에서는 주로 대수 문제, 즉 양수와 음수의 연산법칙, 1차 방정식, 정수계수 방정식의 해를 구하는 문제 등을 다뤘다. 또 피타고라스 정리와 관련된 두 가지 문제를 완벽하게 증명했다. 그중 하나는 중국 수학자 조상이 썼던 방법과 동일하며 나머지

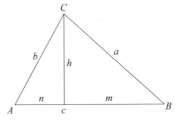

바스카라는 이 그림으로 피타고라스 정리를 증명했다

지 하나는 17세기에 가서야 영국 수학자 윌리스J. Wallis가 새롭게 발견했

다. 그림에서 보듯 닮은꼴 삼각형의 성질이 이용되었다.

$$\frac{c}{a} = \frac{a}{m}, \; \frac{c}{b} = \frac{b}{n}$$

위에서 $cm = a^2$, $cn = b^2$을 얻은 뒤 이 두 식을 서로 더하면 아래와 같은 결과를 얻는다.

$$a^2 + b^2 = c(m+n) = c^2$$

그리고 그는 자신의 책에서 초보적인 단계의 무한대의 개념을 다음과 같이 적었다.

하나의 수를 0으로 나누면 분모가 0인 분수가 된다. 예를 들면 3을 0으로 나누면 3/0이 된다. 이처럼 분모가 0인 분수를 무한대라고 부른다. 기호 0이 분모가 되는 양에 임의의 양을 더하거나 빼도 아무런 변화도 일어나지 않는다. 마치 세상이 멸망하거나 세상이 창조될 때, 수많은 온갖 생물이 사라지거나 혹은 생겨나더라도 무한하고 영원한 신에게 아무런 변화도 일어나지 않은 것과 같다.

광범위한 내용을 담고 있는 『릴라바티』는 한 힌두교도의 기도로 시작한다. 이 책에 관련되어 전해내려오는 전설이 있다. 릴라바티는 바스카라가 사랑하는 딸의 이름이다. 어느 날 그가 점을 치니 딸이 결혼한 후 재앙이 닥칠 것이라는 점괘가 나왔다. 이 재앙을 피하려면 길한 시간을 골라서 혼례를 치러야 했다. 혼례 당일 신부는 길한 시간이 언제인지 알아보기 위해 바닥에 구멍이 뚫린 그릇을 물에 띄워 가라앉기를 기다렸다. 그런데 그녀의 머리장식에서 떨어진 진주 한 알이 하필이면 그릇의 구멍을 막는 바람에 그릇이 가라앉지 않아서 '길한 시간'이 언제인지 알 수 없었다. 혼례를 치른 뒤 릴라바티는 불행히도 남편을 잃었다. 바스카라는 상심한 딸을 위로하기 위해 그녀에게 산술을 가르쳤다. 그리고 자신의 책을 딸의 이름으로 명명했다.[*]

바스카라가 수학에서 이룬 주된 성과는 약어와 기호로 미지수와 연산을 표시한 것이다. 그는 삼각함수의 더하기, 빼기, 곱하기 공식을 능숙하게 다뤘고 또 음수에 대해 비교적 전반적으로 논했다. 특히 음수를 '부채' 혹은 '손실'이라고 부르며 숫자 위에 작은 점을 찍어서 표시했다. 그리고 자신의 책에 "양수와 음수의 제곱은 보통 양수가 되고, 양수의 제곱근은 양수, 음수 각각 하나씩 두 개가 있다. 음수는 제곱근이 없는데 왜냐하면 제곱수가 아니기 때문이다"라고 적었다. 그리스인은 일찍부터 무리수를 발견했지만 이것을 숫자로 인정하지 않았다. 하지만 그를 비롯한 다른 인도 수학자들은 무리수를 널리 사용했고 연산할 때도 유리수와 똑같이 취급했다.

브라마굽타가 이룬 수학적 성과를 계승한 바스카라는 선대의 연구를 더 깊이 이해하고 심화시켰다. 몇 가지 부분, 특히 펠 방정식 $nx^2 + 1 = y^2$의 해를 구하는 방법을 수정했다. 바스카라는 천문학자로도 커다란 업적을 남겼다. 그가 다루었던 분야에는 삼각학, 우주 구조, 천문 관측 기기 등이 있다. 여기서도 수학자로서의 관점과 안목을 볼 수 있는 것이, 행성의 운동법칙을 연구할 때 그는 미분학에서 사용하는 '순간 속도'를

---

[*] 2010년부터 인도 하이데라바드(Hyderabad)에서 4년에 한 번씩 열리는 국제수학자대회는 수학의 영역을 넓히는 공을 기리기 위해 '릴라바티상'을 수여한다.

구하는 방법을 응용했다. 알려진 바에 따르면, 후대에 파트나에서 발견된 비석에 1207년 8월 9일 현지의 권력자가 한 교육기관에 바스카라의 저서를 연구하는 데 쓰도록 거액을 기부했다는 내용이 있다. 이때는 이미 바스카라가 세상을 떠난 지 20년이 지난 뒤였다.

인도는 여러 명의 위인들을 배출한 곳이기도 하다. 영국 작가 새커리 W.M.Thacheray, 오웰G.Orwell과 키플링R.Kipling이 인도에서 태어났다. 19세기 초와 20세기 초에 활동했던 수리논리학자 드 모르간Augustus de Morgan과 위상수학자 화이트헤드J.H.Whitehead는 각각 마두라이Madurai와 첸나이에서 태어났다. 드 모르간은 아리스토텔레스에서 시작된 논리학의 범위가 불필요하게 한정되어 있다고 주장하며 논리학에서 사용하는 명제들을 수학적인 기호로 표시하는 현대 수리논리학을 창시했다. 화이트헤드는 위상수학에서 호모토피 이론homotopy theory의 발전에 지대한 공헌을 했고, 미분의 유형을 정확하게 정의했다. 19세기 후기에 이르러 타밀나두 주에서 인도의 천재 수학자 라마누잔S.Ramanujan이 태어났다.

인도의 수학 천재 라마누잔

라마누잔은 독학으로 높은 경지에 오른 수학자이다. 그는 수론, 특히 분배함수 분야에서 뛰어난 업적을 남겼다. 타원적분, 초기하급수, 발산급수를 연구했다. 그는 노벨문학상 수상자인 시인 타고르R.Tagore와 함께 인도인이 가장 자랑스러워하는 인도인이기도 하다.

인도 수학자 라마찬드라

라마누잔의 영향을 받아 20세기 후반의 인도 수학과 자연과학은 커다란 진보를 보였다. 수론에서 라마찬드라[K. Ramanchandra]를 영수로 한 인도학파가 출현하며 미국과 캐나다까지 세력을 넓혔다. 물리학에서도 인도인이 탁월한 공헌을 했는데 마두라스 대학에서만 두 명의 노벨상 수상자를 배출했다. 라만[C.V. Raman]과 찬드라세카[S. Chandrasekhar]가 그 주인공이다. 특히 찬드라세카는 라마누잔이 세상을 떠났을 때 열 살도 채 되지 않았다.

신이 내린 땅, 아랍

아랍제국과 이슬람교의 탄생

아라비아 제국의 발전은 인류 역사에서 매우 드라마틱한 한 장면이다. 그들의 역사를 논하려면 당연히 선지자 마호메트^{Muhammad}의 전설적인 삶부터 소개해야 한다. 570년, 마호메트는 아라비아 반도 남부의 메카^{Mecca}에서 태어났다. 자이나교와 불교의 시조 마하바라와 석가모니의 젊은 시절과 달리 그는 조부가 부족의 수령이었음에도 조실부모한 고아였기 때문에 유산을 물려받을 권한조차 없었다(아버지는 그가 태어나기 전에, 어머니는 그의 어린 시절에 사망했다고 전해진다-편집자 주). 메카는 당시 상업, 예술, 문화 중심지와는 멀리 떨어진 낙후된 지역이어서 마호메트는 열악한 환경에서 성장했다. 25세 때 부유한 상인의 과부를 아내로 맞은 뒤부터 경제적으로 형편이 나아졌다. 40세 전후가 되었을 때 그의 인생에 놀라운 변화가 찾아왔다.

마호메트는 이 세상을 주재하는 전능한 신이 존재하며 게다가 유일하다는 사실을 깨달았다. 아울러 유일신 알라가 세상에 이 사실을 전하도록 자신을 선택했다고 확신했다. 이것이 바로 이슬람교의 유래이다.

이슬람이란 단어는 아라비아어에서 '순종'을 뜻하며, 그 신도를 무슬림(순종한 사람)이라고 부른다. 이슬람교의 교리에 따르면, 세상의 종말에 죽은 자가 부활하고 모든 사람이 자신이 한 행동에 따라 심판을 받는다. 무슬림은 타인의 고통을 없애고, 가난한 사람을 구제할 의무가 있다. 재물을 긁어모으고 가난한 사람의 권리를 짓밟아 사회를 부패시키면 후세에 벌을 받는다. 이슬람교에서 모든 신자는 형제이며 집단 속에서 공동으로 생활할 때 알라신이 목에 있는 혈관보다 더 가까이 있다고 가르친다.

622년, 마호메트는 약 70명의 제자와 함께 쫓겨나서 메카에서 북쪽으로 200km 떨어진 메디나Medina에 도착했다. 이때가 전환기가 되어 이슬람교는 신도가 급속하게 증가하며 세력을 확장했다. 아라비아 반도에 거주하는 베두인은 아라비아어를 구사하는 유목민족인데 용맹하고 전쟁에 능하기로 소문이 자자했다. 그러나 이윽고 그들은 분열되어 반도 북부에서 농경생활을 하던 다른 부족조차 상대하지 못하게 되었다. 이에 마호메트는 이슬람교와 정략결혼이라는 두 가지 세속적인 수단을 동원해서 그들과 연합했다. 그리고 전무후무한 대규모 정복전쟁(성전聖戰)을 시작했다. 그는 시리아 국경까지 직접 무슬림 대군을 이끌기도 했다.

632년 마호메트가 세상을 떠난 이후의 10년 동안 무슬림군은 그의 두 칼리파 후계자(모두 그의 장인이었다)의 지휘 아래 페르시아 사산 왕조의 대군을 격파하고 메소포타미아, 시리아, 팔레스타인을 점령했다. 또 비잔틴 제국으로부터 이집트를 빼앗으며 알렉산드리아를 함락했다. 약 650년, 마호메트가 받은 신의 계시를 정리한 『코란』이 세상에 모습을

이슬람 사원의 기하학적 윤곽

『코란』의 표지

드러냈다. 이 책은 마호메트가 받은 신의 계시이자 유일신 알라의 언어로 쓰였으며, 이슬람교의 네 가지 기본 원칙 중에서 으뜸이 되었다. 나머지 세 가지는 각각 성훈^{聖訓}, 집단의 만장일치, 개인의 판단이다.

이때 이후로도 무슬림의 정벌은 이어졌다. 711년 그들은 북아프리카를 평정한 뒤 이어서 북으로 향해 지브롤터 해협을 지나 스페인을 점령했다. 이때 중국은 당나라 태평성대를 누리고 있었는데 이백^{李白}은 아직 아이였고, 두보^{杜甫}는 어머니 뱃속에 있었다. 수학계에서 인도의 브라마굽타가 세상을 떠난 지 이미 반세기가 지났지만 동서양 어디에도 위대한 수학자가 나오지 않았다. 기독교를 신봉하는 유럽은 바람 앞의 촛불처럼 무슬림의 군대의 칼날에 곧 무너질 것만 같았다. 그러나 732년, 이미 프랑스 중부까지 밀고나간 무슬림은 투르^{Tours} 전투에서 패하고 말았다.

그렇다 해도 아라비아인은 이미 자신들의 영토를 동쪽으로는 인도, 서쪽으로는 대서양, 북쪽으로는 카스피 해와 중앙아시아까지 뻗어나갔다. 이는 인류 역사상 최대의 제국일 것이다. 무슬림 군대는 가는 곳마다 이슬람교를 전파하는 데 여념이 없었다. 755년 칼리파의 권력 다툼으로 말미암아 아라비아 제국은 동서 두 개의 독립왕국으로 분열했다.

서쪽은 스페인의 코르도바^{Cordoba}, 동쪽은 시리아의 다마스쿠스^{Damascus}에 수도를 세웠다. 그러나 아바스 가문이 정권을 장악한 뒤부터 이슬람 세계의 중심은 점차 동쪽 이라크 바그다드로 옮겨졌다. 그곳에서 아라비아인은 '세상에 둘 도 없는 도시'를 건설했고, 아바스 왕조도 이슬람 역사상 가장 명성이 높고 통치 기간이 가장 긴 왕조가 되었다.

학술의 장, 바그다드 지혜의 집

바그다드는 티그리스강 연안에 위치하고, 유프라테스강에서부터 가장 가까운 곳에 자리 잡았으며, 사방이 평탄한 충적토로 이루어진 평원이다. 바그다드라는 단어는 페르시아어로 '신이 하사한 선물'이란 뜻이다. 이 도시는 762년 아바스 왕조의 제2대 칼리파 만수르^{Mansur}가 수도로 정한 뒤부터 발달하기 시작해 우뚝 솟은 궁전과 건축물을 원형의 성벽이 에워쌓았다. 8세기 말과 9세기 초반에 바그다드는 마흐디^{Mahdi}(재위 775~785년), 그의 후계자 하룬 알 라시드^{Harun ar-Rashid}(재위 786~809년)와 알 마문^{al-Ma'mun}(재위 813~833)의 통치 아래 경제적으로 번영했고 학문의 발달도 절정에 이르러서 중국의 장안長安 다음으로 세계에서 가장 부유한 도시였다.

세계사에서 9세기는 두 황제의 출현과 함께 그 서막을 열었다. 그들은 국제 정세에서 우월한 위치를 점했는데 그중 한 사람이 프랑크 왕국의 샤를마뉴 대제^{Charlemagne}이다. 그의 할아버지는 프랑스 투르에서 무슬림 군대의 침입을 성공적으로 막은 공으로 800년 성탄절에 교황으로부터 왕관을 받아 '로마인의 황제'가 되었다. 또 다른 한 사람은 하룬 알 라시드이다. 이 두 사람의 세력을 비교하면 두말할 것도 없이 하룬 알 라시드가 우위를 점했다. 각자 다른 목적에 의해 같은 시대 동양과 서양의 최고통치자가 된 두 사람은 개인적으로도 친구이자 동맹관계여서 귀중한 선물을 자주 주고받았다. 샤를마뉴는 하룬 알 라시드가 자신과 함께 비잔틴 제국을 대항하길 바랐다. 하룬 역시 샤를마뉴를 이용해서 자신의 라이벌인 스페인의 우마이야^{Umayyad} 왕조를 꺾고자 했다.

역사에서든 전설에서든 바그다드가 가장 번성했던 시기는 하룬 알 라시드가 재위했을 때이다. 수도를 세운 지 반 세기도 안 돼서 이 도시는 황무지에서 탈바꿈하여 어마어마한 부를 누리는 국제적인 대도시가 되었고, 오로지 비잔틴 제국의 콘스탄티노플^{Constantinopolis}만이 견줄 수 있었다. 하룬 알 라시드는 전형적인 무슬림 군주였다. 호탕하고 대범한 그는 시인, 악사, 가수, 무녀, 투견꾼과 투계꾼, 그리고 조금이라도 재주가 있는 사람이면 그게 누구든 마치 자석처럼 바그다드로 끌어들였다. 『아라비안나이트』에서 하룬 알 라시드는 돈을 물 쓰듯 하며 극도로 사치스러운 군주로 묘사되었다.

같은 시기인 약 771년, 즉 바그다드가 세워진 지 9년째 되던 해에 한 인도 여행가가 두 편의 과학논문을 가지고 왔다. 한 편은 천문학 논문인데 만수르는 이 논문을 아라비아어로 번역할 것을 명했다. 이 논문을 번역한 사람은 이슬람 최초의 천문학자가 되었다. 아라비아 사람은 사막에서 생활할 때 별의 움직임에 흥미를 느꼈지만 아무런 과학적 연구를 시도하지 않았다. 그런데 이슬람교를 믿은 뒤부터 그들에게 천문학을 연구할 동기가 생겼다. 왜냐하면 이슬람교도는 어느 곳에 있든지 메카를 향해서 하루에 다섯 번 기도를 해야 한다. 이것은 이슬람의 다섯 기둥 중 하나인 살라트^{salat}이고 다른 네 기둥은 신앙고백인 샤하다

shahadah, 가난한 사람을 도와주기 위해서 징수하는 자선세인 자카트zakat, 라마단 동안의 단식인 사움sawm, 메카로 가는 대순례인 하즈hajj이다.

또 다른 한 편은 브라마굽타가 쓴 수학 논문으로, 미국 역사학자 히티P. Hitti에 의하면 유럽인이 말하는 아라비아 숫자 그리고 아라비아인이 말하는 인도 숫자는 바로 이 논문에 의해 무슬림 세계로 전파된 것이다. 그러나 인도인의 문화는 제한적으로만 전해졌다. 아라비아인

그리스 서적을 아라비아어로 번역한 책

의 생활 속에 다른 여러 외국의 영향보다도 결국엔 그리스 문화가 가장 크게 작용했다. 실제로 아라비아인은 시리아와 이집트를 정복한 뒤, 그리스 문화유산을 가장 소중하게 여겼다. 이후 각처에서 그리스인의 저작을 찾아 나섰고 유클리드의 『원론』, 프톨레마이오스의 『지리학 안내 Geōgraphikō hyphēgēsis』, 플라톤 등의 저작을 아라비아어로 번역했다.

당시 중국의 제지 기술이 아라비아 세계에 전파된 지 얼마 되지 않았지만(4세기 이후, 이 기술은 인도-아라비아 숫자처럼 중동과 북아프리카를 거쳐 지중해를 건너 유럽으로 전해졌다), 바그다드에 이미 제지공장이 세워졌다. 동한의 채륜이 2세기 초 제지술을 발명한 이후 오랜 시간 동안 중국인은 제지술을 비밀로 간직하며 외부에 누설하지 않았다. 그러나 751년 당나라의 군대가 오늘날 카자흐스탄 중부의 자운푸르Jaunpur에서 아라비아 군대에 패했을 때 제지 장인들이 포로가 되어 사마르칸트로 끌려갔고 그곳 감옥에서 강압에 의해 제지술을 알려주었다.

하룬 알 라시드의 아들 알 마문이 칼리파의 자리를 계승한 뒤 그리스의 영향력은 절정에 달했다. 알 마문 본인이 이성에 심취했는데 알려진 바로는 꿈에서 아리스토텔레스를 만나 이성과 이슬람교의 교리 사이에는 아무런 모순도 없음을 확인받았다고 한다. 830년 알 마문은 바그다드에 지혜의 집$^{Baytal-Hikmah}$을 건설하도록 명했다. 이것은 도서관, 번역기

관을 합친 종합기구로 BC 3세기 알렉산드리아 도서관이 건립된 이후 인류 역사에서 매우 중요한 학술기구이다. 건립 후 얼마 지나지 않아 이곳은 세계의 학문 중심이 되었고 철학, 의학, 동물학, 식물학, 천문학, 수학, 기계, 건축, 이슬람교 교리와 아라비아어 어법 등의 연구가 이루어졌다.

1237년의 삽화로 그린 지혜의 집

대수학의 아버지 알 화리즈미

아바스 왕조 초기는 외국의 서적을 집중적으로 수집하고 번역하던 시대의 후반기이기도 했다. 바그다드는 이 시기에 과학 분야에서 독창적인 발전을 보였다. 그중 가장 중요하고 영향력이 큰 인물은 수학자이자 천문학자인 알 화리즈미$^{al-Khwarizmi}$이다.

그가 태어났을 때 앞서 소개한 브라마굽타는 이미 1세기 전에 세상을 떠났고, 마하비라는 아직 태어나기 전이었다. 알 화리즈미의 생애에 대해 전해오는 기록은 그다지 많지 않다. 그는 아랄해로 흘러가는 아무다리야$^{Amu Darya}$강 하류의 콰레즈미아^{Khwarezmia} 지역에서 태어났다고 알려

져 있다. 이곳은 오늘날 우즈베키 스탄의 히바Khiva 근처이다. 또 다른 설에 의하면 그는 바그다드 근교에 서 태어났으며 조상은 콰레즈미아 인이라고 한다. 그러나 한 가지 비 교적 확실한 것은 알 화리즈미는 배화교도의 후손이라는 사실이다.

사마르칸트의 알 화리즈미 조각상

배화교는 조로아스터교 혹은 마즈다교, 파시르교라고도 부른다. 지 금으로부터 2,500년 전 시작된 배화교는 불을 숭배하고 절제, 금욕, 독 신을 반대하며 선악 이원론을 주장했다. 그 창시자는 짜라투스트라 Zarathustra이며, 그가 BC 628년에 태어난 것으로 추정되니 자이나교의 창 시자 모하비다보다 서른 살이 더 많았다. 그의 고향은 지금의 이란 북 부이며 그가 만든 종교는 페르시아제국에서 여러 차례 국교로 공인되 었다. 알 화리즈미가 배화교도라는 사실에서 그가 아마도 페르시아인 의 후손이리라 짐작할 수 있다. 설령 아니라고 해도(어쩌면 중앙 아시아 인이거나) 그의 정신세계는 페르시아라는 유구한 역사와 문화적 전통을 가진 민족의 성향을 보인다. 비록 순수한 아라비아인은 아니었지만 아 라비아어에 능통했다.

그는 어릴 때 고향에서 교육을 받다가 후에 중앙아시아의 고성 메르 프Merv로 가서 공부를 계속했고 아프가니스탄, 인도 등지로 유학을 간 적도 있었다. 오래지 않아 그는 과학자로 명성을 쌓았고 메르프에서 당 시 동부지역의 통치자 알 마문을 알현했다. 813년 알 마문은 아바스 왕 조의 칼리파가 되자 알 화리즈미를 수도 바그다드로 불러들였다. 후에 알 마문이 지혜의 집을 건설할 때 그는 이 공사의 주요 책임자가 되었다. 알 마문이 세상을 떠난 뒤에도 바그다드에 남아서 일생을 마쳤다. 당시 아라비아 제국은 정치적으로 안정적이었고 경제는 발전했으며 과학과 문화가 절정에 이르렀다.

알 화리즈미는 수학 분야에서 세대를 거쳐 전하는 두 권의 책 『대수학Kitab al-jabr wa al-muqābalah』과 『인도의 계산법』을 남겼다. 『대수학』의 아라비아어 원제목은 '환원과 상쇄에 의한 계산 개론'인데 여기서 환원을 가리키는 '알자브르al-jabr'에도 이항移項의 뜻이 있다. 이 책은 대량의 번역 작업이 이루어졌던 12세기 후에 라틴어로

علي تسعة وثلثين ليم السطح الأعظم الذي هوسطح ره فبلغ
ذلك كله أربعة ومسين فاخذنا جذرها وهو ثمانية وهو احد
اضلاع السطح الأعظم فاذا نقصنا منه مثل ما زدنا عليه وهو
حمسة بقي ثلثة وهو ضلع سطح آب الذي هو المال وهو جذره
والمال تسعة وهذه صورته

알 화리즈미의 『대수학』 수기 원고

번역되어 유럽에 커다란 영향을 끼쳤다. 알자브르는 'algebra'로 번역되었는데, 이 단어는 오늘날 영어를 포함한 서양 언어에서 '대수학'을 가리킨다. 이렇게 해서 알 화리즈미의 책에 '대수학'이라는 제목이 붙여진 것이다. 이집트인이 기하학을 발명했듯 아라비아인은 대수학이라는 이름을 지었다.

『대수학』은 대략 820년에 완성됐는데 여기에 나오는 수학 문제는 디오판토스 혹은 브라마굽타의 문제처럼 복잡하지 않다. 다만 일반적인 해법을 구하기 때문에 그리스인이나 인도인의 책보다 훨씬 더 근대 초등 대수에 가깝다는 데에 그 의의가 크다. 이 책은 대수 방식을 이용해서 1차 방정식을 처리했고 2차 방정식의 일반적인 대수 해법을 최초로 제시했다. 또한 이항, 동류항 묶기 등 대수의 계산 방법을 이끌어냈다.

이 모든 것이 '방정식을 푸는 과학'인 대수학의 길을 열어주는 것이어서 알 화리즈미의 책은 유럽에서 표준 교과서로 수백 년이 넘게 사용되었다. 이는 동양의 수학자가 이룬 업적으로는 매우 드문 경우이다.

브라마굽타는 일원이차 방정식에서 하나의 근을 구하는 해법을 제시했지만, 알 화리즈미는 두 개의 근을 구했다. 그는 세계에서 가장 먼저 2차 방정식에 두 개의 근이 있음을 밝힌 수학자였다. 안타깝게도 그는 음수 근이 존재하는 것을 알았음에도 음수 근과 영의 근을 버렸다. 그리고 (요즘 말로 하면) 판별식이 음수이면 방정식은 실근이 없다고 주장했다. 다양한 방정식의 해를 구한 뒤 기하학적 방법으로 이를 증명했는데, 여기서 그가 유클리드의 영향을 받았음을 알 수 있다. 따라서 그의 뒤를 이은 다른 아라비아 수학자들처럼 그리스와 인도 두 문명의 영향을 받았다고 말할 수 있다. 이는 그들이 살았던 곳의 지리적 위치와 밀접한 관계가 있다.

『인도의 계산법』역시 수학사에서 매우 가치가 높은 책이다. 이 책은 인도 숫자와 십진법의 계산법을 체계적으로 소개했다. 이전에도 인도 여행가에 의해 바그다드에 소개되었지만 큰 반응을 얻지 못했었다. 그러나 알 화리즈미가 유명해지면서 그의 책들이 아라비아 세계에서 유행하게 되었다. 12세기에 이 책은 유럽에 전해지고 널리 알려졌다. 이 책의 라틴어판 수기 원고가 현재 케임브리지 대학 도서관에 보관되어 있다. 인도 숫자는 점차적으로 그리스 문자의 계수 체계와 로마 문자를 대신해서 세계적으로 통용되는 숫자가 되었고 그 결과 사람들은 인도 숫자를 아라비아 숫자라고 부르는 데 익숙해졌다. 이 책의 원제목은 『알 화리즈미의 인도의 계산법』인데 여기서 Algoritmi는 알 화리즈미의 라틴어식 표기이다. 현대 수학 용어 '알고리즘[Algorithm]'이 바로 여기서 유래한다.

기하학 영역, 특히 넓이의 측량에서 그는 자기만의 고유한 업적을 이루었다. 그는 삼각형과 사각형을 분류해서 각각의 넓이를 측량하는 공식을 고안했다. 그는 또한 원의 넓이 근삿값을 구하는 공식을 제시했다.

$$S = (1 - \frac{1}{7} - \frac{1}{2} \times \frac{1}{7}) d^2$$

d는 원의 반지름이고, 원주율은 $3\frac{1}{7} \approx 3.14$이다. 아라비아인은 인도인이 했던 것처럼, 단위분수를 쓰는 이집트인의 습관을 그대로 받아들였다. 알 화리즈미는 활꼴의 넓이 계산 공식을 제시했고 또한 활꼴을 반원보다 큰 경우와 작은 경우 두 가지로 나누었다.

천문학 분야에서도 큰 업적을 남겼다. 그는 삼각표와 천문표를 정리해서 별의 위치를 측정하고 일식, 월식을 계산하는 데 썼다. 또한 아스트롤라베, 해시계, 역법에 관한 다수의 저서를 썼다. 알 화리즈미는 천문학에서 유능한 후계자를 두었다. 그는 시리아 출신의 바타니[Battani]이다. 그는 지구에서 태양과 가장 먼 지점인 태양의 원지점[遠地點]의 위치가 변동하며 이로 인해서 금환일식(달이 태양의 일부만 가려서 태양이 동그란 띠 모양으로 보이는 현상-편집자 주)이 가능함을 보였다. 바타니는 기하학적 방법 대신 삼각법을 정식으로 사용했다. 그 결과 프톨레마이오스가 태양과 일부 행성의 궤도를 계산하던 방법에 포함된 몇 가지 오류를 수정했다. 바타니의 『성학에 대하여[De scientia stellarum]』는 12세기에 라틴어로 번역되어 출판되었는데 이 덕분에 그는 중세 유럽인에게 가장 잘 알려진 아라비아 천문학자가 되었다.

수학과 천문학 외에도 그는 많은 업적을 남겼다. 아라비아어로 최초의 역사서를 써서 역사학 분야의 발전을 촉진했다. 군사와 무역 분야에서는 세계지도를 제작하는 것이 매우 중요한데 여기에는 복잡한 수학과 천문학 지식이 필요하다. 그의『지구의 외형에 관한 책^{Kitab surat al-Ard}』은 중세기 아라비아 최초의 지리학 전문 서적이다. 책에는 당시 세계적으로 이미 알려진 주요 거주지, 산과 하천, 호수, 바다, 섬 등을 설명했으며 4폭의 지도가 첨부되어 있다.

페르시아의 지식인들

3차 방정식의 해를 찾아내다

중세기의 아라비아는 수학과 과학에서 주로 그리스와 인도의 영향을 받았다. 하지만 문화에서는 단연 페르시아의 영향이 컸다. 아라비아는 이런 점에서 그리스 문명의 영향 아래 있던 마케도니아^{Macedonia}에 뒤지지 않는다. 마케도니아는 아리스토텔레스와 같이 다양한 분야에서 두각을 나타낸 천재를 배출했다. 아라비아인은 과감하고 용맹해서 싸움에 능한 것 외에도 조직관리 능력이 뛰어나고 대범하고 도량이 넓은 것으로도 유명했다. 그러나 이성과 지혜에 관해서는 페르시아인만 못했다. 실제로 아라비아인은 오로지 두 가지만을 그대로 보존해왔다. 그중 하나가 국교가 된 이슬람교이며 나머지 하나가 국어가 된 아라비아어이다. 그 외에 거리 풍경은 물론이고 술, 부인과 정부^{情婦}, 노래 등 수도 바그다드의 모든 것이 차츰 페르시아를 닮아갔다.

칼리파 만수르가 처음으로 페르시아 모자를 쓰자 그의 백성들도 자연스럽게 그를 따라하기 시작했다. 그의 내각에 처음으로 페르시아인이 대신의 자리에 앉았다. 칼리파는 자신의 부인과 대신^{大臣}의 부인이 서로 상대방의 아이에게 젖을 먹이며 키우게 했다. 또한 대신의 아들에게 자기 아들인 하룬 알 라시드Harun al-Rashid의 교육을 맡겼다. 그러나 예부터 좋은 일은 오래 가지 못하는 법이다. 하룬 알 라시드가 메카를 순례하고 돌아온 뒤, 페르시아인이던 자신의 젊은 스승이 여동생을 임신시켜서 몰래 아이까지 낳은 사실을 알게 되었다. 하룬 알 라시드는 여동생을 너무 아낀 나머지 그녀가 페르시아인에게 시집가는 것을 허락하지 않았다. 결국 이 이방인은 목이 잘렸고 시체는 반으로 나뉘어 바그다드에 있는 두 개의 다리 위에 걸렸다.

불행은 이것으로 끝나지 않았다. 알 마문이 죽은 뒤 아바스 왕조는 쇠락의 길을 걸었다. 바그다드 주변에 여러 개의 소규모 왕조가 출현했고 정국은 불안했다. 제국은 조금씩 분할되었고 남은 권력마저 군인들의 손에 하나둘 넘어갔다. 금위군 한 부대가 봉기하자 이어서 노예들이 들고 일어났다. 종교계에서도 분열이 끊임없이 일어났고 중앙 권력의 기초가 빠른 속도로 무너졌다. 이러한 때에 페르시아인과 투르크인은 각각 상대방의 심장에 칼날을 겨누었다. 이토록 혼란한 10세기 바그다드 교외에서 페르시아 수학자 카라지Karaji가 태어났다. 인도인보다 늦지만 중국의 가헌보다는 빨리 이항식을 정리했고, 대수학, 1차 방정식의 해법, 그리고 수학적 귀납법 분야에서 업적을 세웠다. 1067년 바그다드에 이슬람 세계에서는 최초의 대학인 니자미야Nizamiyyah 대학이 세워졌다. 그러나 오마르 하이얌Omar Khayyam과 같이 우수한 청년 인재를 끌어오지는 못했다.

약 1048년, 이슬람 세계에서 가장 지혜로운 인물인 오마르 하이얌이 이란 동북부 호라산Khorasan 지역의 옛 도시 네이샤부르Neyshabur에서 태어났다. 그는 1131년에 세상을 떠났다. 천막을 제조, 판매하는 직업을 가리키는 '하이얌'이라는 단어에서 그의 부친과 조상의 직업을 짐작할 수 있다. 부친의 직업적인 특성 때문에 그는 부친을 따라 여러 곳을 여행했을 것이다. 그는 우선 고향에서 교육을 받았으나 후에 아프가니스탄 북부의 작은 마을 발흐[Balkh]에서 공부하다가 중앙아시아에서 가장 오랜 도시 사마르칸트[Samarkand]로 갔다. 하이얌은 그곳에 정치 세력을 가진 학자의 비호 아래서 수학 연구에 매진할 수 있었다.

유클리드의 『원론』에는 $x^2 + ax = b^2$과 같은 형식의 2차 방정식을 기하학적 방법으로 푸는 예가 나와 있다. 이 방정식의 하나의 해가 $\sqrt{(\frac{a}{2})+b^2}-\frac{a}{2}$ 이다. 이것은 피타고라스 정리를 이용해서 풀 수 있다. 직각을 이루는 두 변을 각각 $a/2$와 b로 하는 직각삼각형에서 빗변에서 길이 $a/2$만큼의 선분을 제거하고 남은 부분의 길이가 구하려는 해가 된다. 3차 방정식의 해를 구하는 방법은 더욱 복잡하다. 하이얌은 14가지 유형의 방정식을 분류했고 두 개의 원뿔곡선의 교점을 이용해서 해를 구했다.

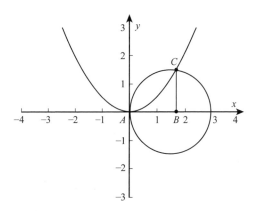

하이얌은 이 그림을 이용해서 3차 방정식의 해를 구했다.

예를 들어 $x^3 + ax = b$는 $x^3 + c^2x = c^2h$로 바꿀 수 있다. 하이얌은 이 방정식이 포물선 $x^2 = cy$와 반원의 둘레 $y^2 = x(h-x)$의 교점인 C의 가로 좌표 x라고 보았다. 왜냐하면 포물선과 반원의 둘레를 나타내는 식에서 y를 제거하면 앞의 방정식 $x^3 +$ $c^2x = c^2h$를 얻을 수 있기 때문이다. 이렇게 해서 하이얌은 원뿔곡선을 이용해서 3차 방정식을 구하는 방법을 발견했고『대수문제의 증명Maqāla fi l-jabr wa l-muqābala』이라는 책을 완성했다. 이 외에도 유클리드의 평행 공준에 대해서도 증명을 시도했다.

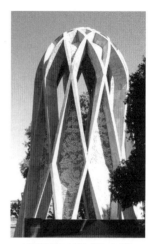

네이샤부르의 하이얌 기념비

같은 11세기에 투르크족이 세운 셀주크Seljuk 왕조가 세력을 키워 그 영토를 이란과 트랜스카프카스Transcaucasia부터 지중해까지 넓혔다. 그들도 이슬람교의 기치旗幟를 높이 들었다. 후에 하이얌은 셀주크의 술탄 말리크 샤Malik-Shah 의 부름을 받고 수도 에스파한Esfahan으로 갔다. 그곳에서 그는 새로 지은 천문대의 일을 맡았고 역법을 개혁했다. 하이얌은 이 일을 통해 자신의 입지를 굳혔다. 그에게 수학 연구는 부업인 셈이었다. 그는 평년이 365일이라는 기초 위에 매 33년 마다 8일의 윤일閏日을 더했다. 이렇게 하면 실제 회귀년과의 차이가 19.37초에 지나지 않는다. 즉 4,460년마다 오차가 단지 하루뿐인 것이다. 이것은 오늘날 사용되는 계산법보다 더 정확하지만 안타깝게도 권력자가 교체되면서 실행되지 못했다.

하이얌은 에스파한에서 일생 중 대부분의 시간을 보냈다. 이슬람 교리, 셀주크 궁정, 페르시아 혈통 이 세 가지로 특징지을 수 있는 그의 삶은 당시 혼란한 시국과 괴팍한 성격 때문에 그리 순탄하지 않았다. 그는 평생 홀로 살았고 수시로 머릿속에 떠오르는 생각을 페르시아어로 적었는데 당시 호라산 지역에서 유행하던 4행시 형태로 기록했다. 하이얌

하이얌의 4행시와 삽화

자신도 미처 생각지 못했을 텐데, 800년 후 에드워드 피츠제럴드^{Edward Fitzgerald}라는 이름의 영국인이 그의 시집 『루바이야트^{rubā'iyyat}』(4행시라는 뜻)를 영어로 번역해서 그를 세계적인 시인으로 만들었다. 한편 그의 수학적 발견은 '골동품'이 되었다. 하이얌은 한 편의 시에 자신이 애써 준비한 역법의 개혁이 물거품이 되자 이렇게 탄식했다(『루바이야트』 제57편).

아, 사람들은 나의 계산이 뛰어나다고 칭찬하네
시간을 수정하고 연도를 계산했기 때문이라네
허나 누가 알았으랴, 그것은 그저 옛 역법 속으로 사라져간
예측할 수 없는 내일과 이미 지나간 어제일 뿐임을

아리안족의 한 갈래인 이란인은 아마도 BC 2000년에서 BC 1000년까지 유럽으로 향하던 인도-유럽어족에 속하는 중앙아시아 유목민족의 일부였을 것이다. 그들은 서쪽으로 이동하는 도중 이란에 정착했다. '이란'이라는 단어의 원래 뜻은 '아리안족의 고향'이다. 이런 점에서 볼 때 그들은 앞서 인도로 간 아리안족과 한 집안이다. 다른 점은 인도의 아리안족은 남인도 원주민인 드라비다족과 통혼했고 이 때문에 피부색이 검은색으로 바뀌었다. 페르시아^{Persia}라는 이름은 이란 중남부 지역 파스^{Fars}의 옛 이름인 페르시스^{Persis}에서 유래한다. 페르시스의 중심 도시는 '장미와 시인의 도시'로 불리는 시라즈^{Shiraz}이다.

페르시스는 페르시아의 발상지이며, 페르시아 제국을 건립한 키루스 대왕^{Cyrus}이 이곳에서 태어났다. 그는 BC 6세기에 고향의 작은 부족 수령으로 시작해 바빌로니아 등의 제국과 싸워 이기고 인도에서부터 지중해에 이르는 대제국을 건설했다. 키루스가 죽은 뒤 그의 아들과 그의 대신 히스타스페스의 아들 다리우스 1세^{Darius I the Great}가 계속해서 영토를 확장해서 이집트를 제국의 판도로 끌어들였다. 그곳에서 유학하던 피타고라스마저 바빌로니아로 잡혀갔다. 바빌로니아의 쐐기문자를 해독하는 데 단서가 되었던 이란 서부 비시툰 절벽에 새겨진 문자가 바로 다리우스 1세가 어떻게 왕위에 올랐는지를 설명하는 내용이다. 알려진 바에 의하면, 플라톤의 아카데메이아가 강제로 문을 닫은 뒤 수많은 그리스 학자들이 페르시아로 건너가서 문명의 씨앗을 옮겨 심었다고 한다.

최초의 삼각법 서적을 쓴 알투시

하이얌이 세상을 떠나고 70년(그 동안 이탈리아의 피보나치와 중국의 이야도 연이어 세상을 떠났다)이 지난 뒤, 페르시아의 투스(호라산에 속함)에서 또 한 명의 위대한 현인 나시르 알딘 알투시^{Nasīr al-Dīn al-Tūsī}가 태어났다. 투스는 당시 아라비아의 문화 중심지였고, 하룬 알 라시드가 이곳에서 세상을 떠났다. 나시르 알딘 알투시의 부친은 법리학자였는데 자신이 직접 아들에게 기초적인 학문을 가르쳤다. 같은 도시에 사는 외삼촌도 그에게 논리학과 철학을 가르쳤고, 그 외에도 대수와 기하학을 배웠다. 후에 하이얌의 고향 네이샤부르에서 학문을 더욱 깊이 연구했고 페르시아 철학자이자 과학자인 이븐 시나^{Ibn Sina}의 제자에게서 의학과 수학을 배운 뒤 세상에 점차 이름을 알렸다. 이븐 시나의 라틴어 이름은 아비

이란에서 발행된 나시르 알딘 알투시의 기념 우표

센나Avicenna이다. 그는 동양에서 '탁월한 현자'로 존경받았고 서양에서는 '가장 뛰어난 의사'라고 불렸다.

이때, 몽골 대군이 대대적으로 서진하면서 아라비아 제국은 금방이라도 무너질 듯했다. 안정적인 학술 환경을 얻기 위해 나시르 알딘 알투시은 요새에서 거하며 수학, 철학 등 분야의 책을 썼다. 1256년 칭기즈칸Genghis Khan의 손자, 몽케칸Möngke Khan의 형제 훌라구칸Hulagu Khan이 페르시아 북부를 정복했고 알투시가 거주하던 요새를 점령했다. 훌라구칸은 뜻밖에도 그를 선대하면서 과학 고문을 맡아달라고 요청했다. 그리고 2년 뒤에 훌라구칸을 따라 바그다드 원정에 참가했다. 이 원정은 잔혹하고 피비린내 나는 전쟁이었고 그 결과 아바스 왕조는 무너졌다.

큰형 몽케칸이 죽은 뒤 넷째 형 쿠빌라이가 왕위에 올라 원 세조가 되었다. 훌라구칸은 일칸국Ilkhanate의 왕이 되었고 이때부터 페르시아에 남아 수도를 타브리즈Tabriz(이란 서북부의 도시이며 지금의 아제르바이잔과 가깝다)로 정했다. 그전까지 훌라구칸의 비호와 지원을 받은 나시르 알딘 알투시는 타브리즈 성 남쪽에 천문대를 지었다. 또한 학자들을 모아 책을 쓰고 이론을 세웠으며, 수많은 선진 관측기기를 제작해서 천문대를 당시 중요한 학술기관으로 만들었다. 1274년 73세가 된 알투시는 바그다드를 방문했을 때 병에 걸려 세상을 떠났고 교외에 묻혔다. 훌라구칸은 그보다 먼저 세상을 떠났는데 이미 바그다드를 포함한 페르시아 전체를 자신의 판도에 집어넣었다. 그의 손자가 통치하는 시기에 일칸국의 영토는 '동으로는 아무다리야강, 서쪽으로 지중해, 북쪽으로 카프카스Kavkaz, 남쪽으로 인도양'에 이르렀다.

나시르 알딘 알투시는 평생 저술에 힘을 쏟았기 때문에 남겨진 책과 편지가 많았다. 대부분이 아라비아어로 쓴 것이고 몇몇 철학, 논리학 관련 기록은 페르시아어로 썼다. 그는 그리스어도 구사했고 몇 가지 논저는 터키어로도 썼다. 내용면에서는 당시 이슬람 세계의 모든 학문 그중에서도 특히 수학, 천문학, 논리학, 철학, 윤리학과 신학 분야에 크게 영향을 주었다. 이것들은 이슬람 세계에서 고전으로 인정받을 뿐만 아니라 유럽 과학이 진흥하는 데에도 기여했다. 그가 제작한 천문관측기기는 중국으로 전해졌고 중국의 천문학자들이 이를 참고로 삼았다.

나시르 알딘 알투시는 수학에 관해 세 권의 저서를 남겼다. 『주판과 모래판 계산방법 모음집』에서는 주로 산술을 논했다. 그는 하이얌의 연구 성과를 계승해서

나시르 알딘 알투시의 수학 수기 원고

수의 연구를 무리수 등의 영역까지 확장했다. 책에서는 인도 숫자를 가지고 파스칼의 삼각형을 논했고 4차 혹은 4차 이상의 방정식의 근을 구하는 방법을 논했다. 이는 현존하는 기록 가운데 가장 최초로 다룬 것이다. 그는 "두 홀수의 제곱의 합은 제곱수가 되지 못한다"는 중요한 수론상의 결론을 내렸다. 이 결

유클리드의 평행 공준을 증명하기 위해 쓰인 사각형

론의 증명은 일반적으로 수론 중에서 합동수 이론에 속한다.

한편 『만족할 만한 논저』에서는 기하학 특히 유클리드 평행 공준을 논했다. 그는 『원론』을 두 번 수정하고 주석을 붙였으며, 평행 공준을 비교적 깊이 연구했고 다른 공리와 공준으로 평행 공준을 증명하고자 했다. 이를 위해 그는 하이얌의 방법을 따랐다. 사각형 *ABCD*에서 변 *DA*와 변 *CB*의 길이가 같고 모두 변 *AB*에 수직이면, ∠*C*와 ∠*D*는 합동이다. 여기서 그는 만약 ∠*C*와 ∠*D*가 예각이면 삼각형 내각의 합이 180°보다 작다는 결론을 이끌어 낼 수 있음을 증명했다. 이것이 바로 제7장에서 소개할 로바체프스키 기하학의 기본 명제이다.

나시르 알딘 알투시가 이룬 업적 중 가장 중요한 저서는 『횡단선 원리서』이다. 이 책은 수학 역사상 지금까지 전해 오는 최초의 삼각법 서적이다. 이전까지 삼각법은 천문학 책에서만 등장할 정도로 천문학에 속한 계산 방법이었다. 그러나 알투시의 연구를 통해 삼각법은 순수수학의 독립된 분야가 되었다. 바로 이 책에서 처음으로 '사인 정리'(삼각형의 변과 각의 관계를 sine 함수로 나타낸 정리-역주)가 나온다.

삼각형의 세 각이 각각 A, B, C이고 a, b, c가 그들이 대응하는 변의 길이일 때 아래와 같다.

$$\frac{a}{\sin A} = \frac{b}{\sin B} = \frac{c}{\sin C}$$

알투시는 천문학에서도 뛰어난 연구 성과를 거두었는데, 전하는 바에 따르면 그의 두 아들도 타브리즈 남쪽 당시 세계에서 가장 선진적인 천문대에서 일했다고 한다. 『원사元史』에는 원나라 초 아라비아인이 중국에서 '서역의 관측기' 7대를 제작했다고 기록되어 있는데 어떤 관측기구는 알투시가 만든 것과 매우 비슷하다. 18세기 인도인이 델리 등 여러 곳에 지은 천문대는 그 외관이나 구조를 볼 때 그의 천문대를 모방했음을 알 수 있다.

고대 동양의 마지막 수학자 알카시

이슬람교가 가진 위력은, 무슬림이 무력으로 정복한 지역에서 어느 정도 시간이 지나면 다른 세력에 의해 영토를 잃을 수는 있어도 대부분의 피정복민이 이슬람교로 개종한다는 사실이다. 이란 혹은 페르시아가 바로 그 대표적인 예이다. 페르시아는 640년부터 비잔틴 제국과 전쟁을 치르느라 국력이 쇠진했다. 이 틈을 타서 침입한 아라비아인에 의해 정복을 당한 뒤로도 페르시아는 여러 차례 주인이 바뀌었다. 하지만 오늘날까지 이곳의 휘장과 국기는 여전히 이슬람의 자취가 남아있다. 휘장은 초승달, 보검, 코란으로 구성되는데 초승달과 보검은 각각 이슬람교와 힘을 상징한다. 국기는 청, 백, 홍 세 가지 색을 사용하는데 청과 백, 백과 홍 사이에 모두 페르시아어로 '위대한 알라'가 적혀 있다.

이제 고대 아라비아 세계(동양 전체이기도 하다)에서 마지막으로 나타난 위대한 수학자이자 천문학자인 잠시드 알카시Jamshīd al-Kāshī를 만나보자. 사람들은 그가 세상을 떠난 해인 1429년을 고대 아라비아 세계의 끝이라고 여긴다. 그의 활동을 기록한 문헌 중 가장 앞선 시기는 1406년 6월 2일이며, 당시 그는 고향 카샨Kashan에서 월식을 관측하고 있었다. 카샨은 중앙 이란 산맥 동쪽의 사막지대에 위치하고, 에스파한과 수도 테헤란을 잇는 철도가 지나간다. 알카시는 평범한 가정 출신이지만 그의 페르시아인 선배 하이얌, 나시르 알딘 알투시처럼 일찍부터 권력자의 인정을 받았다.

14세기 말, 칭기스칸의 후손인 중앙아시아의 티무르^{Timur}는 티무르 제국을 건설하고 수도를 사마르칸트로 정했다. 그는 본래 이슬람교를 믿는 투르크화된 몽골족으로 인도, 러시아에서부터 지중해까지 정복한 광활한 영토와 그의 왕조가 이룬 문화적 성과가 역사책에 기록되었다. 티무르는 몽골 제국을 재건하겠다는 기치를 내걸고 가는 곳마다 승승장구하여 이집트의 술탄과 비잔틴 황제가 굴복해서 조공을 바치고 난 뒤에야 사마르칸트로 회군했다. 그는 글은 몰랐지만 학자들과 어울리는 것을 좋아했고 바둑을 즐겼으며 최고의 학자들과 역사, 이슬람교리, 응용과학 등 다양한 문제에 대해서도 토론이 가능했다.

1405년, 티무르는 다시금 군사를 이끌고 중국(당시 원나라는 이미 멸망했다)으로 원정을 떠나려 했으나 병에 걸려서 세상을 떠났다. 그의 손자 울루그 베그$^{Ulugh \, Beg}$는 군사를 중시하지 않았고 천문학에 심취해서 천문학자 프톨레마이오스의 계산이 여러 군데 잘못되었음을 관측을 통해 발견했다. 이외에도 시를 짓고 역사와 『코란』을 연구했으며 과학과 예술을 적극적으로 보호하고 진흥시켰다. 젊었을 때 그는 사마르칸트에 과학과 신학을 가르치는 학교를 세웠고 얼마 지나지 않아 천문대를 지어서 사마르칸트를 동양에서 가장 중요한 학술 중심지로 만들었다.

사마르칸트의 옛 성문

알카시가 학문을 연구하며

보낸 생애는 울루그 베그와 깊은 관련이 있다. 알카시는 의사였지만 수학과 천문학 연구에 종사하기 원했다. 오랜 시간의 가난과 방황 끝에 그는 사마르칸트에서 안정적인 직업을 찾았다. 그것은 울루그 베그의 궁전에서 과학 분야의 사업을 기획하고 진행하는 것이었다. 그는 천문대 건설과 관측기구의 설치에 적극적으로 참여해서 울루그 베그가 신임하는 조수가 되었고 천문대가 건설된 뒤 그곳이 책임자가 되었다. 『하늘의 계단』과 같은 천문학 서적에서 별들의 거리와 크기를 논했고 혼의 등 천문기기를 소개했으며, 본인만의 독창적인 의견도 제시했다. 역법의 개혁 또한 빼놓을 수 없는 그의 업적 중 하나이다.

부친에게 보내는 편지에서 그는 울루그 베그가 지식이 뛰어나고 리더십이 있고 수학적으로 재능이 있는 사람이라고 칭찬했다. 당시 과학을 토론할 때의 자유로운 분위기도 언급했는데 이것이야말로 과학이 발전하기 위해 반드시 마련되어야 할 조건이라고 피력했다. 울루그 베그는 과학자들에게 매우 관대했다. 특히 궁중 예법을 소홀히 여기고 생활습관이 엉망인 알카시에게 매우 너그러웠다. 자신의 이름을 붙인 역법서 서문에서 그는 알카시의 죽음을 언급하며 "알카시는 매우 뛰어난 과학자이며 세계에서 가장 훌륭한 학자 중 한 사람이다. 그는 고대 과학에 능통했고 그 발전을 이끌었으며 아무리 어려운 문제도 풀 수 있었다"라고 썼다.

알카시는 수학에서 두 가지 세계적으로 앞선 성과를 얻었는데 그중 하나가 원주율 계산이고 다른 하나가 $\sin 1°$의 정확한 값을 구한 것이다. 고대에 원주율 π의 연구와 계산은 그 지역 혹은 그 시대의 수학 수준을 나타낸다. 마치 오늘날 가장 큰 소수를 찾는 것이 대기업 혹은 국

알카시의 원주율

우즈베키스탄에서 발행한 울루
그 베그의 기념 우표

가의 컴퓨터 연구 수준을 나타내는 것과 같다. 1424년 중국 수학자 조충지가 π의 값으로 소수점 아래 일곱 자리까지 정확히 계산했던 962년 이후, 알카시가 이 세계적인 기록을 깨고 아래와 같이 소수점 아래 17자리까지 정확히 계산해냈다.

$$\pi = 3.14159265358979323$$

그는 이 발견으로 3×2^{28}정각형의 둘레도 계산할 수 있었다. 이후 1596년 네덜란드 수학자 뤼돌프 판 쾰런Ludolph van Ceulen은 원에 내접하고 외접하는 정60×2^{33}각형을 이용해서 π의 소수점 아래 20자리까지의 정확한 값을 얻었다.

알카시가 원주율을 계산한 방법을 알아보자. 위의 그림에서 보듯 $AB = 2r$이 원의 지름이고 $l_n(l_{2n})$이 원에 내접하는 정$n(2n)$각형의 한 변의 길이라고 하면 직각을 이루는 나머지 두 변 c_n과 c_{2n}은 다음과 같다.

$$c_{2n} = d\cos\beta = d\sqrt{\frac{1+\cos2\beta}{2}} = \sqrt{r(2r+c_n)}$$

그리고 l_n의 값은 피타고라스 정리를 통해 알 수 있다.

$$l_n = \sqrt{(2r)^2 - c_n^{\,2}}$$

원에 외접하는 정다각형의 변의 길이도 이와 같은 방법으로 구할 수 있다. 두 값의 산술평균값을 원둘레로 삼으면 이를 통해 원주율의 값이 나온다. 유휘의 할원술과 비교할 때, 알카시는 코사인 함수의 반각공식을 이용했는데 이런 식으로 일차 근호만 계산하면 정다각형의 변의 수를 배로 증가시킬 수 있다.

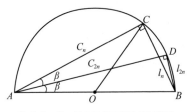

알카시는 이 그림으로 원주율을 계산했다.

마무리: 천문학의 발달과 산술에 공을 세우다

　1185년, 바스카라가 우자인에서 죽었다. 그 후, 인도의 과학은 쇠퇴의 길로 접어들었고 수학도 더 이상 발전하지 않았다. 1206년, 델리 술탄국의 설립과 함께 인도도 무슬림의 통치를 받았다. 1세기가 지난 뒤 남부의 일부 지역이 독립해 나갔고 이어서 통치권을 빼앗으려는 투쟁이 오랫동안 이어졌다. 이에 반해 페르시아에서는 수학이 늦게 흥성한 만큼 쇠퇴도 늦었다. 1449년 울루그 베그가 처형(그의 아들인 아브드 알 라티프가 배후 인물이라고 알려져 있다)된 뒤 얼마 지나지 않아 티무르 제국은 무너지고 말았다. 그 뒤를 이어 무력을 중시하고 내부의 힘을 부단히 소모하던 사파비^{Safavid} 왕조가 세워졌지만 페르시아와 전체 아라비아 수학의 황금기는 끝이 났다. 한편 유럽에서는 르네상스의 불꽃이 아펜니노 반도$^{Apennine Peninsula}$(이탈리아 반도)에서 점화되었다.

　이집트처럼 고대 인도에서도 수학적 소양을 갖춘 사람은 대부분 성직자였고 신분과 지위가 높았다. 그리스는 이와는 완전히 달라서 수학의 문이 모든 사람에게 열려 있었다. 인도 수학자(마하비라는 제외) 대부분이 천문 관측 분야에서 일했다. 하지만 그리스에서 수학은 독립적인 학문이었고 수학 그 자체를 위해 연구했기 때문에 '수학을 위한 수학'이라고 부를 수 있다. 인도인은 시적인 언어로 수학을 설명했다. 비록 영의 기호를 발명했지만 그들이 남긴 저작은 모호하고 신비주의적인 경향을 띠었다. 그래서 문제를 풀 때 과정이 분명하고 논리성이 풍부해 엄격한 증명을 제시했던 그리스 수학과 달리 인도 수학자들 대부분이

수학을 이용해서 실제적인 문제를 해결하
는 데에 중점을 두었기 때문에 결론을 도
출한 과정이나 증명을 남기지 않았다.

인도 수학학회의 기념 우표

한편 페르시아인은 기하학 분야에서 뛰
어난 재능(물론 그리스인에 비할 수는 없지만)
을 보였다. 특히 3차 방정식을 기하학을 이용해서 푼 하이얌이 대표적
인 인물이다. 아라비아 수학자도 인도인과 같이 자신을 천문학자로 여
겼다. 그들은 삼각법에서 상당히 큰 업적을 남겼다. 앞서 소개한 네 명
의 수학자 모두 천문학에서도 두각을 나타냈다. 실제로 오늘날에도 수
많은 별들의 이름이 그들의 명명법을 따르고 있다. 예를 들면 황소자리
의 '알데바란^{Aldebaran}', 거문고자리의 '베가^{Vega}', 오리온자리의 '리겔^{Rigel}',
페르세우스자리의 '알골^{Algol}', 큰곰자리의 '미자르^{Mizar}'를 라틴어로 번역
한 이름이 모두 아라비아어의 음역이다. 아라비아인은 대수에서도 큰
업적을 남겼다. 피보나치의 『계산판에 대한 책』에 수록된 여러 문제의
출처가 알 화리즈미의 『대수학』이다.

아라비아인이 천문학을 중시한 것은 그들이 매일 다섯 차례 하는 기
도시간을 정확히 알아야 했고 드넓은 제국 내의 백성들이 메카가 위치
한 서쪽을 정확히 찾아야 했기 때문이다. 이를 위해서 그들은 엄청난
자금을 들여서 천문대를 지었고 수학에 재능 있는 인재를 천문대에서
일하도록 불러들였다. 이들의 주된 업적은 천문표를 완성하고 천문 관
측기구를 개량하고 관측소를 짓는 것이었다. 이것은 과학의 또 다른 분
야인 광학의 발전을 이끌었다. 아라비아인은 수학을 발전시켜서 천문

학, 광학 분야에 활용했다. 이 외에도 뛰어난 상인이었던 그들은 재산을 분배하고 사업을 계승하고 이윤을 배분하는 등의 문제를 계산해야 했다. 따라서 대수, 특히 산술을 중시했다.

수학 역사에서 인도 수학이 아라비아인의 창조적인 손길을 거쳐 서양으로 건너갔을 뿐만 아니라 고대 그리스 대부분의 서적도 아리비아어로 번역된 뒤 같은 경로를 거쳐서 서양으로 전해졌다. 이 시기를 수학 역사에서 널리 알려진 번역의 시대라고 한다. 앞서 언급한 바그다드 지혜의 집에는 유클리드의 『원론』을 포함한 수학 서적이 아라비아어로 번역되어 수세기 동안 보관되었고 다시 유럽학자들에 의해 라틴어로 번역되었다. 이 작업은 주로 아라비아제국 서쪽 끝인 스페인의 고도 톨레도에서 완성되었다. 안타깝게도 앞서 언급한 여러 요인이 더해져서 아라비아의 수학은 이론으로 완성되지 못했고 지속적으로 발전하지도 못했다.

이제 동양의 지혜와 그리스의 지혜의 차이를 비교해보자. 20세기 프랑스 철학자 자크 마르탱^{Jacques Maritain}에 의하면, 인도인은 지혜를 해방, 구원 혹은 신성함으로 여겼다. 그들의 형이상학은 순수한 사변 형식으로 거듭나지 못했다. 인간, 이성, 속세 중심이던 그리스의 지혜와는 완전히 달랐다. 이것은 감각적으로 인지할 수 있는 실재, 사물의 변화와 운동 그리고 존재의 다양성에서 시작된다. 그리고 서양 사회 전체에서 논리와 연역, 완벽을 추구하게 됐고 수학을 독립된 존재로 보는데 기초가 됐다. 이에 반해 지혜를 신성한 것으로 여긴 고대 인도인은 수학을 간단하고 실용적인 분야에 활용하는 데에 그쳤다는 아쉬움이 있다.

제5장

르네상스에서
미적분의 탄생까지
중세유럽

가능한 한 화가는 모든 교양과목에 능통해야 한다.
특히 다른 무엇보다도 기하학을 공부해야 한다고 믿는다.
― 레온 알베르티

중세시대~17세기 유럽 수학에 영향을 끼친 인물 연표

940 이탈리아 교황 실베스테르 2세(Sylvester II, 945?~1003)
1170 이탈리아 수학자 레오나르도 피보나치(Leonardo Fibonacci, 1175~1250)
1250 이탈리아 탐험가 마르코 폴로(Marco Polo, 1254~1324)
1260 이탈리아 시인 단테 알리기에리(Dante, 1265~1321)
     이탈리아 화가 조토(Giotto, 1266~1337)
1320 프랑스 철학자 니콜 오렘(N. Oresme, 1320~1382)
1370 이탈리아 건축가 필리포 브루넬레스키(F. Brunelleschi, 1377~1446)
1390 독일 금속 활판 세공업자 하네스 구텐베르크(Johannes Gutenberg, 1398~1468)
1400 이탈리아 철학자 레온 바티스타 알베르티(L. B. Alberti, 1404~1472)
1450 르네상스 화가 레오나르도 다 빈치(Leonardo da Vinci, 1452~1519)
1460 포르투갈 탐험가 바스코 다가마(Vasco da Gama, 1460?~1524)
1470 독일 화가 알브레히트 뒤러(A. Dürer, 1471~1528)
1490 이탈리아 수학자 니콜로 타르탈리아(N. Tartaglia, 1499~1557)
1500 이탈리아 수학자 지롤라모 카르다노(G. Cardano, 1501~1576)
1510 네덜란드 지리학자 게라르두스 메르카토르(G. Mercator, 1512~1594)
1520 이탈리아 수학자 로도비코 페라리(L. Ferrari, 1522~1565)
1540 프랑스 수학자 프랑수아 비에트(F. Vieta, 1540~1603)
     네덜란드-독일 수학자 뤼돌프 판 쾰런(Ludolph van Ceulen, 1540~1610)
     덴마크 천문학자 튀코 브라헤(Tycho Brahe, 1546~1601)
     이탈리아 철학자 갈릴레오 갈릴레이(Galileo Galilei, 1546~1642)
1570 독일 수학자 요하네스 케플러(J. Kepler, 1571~1630)
1580 영국 철학자 토머스 홉스(T. Hobbes, 1588~1679)
1590 프랑스 수학자 지라르 데자르그(Girard Desargue, 1591~1661)
     독일 천문학자 빌헬름 시카드(Whilhelm Schickard, 1592~1635)
     프랑스 물리학자 르네 데카르트(R. Descartes, 1596~1650)
     이탈리아 수학자 보나벤투라 카발리에리(B. Cavalieri, 1598~1647)

르네상스와 유럽 수학의 상관관계

중세 유럽, 암흑기를 지나 번영의 시대로

중국, 인도, 아라비아와 같이 동방의 고대문명이 발달한 지역의 수학이 새로운 성취를 쌓아가고 있을 무렵, 유럽은 시인 페트라르카[F.Petrarca]의 말처럼 기나긴 '암흑시대'를 지나고 있었다. 5세기 로마 문명이 와해되면서 시작된 이 암흑시대의 끝을 언제로 볼 것인가에 대해 학자마다 의견이 분분하다. 14세기, 15세기라는 설도 있고 심지어 16세기라는 설도 있는데 그 뒤를 이어서 유럽의 르네상스가 시작되었다. 이 기나긴천 년의 암흑시대를 후대의 이탈리아 인문주의자들은 '중세'라고 불렀다. 이는 자신들의 작품과 이상을 돋보이게 하고 또 고대 그리스, 고대로마와 간격을 두기 위해서였다.

중세 이전, 그리스와 로마 이외에는 유럽 민족에게서 문명의 발전을찾아볼 수 없다. 적어도 인류 문명사에 특별히 언급할 만한 성취가 없었다. 게다가 중세를 거친 그리스에도 부흥의 흔적이 없었다. 따라서 이탈리아인에게 중세나 암흑시대 모두 인문주의 학술 용어에 지나지 않는다. 실제로 아펜니노 반도에서 당시 수학자들이 처한 상황은 그다지

나쁘지 않았다. 로마 교황 실베스테르 2세$^{Sylvester II}$는 수학을 유달리 좋아했다. 그가 교황의 자리에 오를 수 있었던 것도 수학 덕분이라고 하니 이는 수학사에서 하나의 전설과도 같은 이야기이다.

이 교황의 본명은 제르베르$^{Gerbert of Aurillac}$이다. 그는 프랑스 중부에서 태어났고 젊은 시절 스페인에서 3년 동안 살면서 한 수도원에서 '4학'을 배웠다. 그곳은 아라비아인의 통치 아래 있었기 때문에 상당히 높은 수준의 수학을 배울 수 있었다. 후에 로마에 온 그는 수학적인 재능 덕분에 교황의 눈에 띄어 황제에게 천거되었다. 황제 또한 그의 재능을 알아보고

로마 교황 제르베르

왕자를 가르치는 교사로 임명했다. 이후에 재위한 여러 황제들도 그를 중용해서 급기야 새로운 교황으로 임명하기까지 했다. 그는 주판, 지구본, 시계를 만들었고 기하학에 관한 책을 저술해서 당시의 난제를 해결했다고 한다. 그 문제는 주어진 직각삼각형의 빗변과 넓이를 가지고 직각을 이루는 두 변을 구하는 것이었다.

제르베르의 시대에 그리스 수학과 과학 서적이 서구에 유입되기 시작했다. 역사에서 이 시기를 '번역의 시대'라고 부른다. 그리스인의 학술 서적은 아라비아인에 의해 수세기 동안 보존되어 온전히 서유럽으로 전해졌다. 그리스어에서 아라비아어로의 번역은 바그다드의 지혜의 집에서 이루어졌다. 아라비아어로 번역된 서적은 다양한 경로를 거쳐 라틴어로 번역되었다. 스페인의 고성 톨레도(무슬림이 기독교 세력에 패배한 이후 대량의 유럽 학자들이 이 도시로 찾아왔다), 한때 아라비아인의 식

민지였던 시칠리아 섬에서도 번역이 성행했다. 그리고 콘스탄티노플과 바그다드에서 체류하던 외교관도 번역에 일조했다. 한때 알렉산드리아는 그리스의 학술 중심지였지만 수년 동안 전쟁을 치르느라 원래 보관하고 있던 서적들이 흔적도 없이 사라지고 말았다.

라틴어로 번역된 서적 중에서 유클리드의 『원론』, 프톨레마이오스의 『지리학 안내』, 아르키메데스의 『원의 측정에 관하여』와 아폴로니오스의 『원뿔곡선론』 등 그리스 수학의 명작이 있었다. 이외에도 아라비아 수학의 결정체인 알 화리즈미의 『대수학』은 대략 12세기에 번역이 완성되었다. 당시 유럽 경제의 중심지는 지중해 동부에서 서서히 서부로 이동했다. 이런 변화의 주요 원인은 농업의 발전이었다. 콩류를 재배하면서부터 인류는 처음으로 안정적으로 식량을 얻을 수 있었고 이에 따라 인구가 급격히 늘어났다. 이것은 봉건사회가 해체되는 요인으로 작용했다.

13세기에 이르러 이탈리아 사회에 다양한 계층이 출현했다. 각종 길드, 조합, 시민들의 회의기구와 교회 등이 생겼다. 그들은 일정한 범위 안에서 자치^{自治}하기를 원했다. 이를 통해 대의제도에 발전이 생기면서 마침내 의회가 탄생했다. 의회 구성원에게는 의사결정권이 주어졌고 자신들을 선출한 전체 시민에 대한 구속력을 가졌다. 예술 영역에서 고딕양식 건축과 조각의 고전적인 양식이 이미 형성되었다. 철학에서 스콜라철학의 방법론이 등장했는데 그 대표적인 철학자가 토마스 아퀴나스^{T.Aquinas}이다. 앞장의 마무리에서 언급한 프랑스 철학자 마르탱이 바로 그의 제자이다. 시칠리아 태생의 이 기독교 철학자는 아리스토텔레스의 이론에서 영감을 얻었고 보수적인 기독교도로는 처음으로 과학적인 이성주의를 인정했다.

유럽 수학의 부흥을 이끈 피보나치의 토끼

개방적인 이탈리아 사회의 분위기는 정치, 문화에서뿐만 아니라 수학 영역에서도 드러난다. 중세 유럽에서 가장 뛰어난 수학자로 피보나치[L.Fibonacci]를 꼽는다. 그는 인도의 바스카라보다 늦게 태어났지만 중국의 이야보다 출생년도가 앞선다. 피보나치는 피사에서 태어났고 어렸을 때 정부 관리였던 부친을 따라 알제리로 갔다. 그곳에서 아라비아 수학을 접했고 인도 숫자를 이용한 산술을 배웠다. 후에 이집트, 시리아, 시칠리아 등지로 가서 동양인과 아라비아인의 계산 방법을 배웠다. 피사로 돌아온 그는 얼마 지나지 않아 유명한 『계산판에 대한 책』을 완성해서 출판했다. 이 책은 『산반서』라고도 불리는데 여기서 산반이란 계산할 때 쓰는 모래판이지 우리가 아는 주판이 아니다.

『계산판에 대한 책』의 제1부는 수의 기본 셈법을 소개하는데 여기서는 10진법을 사용했다. 피보나치는 분수 가운데에 가로선을 그었는데 이 기호는 지금까지도 사용된다. 『계산판에 대한 책』의 제2부는 상업과 관련된 응용문제이다. 여기에는 중국의 '백계[百鷄] 문제'도 포함되어 있어서 장구건이 낸 이 문제가 일찌감치 아라비아 세계로 전해졌음을 알 수 있다. 『계산판에 대한 책』의 제3부는 복잡하고 엉뚱한 문제가 수록되어 있다. 그중에서 '토끼 문제'가 사람들의 관심을 모았다. 토끼 문제란 '토끼 한 쌍이 일 년 뒤에 몇 쌍으로 늘어날 것인가' 하는 문제이다. 토끼 한 쌍은 매월 한 쌍의 새끼 토끼를 낳을 수 있고 새끼 토끼는 두 달이 지나면 번식이 가능해진다.

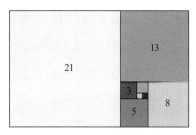

이 '토끼 문제'를 근거로 후인들은 피보나치 수열을 구했다.

$$1, 1, 2, 3, 5, 8, 13, 21, 34, \cdots$$

이 수열의 점화식漸化式, recurrence formula(수학자가 발견한 최초의 점화식

아르키메데스의 나선 배열에 따른 피보나치 수

중 하나이다)은 다음과 같다.

$$F_1 = F_2 = 1, \ F_n = F_{n-1} + F_{n-2} \ (n \geq 3)$$

흥미로운 점은 이 정수 수열의 공통항이 무리수 $\sqrt{5}$ 를 포함한다는 것이다.

$$F_n = \frac{1}{\sqrt{5}} \left[(\frac{1+\sqrt{5}}{2})^n - (\frac{1-\sqrt{5}}{2})^n \right]$$

피보나치 수열에 상당히 많은 중요한 특성이 있어서 이를 다양하게 응용할 수 있다. 예를 들면 $n \to \infty$일 때 다음과 같다.

$$\frac{F_{n+1}}{F_n} \to \frac{\sqrt{5}+1}{2} \approx 1.618$$

이것은 피타고라스 선분 비율에서 얻어낸 황금비율과 관련이 있다. 피보나치 수열은 수학 외에도 꿀벌의 번식, 국화의 꽃잎 수에서도 발견할 수 있고 예술에서 심미적 효과 등과 관련된 문제를 해결하는 데에 도움을 준다.

대략 1220년, 피보나치는 피사를 찾아온 신성 로마황제 프리드리히 2세Friedrich II의 부름을 받아 알현했다. 이때 황제의 시종이 그에게 어려

운 수학 문제를 냈지만 그는 차분히 하나하나 답했다. 그중 한 문제는 3차 방정식 $x^3 + 2x^2 + 10x = 20$을 구하는 문제였다. 피보나치는 시행착오법을 써서 제시한 60진수의 답을 소수점 아래 아홉 째 자리까지 정확하게 맞혔다. 그날 이후 그는 수학에 심취한 황제와 그의 신하와 오랫동안 연락을 주고받았다(또 다른 설에 의하면 그는 황제의 부름을 받아 궁으로 가서 유럽 역사상 최초의 궁정수학자가 되었다고 한다).

피보나치가 이어서 출판한 『제곱수에 대한 책$^{\text{Liber quadratorum}}$』은 프리드리히 2세에게 바치는 책이다. 이 책에서 그는 다음과 같이 매우 심오한 명제를 제시했다. 즉 $x^2 + y^2$와 $x^2 - y^2$은 둘 다 제곱수가 될 수 없다. 피보나치의 성과를 종합적으로 살펴보면, 그는 유럽 수학이 부흥하는 시기에서 선봉장의 역할을 했고 동서양의 수학이 교류할 수 있는 다리가 되었다. 16세기 이탈리아 수학자 카르다노$^{\text{Gerolamo Cardano}}$는 이렇게 평가했다. "그리스 수학 이외에 우리가 터득한 수학 지식 모두 피보나치의 출현으로 얻은 것이라고 가정할 수 있다."

피보나치의 초상화를 보면, 그보다 3세기 늦게 태어난 이탈리아 화가 라파엘로$^{\text{Raffaello Sanzio}}$와 비슷한 분위기를 풍긴다. 그는 자주 여행을 다니며 홀로 지냈는데, 사람들은 그를 두고 '피사의 레오나르도'라고 불렀다. 〈모나리자〉를 그린 레오나르도 다빈치는 '빈치의 레오나르도'라는 뜻이다. 1963년, 토끼 문제를 연구하는 수학자 그룹은 국제적인 성격의 피보나치 협회를 만들고 미국에서 〈계간 피보나치^{The} Fibonacci Quarterly〉를 출판했다. 이 잡지는 피보나

궁정 수학자 피보나치

치 수열과 관련된 연구와 논문을 전문적으로 간행한다. 이뿐만 아니라 2년에 한 번씩 피보나치 수와 그 응용에 관한 국제 대회가 세계 각지에서 열리고 있다. 이는 세계 수학사의 기적이자 신화라고 할 수 있다.

캔버스에 담긴 수학, 알베르티의 소실점

봉건제도가 무너지면서 이탈리아 도시의 역량이 강화되고, 스페인, 프랑스, 영국에서 절대왕정이 연이어 출현했다. 한편 민간 교육 기관이 등장하면서 지식이 빠르게 보급되었다. 그 결과 탐험가들이 신항로를 개척하고 신대륙을 발견했다. 코페르니쿠스가 '지동설'을 제기했고*, 활자 인쇄술이 발명된 뒤 빠르게 보급되면서 완전히 새로운 시대가 열렸다. 이 시기 사람들은 그리스 로마시대의 학술, 지혜, 가치관을 돌아보고 거기서 영감을 얻었는데 이때를 일컬어 '르네상스 시기'라고 한다.

르네상스 시기에 이탈리아인은 다양한 분야에서 인문주의, 즉 '인간이 우주의 중심이며 그 능력은 무한하다'는 사상을 표현했다. 당시의

인문주의자 알베르티

일부 사람들은 인간은 모든 지식을 얻기 위해 노력해야 하며 자신의 능력을 마음껏 펼쳐야 한다는 신념을 가졌다. 따라서 인간은 지식과 관련된 분야는 물론 신체 단련, 사회 활동과 문예학술 등의 분야에서도 기량을 높여야 한다고 생각했다. 이러한 인간형을 '르네상스인$^{Renaissance\ man}$' 혹은 '보편인$^{Universal\ man}$'이

* 콜럼버스가 신대륙에 도착했을 때 코페르니쿠스는 알프스 북쪽에 있는 크라쿠프 대학에 재학 중이었다. 크라쿠프(Kraków)는 폴란드의 중소 도시로, 21세기 초 노벨 문학상 수상자인 체슬라브 밀로즈(Czesław Miłosz)와 비스와바 쉼보르스카(Wislawa Szymborska)가 이곳에 거주했다.

라고 불렀다. 가장 대표적인 예가 바로 조각가, 건축가, 화가, 문학가, 수학자, 철학자의 신분을 가진 알베르티^{L. B. Alberti}이다. 그는 말타기와 무술에도 탁월한 재능을 발휘했다.

필리포 브루넬레스키가 설계한 피렌체 대성당

알베르티는 제노바^{Genoa}에서 피렌체의 한 은행가의 사생아로 태어났다. 어려서 부친에게서 수학을 배웠고 라틴어로 희곡을 창작했으며 후에 법학 박사 학위를 받은 뒤 로마 교황청에서 문서관으로 일했다. 그는 기하학적 지식을 이용해서 역사상 처음으로 목판 또는 벽에 입체적인 그림을 그리는 원리를 찾아냈다. 이 덕분에 이탈리아의 회화와 부조 수준은 놀라운 속도로 향상되었고, 투시화법을 이용해서 정확하고 풍만하며 기하학 문형을 이용한 회화 풍격이 만들어졌다. 다재다능했던 그는 "사람은 무언가 하고 싶은 일이 있다면 어떤 일이든 해낼 수 있다"고 말했고 자신이 말한 대로 실행하는 사람이었다. "가능한 한 화가는 모든 교양과목에 능통해야 한다. 특히 다른 무엇보다도 기하학을 공부해야 한다고 믿는다"라고 말한 데서 짐작할 수 있다.

피렌체 출신으로 알베르티보다 먼저 태어난 위대한 건축가가 있으니 그가 바로 필리포 브루넬레스키^{F. Brunelleschi}이다. 오늘날 이 예술의 도시에서 가장 많은 관광객이 찾는 피렌체 대성당이 바로 그가 설계한 작품이다. 브루넬레스키는 어려서부터 수학을 좋아했고 기하학을 활용하기 위해 그림을 배웠다. 그렇다보니 화가로 대성하지 못하고 건축가와 엔지니어가 되었다. 그러나 그는 가장 먼저 투시법을 연구했다. 알베르티도 브루넬레스키와 자주 왕래하면서 투시법에 관심을 갖게 되었다. 그가 만든 투시법의 기본 원리는 다음과 같다.

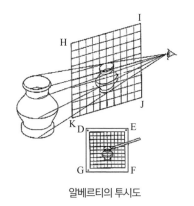

알베르티의 투시도

우리의 눈과 사물 사이에 유리판을 세우고 한 쪽 눈에서 나온 광선이 사물의 모든 점에 닿는다고 생각해보면, 이 광선들이 유리를 통과할 때 모든 점들의 집합이 하나의 단면도를 만든다. 이 단면도는 우리 눈에 사물과 똑같아 보인다. 따라서 사물을 실제 모습처럼 그리려면 바로 캔버스에 이 단면도를 그려 넣으면 된다. 그리고 눈과 단면도 사이에 두 장의 유리판을 끼워 넣는다면 단면도가 달라진다는 사실에 주목해야 한다. 만약 눈이 두 위치에서 하나의 사물을 본다면 유리판 위의 단면도도 달라질 것이다.

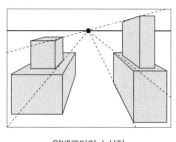

알베르티의 소실점

알베르티는 '임의의 두 단면도 사이에 어떤 수학적 관계가 있을까'라는 의문을 제기했고 화폭 위의 기하학인 '사영기하학'의 출발점이 되었다. 이외에도 알베르티는 그림 작업을 할 때 화면에서 평행선(그것들이 유리판 혹은 화면과 평행일 때)은 반드시 한 점에서 만난다는 사실을 발견했다. 이 점이 바로 '소실점'이다. 회화의 역사는 이 소실점의 출현으로 전환기를 맞았다. 이전까지 화가들은 그림을 정밀하게 그리지 못했다. 하지만 소실점의 개념이 생긴 이후의 수많은 화가들은 이 원칙에 따라 그림을 그렸다. 소실점은 화면에 나타나지 않아도 되었다. 소실점을 찾는 방법은 다음과 같다. 실경의 두 평행선과 관측점은 각자 두 개의 교차하는 평면을 이루는데 이 교차선이 유리판에서 만나는 점이 바로 그것이다. 투시법과 소실점, 이 두 가지 업적으로 알베르티는 르네상스 시기 가장 중요한 예술 이론가로 인정받았다.

당시 피렌체 사회에 '시민의식을 가진 인문주의'라는 사상이 유행했다. 알베르티가 이룬 모든 성과에도 이러한 사상이 저변에 깔려있다. 예를 들면 그는 최초의 이탈리아어 문법서를 쓰면서 피렌체에서 사용되는 토스카나 지방어도 라틴어와 마찬가지로 규범적이라고 여겼고 따라서 문학적 언어가 될 수 있다고 생각했다. 또한 그는 암호학의 선구자적 책을 썼는데 그중에는 최초로 알려진 주파수표와 최초의 다표환자법多表換字法(하나의 문자 당 하나의 알파벳으로 치환했던 기존의 방법과 달리 여러 개의 알파벳으로 암호화하는 방법-편집자 주)이 수록되어있다. 그는 대화록 『가족에 관하여Della famiglia』에서 자신의 일에서 업적을 쌓고 대중을 위해 봉사하는 것이 미덕이라 주장하며 공익을 우선으로 하는 인문주의를 강조했다. 르네상스 시기의 화가 조르조 바사리Giorgio Vasari는 알베르티가 "만족스럽고 차분하게 죽음을 맞이했다"고 묘사했다.

수학적 회화의 문을 연 다빈치와 뒤러

알베르티가 거의 50세가 되었을 무렵, 피렌체 교외의 빈치라는 마을에서 르네상스 시기 가장 위대한 인물, 레오나르도 다 빈치Leonardo da Vinci

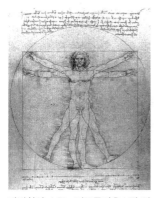
다빈치의 소묘 <비트루비우스적 인
간(Vitruvian Man)>

가 태어났다. 그의 모친은 시골 농부의 딸이었는데 후에 공예가와 결혼했다. 그의 부친은 피렌체의 공증인이자 지주였다. 그는 전 부인들이 아이를 낳지 못하자 본래 사생아였던 레오나르도를 적자[嫡子]로 삼아 집으로 데려와서 읽기, 쓰기, 산술 등을 가르쳤다. 레오나르도는 처음에는 도제의 신분으로 그림을 배웠다고 한다. 그는 30세 이후 고등 기하학과 산술에 몰두했고 〈최후의 만찬〉, 〈모나리자〉는 각각 중년, 말년에 그린 것이다.

레오나르도가 예술 분야에서 이룬 업적은 너무나 잘 알려져 있으므로 설명을 생략하겠다. 그의 이름은 21세기에 발표된 추리소설이 베스트셀러가 되는데 일조하기도 했다. 그는 "그림은 반드시 원형을 정확히 재현해야 한다"고 주장했다. 그래서 수학의 투시법이 이를 가능하게 한다고 생각했으며 이를 가리켜서 '회화의 운전대이며 다림줄'이라고 불렀다. 아마도 이런 이유 때문이었는지 20세기의 프랑스 다다이즘의 대표 화가 뒤샹[Marcel Duchamp]은 수염을 기른 기이한 모습의 〈모나리자〉를 그렸다. 레오나르도는 기하학 분야에서 사면체의 무게중심을 제시했다. 즉 밑면 삼각형의 무게중심이 마주보는 꼭짓점의 연결선에서 1/4 지점에 있다

다빈치 조각상, 프랑스 앙부와즈

는 것이다. 그러나 이등변사다리꼴의 무게중심에 대해서는 오류를 범했는데 그가 제시한 두 가지 방법 중 한 가지만 정확했다.

예술과 수학 영역 외의 다른 분야에서도 그는 뛰어난 업적을 남겼다. 그는 천체를 관찰한 뒤 노트에 '태양은 움직이지 않는다'라고 적었다. 비록 정확한 표현은 아니지만 코페르니쿠스보다 일찍 '지동설'을 발견했다고 말할 수 있다. 이는 『성경』에 적힌 "신이 해와 달을 만들고 그것들이 땅의 주위를 돌게 했다"는 구절과 어긋난다. 또한 새의 날갯짓에서 영감을 얻어 공기 저항을 연구한 끝에 비행기를 최초로 설계했다. 한 동력학자에 의하면, 당시 항공유가 있었다면 그는 비행에 성공했을 것이라고 한다. 이외에도 그는 직접 30여 구의 시체를 해부하며 인체의 구조와 생명의 신비를 밝히고자 했으나 결국은 중도에 그만두었다. 그렇더라도 이러한 시도들을 통해 그림의 대상을 더욱 정밀하게 관찰할 수 있는 계기가 되었다.

같은 15세기 유럽의 북쪽 독일 뉘른베르크^Nürnberg에도 다재다능한 예술가가 태어났다. 북유럽 르네상스를 이끈 그는 바로 알브레히트 뒤러^A. Dürer이다. 그의 예술에는 지식과 이성이 돋보이는데 그는 일생 중 20년의 시간을 네덜란드, 스위스, 이탈리아 등지를 여행하며 보냈고 자신보다 젊은 종교개혁가인 마틴 루터^Martin Luther의 주변 사람들과 긴밀한 관계를 맺었다. 그는 유화, 판화, 목각, 삽화 등 다양한 분야에 창작의 열정을 쏟았다. 그의 다양한 작품을 보면 그가 알베르티의 투시법에 능통했음을 알 수 있다.

뒤러는 르네상스 시기 모든 예술가 중에서 수학을 가장 잘 이해하는 사람으로 꼽힌다. 그의 『컴퍼스와 곧은 자를 이용한 측량법』이라는 책

뒤러의 자화상

뒤러의 동판화 〈멜랑콜리아〉

에는 주로 기하학을 논했고 투시법도 함께 언급했다. 또한 공간 곡선과 그것이 평면에 투영되는 것과 외전 사이클로이드 epicycloid, 즉 하나의 원이 구를 때 원둘레의 한 점이 운동하는 궤적을 소개했다. 뒤러는 곡선 혹은 사람의 그림자가 둘 또는 세 개의 서로 수직인 평면 위에서 직교하며 투영되는 현상까지도 고려했는데 이는 대단히 전위적인 발상이다. 이러한 발상이 18세기 프랑스 수학자 몽주Gaspard Monge에 이르러서야 수학의 한 분야인 '화법기하학畵法幾何學'으로 발전했다. 몽주는 이 공로로 수학사에 이름을 남겼다.

뒤러가 1514년에 제작한 동판화 〈멜랑콜리아〉의 화면 앞부분에는 한 사람이 왼손으로 턱을 괸 채 고민에 빠져 있다. 그의 뒤에 보이는 마방진은(아래 표에서처럼 가로, 세로, 대각선 그리고 가장자리 숫자 네 개와 중앙의 숫자 네 개를 더하면 모두 34가 된다) 중국 남송의 수학자 양휘의 저술에서 인용했던 행렬과 단지 순서만 다를 뿐이다.

16	3	2	13
5	10	11	8
9	6	7	12
4	15	14	1

마방진이 등장하면서 화면의 분위기는 더욱 무거워졌다. 흥미로운 것은 마방진의 마지막 행의 가운데 두 개의 숫자는 작품이 완성된 연도인 1514년을 가리킨다.

일반적으로 회화에서는 색채가 감정을 드러내고 선이 이성을 표현한다. 독일 민족은 합리적인 사고로 유명하고 그래서 독일 화가들은 선을 강조한다고 알려져 있다. 이것이 사실인지는 모르겠으나 뒤러의 작품에서 이와 같은 경향을 쉽게 찾아볼 수 있다. 세밀한 관찰과 복잡한 구상을 정밀한 선으로 표현하여 대상을 치밀하게 묘사한 것이다. 그의 풍부한 사고는 예술에 대한 열정과 결합해서 독특한 효과를 만들어냈다. 회화와 수학 외에도 그는 회화 기법, 인체의 완전한 비례, 건축을 포함한 예술 이론과 과학 분야의 저술에도 힘을 기울였고 이 책들의 삽화도 직접 그렸다.

근대 수학과 미적분의 탄생

고차 방정식을 해결한 수학자들

르네상스 시기의 예술가들은 수학에 남다른 견해를 가지고 있었다. 하지만 수학의 부흥과 근대 수학의 발달은 16세기에 이르러서야 시작됐다. 이 새로운 수학의 물결은 먼저 대수에서 출발했다. 삼각법은 천문학에서 분리되었고, 투시법은 사영기하학을 낳았다. 대수의 발명은 산술을 개선했다. 그러나 가장 중요한 성과는 3차와 4차 대수방정식의 해를 구하려는 시도와 대수의 기호화이다. 알 화리즈미의 『대수학』은 라틴어로 번역된 후 유럽에 널리 알려졌고 교과서로 채택되었다. 하지만 사람들에게 3차 혹은 4차 방정식은 그리스의 3대 기하학의 난제처럼 어렵기만 했다. 세기가 교체되는 시기에 이탈리아에서 이 문제를 해결할 두 사람이 태어났다. 바로 타르탈리아[N.Tartaglia]와 카르다노[G.Cardano]였다.

타르탈리아의 본명은 폰타나이며 밀라노 부근의 우체부 가정에서 태어났다. 그는 어려서 부친을 잃고 프랑스 기병이 찌른 칼에 턱과 입천장이 찢어져서 그 후유증으로 말을 더듬었다. 그래서 '말더듬이'라는 뜻을 가진 타르탈리아라는 이름을 얻었다. 성년이 된 뒤 그는 베네치아에

233

서 수학 교사로 일했다. 그는 일차항이 없거나 혹은 이차항이 없는 모든 3차 방정식, 즉 $x^3 + mx^2 = n$과 $x^3 + mx = n(m, n > 0)$을 풀 수 있다고 장담했다. 이를 의심한 볼로냐^{Bologna} 대학의 한 교수가 자신의 학생을 보내서 공개적으로 도전장을 던졌다. 이 두 사람의 대결 결과 타르탈리아가 승리를 차지했다. 그도 그럴 것이 상대는 이차항이 없는 방정식만 풀었기 때문이다.

1539년, 밀라노에서 의사로 일하던 수학 애호가 카르다노는 타르탈리아를 존경해왔다. 그는 타르탈리아를 자신의 집으로 초대해서 사흘 동안 함께 지냈다. 타르탈리아는 배불리 식사를 마치고 술도 거나하게 취하자 카르다노에게 절대로 외부에 알리지 말라는 맹세를 시킨 뒤 수수께끼 같은 25행시로 3차 방정식의 해법을 알려주었다. 몇 년이 지난 뒤 카르다노는 타르탈리아가 낸 문제의 해법을 담은 『위대한 술법$^{Ars\,magna}$』이라는 책을 출판했다. 그 여파로 두 사람 사이에서 치열한 분쟁이 일어났다. 이 책에 적힌 타르탈리아의 해법은 항등식을 이용한 것이다.

$$(a - b)^3 + 3ab(a - b) = a^3 - b^3$$

위의 식에서 $3ab = m$, $a^3 - b^3 = n$이라고 하면, $a - b$가 방정식 $x^3 + mx = n$의 해답이다. 또 다른 방정식의 해 a와 b도 아래와 같이 어렵지 않게 구할 수 있다.

$$\left[\pm \frac{n}{2} + \sqrt{\left(\frac{n}{2}\right)^2 + \left(\frac{m}{3}\right)^3} \right]^{\frac{1}{3}}$$

이것이 바로 사람들이 말하는 카르다노 공식이다. 사실 그는 책에서 이

의사 카르다노

해법을 발명한 사람이 타르탈리아임을 밝혔다. 이외에도 카르다노는 $m < 0$의 경우에 대해서도 완전한 해답을 제시했다. 한편 일차항이 없는 3차 방정식의 경우 그는 변수 변환을 사용해서 위와 같은 항등식으로 해를 구했다.

『위대한 술법』에는 4차 방정식의 일반적인 해법도 소개되어있다. 하지만 이것은 카르다노가 구한 것이 아니라 그의 하인 페라리가 구한 것이었다. 페라리$^{L. Ferrari}$는 집안이 가난해서 15세 때 카르다노의 하인이 되었다. 카르다노는 페라리가 영리하고 배우기를 좋아하는 것을 발견하고 그에게 수학을 가르쳤다. 페라리는 4차 방정식을 3차 방정식으로 변환하는 방법을 찾아냄으로써 4차 방정식을 처음으로 푼 수학자가 되었다. 그는 스승을 대신해서 타르탈리아의 도전을 받아들였다. 이 시합은 밀라노에서 열렸는데 승리를 거둔 사람은 타르탈리아가 아니라 페라리였다. 페라리는 이름이 알려진 뒤 큰돈을 벌었고 아울러 볼로냐 대학의 수학 교수가 되었다. 하지만 43세 때 비상$^{砒霜, arsenic trioxide}$에 중독되어 죽음을 맞이했다. 범인은 다른 사람이 아니라 과부로 사는 누나였는데 그의 재산을 노리고 독살했다는 이야기도 있다.

5차 혹은 5차 이상의 대수 방정식의 불가해성은 19세기 노르웨이 수학자 아벨이 증명했다. 고차 방정식과 관련된 이들 이탈리아인의 연구와 일화는 상당히 오랫동안 수학자들 사이에서 회자됐다.

앞의 이야기에서 알 수 있듯이, 구체적인 문제는 타르탈리아와 페라리가 해결했지만 카르다노가 수학사에서 차지하는 역할은 가히 유클리드와 견줄 만하다. 16세기의 프랑스에도 이와 같은 인물이 등장했는데 그가 바로 비에트^{F. Vieta}이다. 그는 처음으로 체계적인 대수 기호를 도입함으로써 대수학에서 큰 업적을 남긴 사람이다. 오늘날 중등 수학 과정에서 '비에트 공식', 즉 일원이차 방정식 $ax^2 + bx + c = 0$의 두 해 x_1, x_2과 계수 사이의 관계는 다음과 같다.

$$x_1 + x_2 = -\frac{b}{a}, \, x_1 x_2 = \frac{c}{a}$$

비에트의 직업은 변호사이자 정치가였다. 그는 한때 자신의 수학적 재능을 이용해서 프랑스와 교전 중인 스페인 국왕의 비밀지령을 해독했다. 이후 정치가로서 고전했을 때 수학 연구에 몰두했는데 디오판토스의 저서를 보다가 수식에 알파벳을 기호로 사용하는 아이디어를 얻었다. 이렇듯 미지수를 알파벳으로 쓴 최초의 수학자였기 때문에 '현대 대수 기호의 아버지'라는 명예를 얻었다. 비록 그가 처음 사용한 기호 대부분이 다른 부호로 대체되었지만 말이다. 예를 들면 그는 알파벳 자음으로 기지수를, 알파벳 모음으로 미지수를, ~으로 뺄셈을 표시했다. 오늘날 수학책에 널리 사용되는 기호 체계 중에서 15세기에 도입된 것은 더하기(+), 빼기(−)와 거듭제곱 표시법이다. 16세기는 등호(=), 부등호(<, >), 근호($\sqrt{\ }$)가, 17세기에는 곱하기(×), 나누기(÷), 기지수(a, b, c), 미지수(x, y, z)와 지수표시법 등이 쓰이기 시작했다.

변호사 겸 정치인 비에타

평면에 좌표를 입힌 해석기하학의 등장

17세기 이후, 다양한 수학 이론과 분야가 우후죽순처럼 생겨났다. 여기서 일일이 설명할 수 없을 정도로 많은 수학자들이 탄생했지만, 다음으로 살펴볼 인물은 프랑스 수학자 데자르그^{Desargue}이다. 그는 알베르티가 제기한 투시법에 관한 수학 문제를 답변했고 사영기하학의 주요 개념을 세웠으며 자신도 이 분야의 창시자가 되었다. 데자르그는 본래 군인 출신이었으나 후에 엔지니어, 건축가로 일했다. 메르센$^{M.Mersenne}$ 신부가 조직한 파리 수학 살롱에서 그는 젊은 수학자 데카르트, 파스칼 등의 사람들로부터 존경을 받았다.

데자르그가 기하학에서 거둔 가장 큰 업적은 '무한 원점$^{point\ at\ infinity}$'의 개념을 제시한 것이다. 이것은 같은 평면 위에 있는 평행한 두 직선이 무한히 먼 곳에 있는 어떤 점에서 만난다는 것(제7장에서 설명할 비유클리드 기하학에서 매우 중요한 개념이다)으로 사영기하학의 기본 개념이다. 이외에 그는 기하학적 도형의 상호 관계에 관심을 가졌을 뿐 측량에는 관여하지 않았다. 이것 역시 기하학에서는 새로운 발상이었다. 데자르그의 정리$^{Desargues's\ theorem}$는 평면 혹은 3차원 공간에서 두 삼각형의 서로 대응되는 꼭짓점의 연속선이 한 점에서 만나면, 서로 대응되는 변들의 연장선의 교점은 한 직선 위에 놓인다는 것이다.

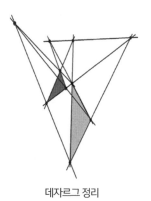

데자르그 정리

이 정리를 화가의 관점에서 보면 다음과 같이 설명할 수 있다. 두 개의 삼각형을 외부에 있는 하나의 점을 통해 투시해서 볼 때, 어떠한 두 대응변도 평행이 아니라면 대응변의 교점은 한 선분 위에 놓인다. 실제로 당시 기하학 연구는 주로 두 가지 노선으로 갈라졌다. 첫째는 데자르그가 선택한 노선으로, 기하학적 방법을 종합하면서도 더 일반적인 상황에서 연구를 진행했다. 둘째는 대수방정식을 이용해서 기하학을 연구하는 것인데 이것이 바로 데카르트가 세운 '해석기하학'이다.

데자르그 곡선을 모티브로 디자인한 패션쇼

본질적으로 근대 수학은 '변수'에 관한 수학이며, 이것이 주로 상수를 다루던 고대 수학과 다른 점이다. 르네상스 이후 자본주의 사회는 생산력을 높이기 위해 과학기술의 발전을 요구했다. 기계가 보급되자 기계 운동의 연구가 활발해졌다. 해상 무역이 발전하자 선박의 위치를 더욱 정확하고 간편하게 측정해야 했는데 이를 위해서 천체 운동의 규칙을 연구했다. 또한. 무기가 개선되면서 탄도 문제의 연구를 이끌었다. 이 모든 문제들을 해결하기 위해 과학과 수학 연구의 중심이 운동과 변화로 옮겨졌다.

변량 수학의 최초 이정표는 해석기하학의 등장이다. 기하학의 한 분야인 해석기하학의 기본 사상은 평면에 좌표의 개념을 끌어들이는 것이다. 이 때문에 좌표기하학이라고도 부른다. 좌표란 좌표계에 기초하는데 평면 위 서로 교차하는 임의의 두 직선을 A, B라 하고 그 교점 O가 원점이 되고 A, B가 좌표축이 된다. 이렇게 해서 A축과 B축 방향의 단위좌표를 정하고 나면 좌표계가 만들어진다. 순서쌍(x, y)는 좌표 평면에 대응하는 하나의 점이 되는데 순서를 바꾸어 말할 수도 있다.

해석기하학으로 우리는 $f(x, y)=0$ 같은 형태의 임의의 대수방정식을 (방정식의 해를 가지고) 평면 위의 한 곡선과 대응시킬 수 있다. 이렇게 하면 우선 기하학 문제가 대수 문제로 바뀌고 그 뒤 대수 문제의 연구를 통해 새로운 기하학적 결과를 얻을 수 있다. 바꿔 말하면 대수 문제도 기하학적으로 해석할 수 있게 된다.

14세기 프랑스 수학자 오렘$^{N.Oresme}$은 '경도'와 '위도'라는 지리학 용어로 자신의 도형을 설명했다. 16세기 벨기에 태생의 네덜란드 지리학자 메르카토르$^{G.Mercator}$는 직선으로 그린 경선과 위선을 이용해서 역사상 첫 번째 지도책을 제작했다. 지도책을 뜻하는 영어 단어 'Atlas'는 메르카토르가 처음 사용한 것이다. 그는 당시 수학과 물리학에 능통해서 자유자재로 응용할 수 있었다. 또한 그는 출중한 조각가이자 달필가였다. 하지만 이 두 사람에게는 수와 도형을 대응시키는 개념이 없었기 때문에 해석기하학을 발명한 공은 또 다른 두 명의 프랑스 수학자인 데카르트와 페르마에게 돌아갔다.

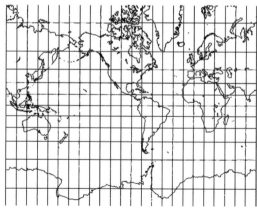

메르카토르가 제작한 세계 지도

반드시 짚고 넘어갈 것은, 데카르트
든 페르마이든 그들이 가장 처음 제시
한 것은 모두 기울어진 좌표계라는 점
이다. 다만 A와 B가 서로 수직이고 A는
가로선, B는 세로선인 직교 좌표계는
일종의 특수한 상황(두 사람 모두 3차원
좌표계의 가능성을 언급했다)으로 두었다.

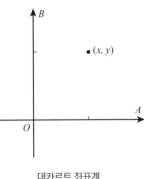

데카르트 좌표계

이때부터 사람들은 습관적으로 직교 좌표계를 데카르트 좌표계라고 불
렀다. 하지만 이것은 결코 데카르트가 페르마보다 먼저 발명했거나 더
위대하다는 것을 의미하지 않는다. 그들이 좌표기하학을 연구하는 방
법은 달랐다. 데카르트는 그리스 전통을 버리고 대수에서 답을 찾았다.
한편 페르마는 자신의 연구가 아폴로니오스의 발견을 새롭게 기술하는
것에 지나지 않았다고 여겼다. 페르마는 궤적의 방정식과 방정식을 이
용해서 곡선을 표시하는 원리는 매우 분명하다고 강조하며 직선, 원, 타
원, 포물선, 쌍곡선 방정식의 현대적인 형식을 제시했다.

데카르트와 페르마 두 사람이 해석기하학을 발명한 방식과 목적은
달랐지만 예기치 않게 우선권 다툼에 휘말리고 말았다. 1637년 데카르
트는 그의 철학서 『방법서설』에 부록의 형식으로 '기하학'을 발표했다.
여기에는 해석기하학의 전체 사상이 담겨 있다. 한편 페르마는 그보다
훨씬 이전인 1629년에 이미 좌표기하학의 기본 원리를 발견했다. 하지
만 그는 세상을 떠날 때까지 세상에 공개하지 않았다(그의 다른 수학 발견
모두 발표되지 않았다). 다행히 그들 모두 프랑스인이어서 다툼은 그다지
크게 번지지 않았다. 그러나 페르마는 파스칼의 지지를 얻었고 데자르

『방법서설』의 속표지, 부록3에
'기하학'을 첨부했다.

현대철학의 아버지 데카르트

그는 데카르트의 편에 섰다.

데카르트와 페르마가 만든 좌표계가 유일한 좌표계는 결코 아니다. 1671년 페르마의 좌표기하학 원리가 발표된 지 2년이 지난 후, 영국의 뉴턴도 자신의 좌표계인 '극좌표계'를 만들었다. 현대 수학언어로 극좌표계를 설명하면, 평면 위의 한 점을 O라 하고 O에서 출발한 반직선을 A라고 할 때 평면 위의 임의의 점 B는 점 O에서 점 B까지의 거리 r과 OB와 OA의 사잇각 θ으로 정해진다. 즉 순서쌍(r, θ)이 점 B의 극좌표이다. 어떤 곡선은 데카르트 좌표계에서보다 극좌표계에서 훨씬 더 간단하게 표현된다. 대표적인 예로는 아르키메데스의 나선, 현수선懸鏈線, 심장선, 삼엽장미선, 사엽장미선 등이 있다.

미적분학에 함수를 도입하다

해석기하학은 대수적인 기법을 기하학에 응용했을 뿐만 아니라 변량을 수학에 도입함으로써 미적분이 등장할 수 있는 길을 개척했다. 하지만 핵심적인 역할을 한 것은 함수 개념을 도입한 것이다. 미적분이란 시간에 따라 어떻게 변할지 쪼개어 예측하는 '미분'과 일어난 현상이 미치는 효과를 누적해서 장기적인 영향을 알아보는 '적분'을 아우르는 개념이다. 데카르트가 해석기하학 원리를 발표하고 5년이 지난 1642년에 영국 링컨 카운티의 작은 마을에서 뉴턴이 태어났다. 그해에 갈릴레이가 세상을 떠났다. 유복자로 태어난 뉴턴은 대단한 신동은 아니었지만 책 읽기를 좋아했고 중고등학교 시절부터 노트에 자신의 생각을 기록했다(뒤에서 다룰 가우스도 같은 습관이 있었다). 뉴턴은 이 노트를 '쓰레기책$^{waste book}$'이라고 불렀다. 훗날 그는 이것을 케임브리지 대학까지 가지고 가서 역학과 수학에 관한 아이디어를 적었다. 여기에는 미적분과 만유인력 등 자신의 연구에 대한 소감도 덧붙였다.

뉴턴이 22세가 되었을 무렵부터 노트에 미적분 연구를 기록하기 시작했다. 그는 줄곧 '유량^{fluent}'이라는 단어로 변량 사이의 관계를 표시했다. 그보다 조금 늦게 독일 수학자 라이프니츠가 먼저 '함수^{function}'라는 단어를 사용해서 수직선 위에 있는 임의의 점의 변동과 변동의 양을 표시했다. 그리고 이 곡선 자체가 하나의 방정식에서 나온 것이라고 확신했다. 특히 $f(x)$로 함수를 표시하는 방법은 스위스 수학자 오일러가 1734년 도입한 것인데 당시 함수는 이미 미적분학의 중심 개념이 되었다.

사실 미적분, 특히 적분학의 싹이 튼 시기는 고대까지 거슬러 올라간다. 앞에서 언급했듯이 넓이, 부피의 계산은 예로부터 수학자들이 흥미를 느끼는 문제였다. 고대 그리스, 중국, 인도의 저술 중에서 무한소를 이용해서 특수한 형태의 도형의 넓이, 부피, 곡선의 길이를 구하는 예는 적지 않았다. 그중에서 아르키메데스와 조충지 부자를 포함한 수학자들은 구의 부피를 성공적으로 산출해냈다. 또한 제논의 역설은 보통의 상수도 무한하게 나눌 수 있다는 사실을 알려주었다. 그러나 이것들은 모두 개별적이거나 정태적이었다. 이와 다르게 미적분은 주로 17세기에 생겨난 과학 문제를 해결하기 위해 쓰였다.

17세기 전반에 유럽에서는 천문학과 역학 분야에서 크나큰 발전이 생겼다. 네덜란드에서 안경점을 운영하던 한스 리퍼세이$^{Hans Lippershey}$가 최초로 망원경을 발명한 것이다. 이 소식을 들은 이탈리아인 갈릴레오 갈릴레이$^{Galileo Galilei}$는 서둘러 고배율 망원경을 만들었다. 그는 이 망원경으로 사람들이 알지 못하는 태양계의 수많은 비밀을 발견했다. 이를 통해 15세기 폴란드 천문학자 코페르니쿠스$^{N. Copernicus}$의 '지동설'이 맞다는

사실을 확인했다. 그러나 이 일은 그에게 재앙을 안겨주었다. 교회의 심문과 박해를 받아서 두 눈을 실명했고 결국 죽음을 맞은 것이다. 같은 시기에 그보다 7살 어린 독일 천문학자 케플러$^{J. Kepler}$는 덴마크의 튀코 브라헤$^{Tycho Brahe}$가 관측한 수치를 얻은 뒤 좀 더 정확한 수학적 추론 과정을 거쳐 '지동설'을 증명했다.

천문학자 코페르니쿠스

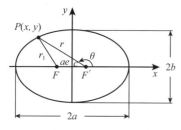

케플러가 알아낸 행성의 운행궤적은 타원형이다

코페르니쿠스, 튀코 모두 행성이 움직이는 궤적이 원(갈릴레이도 이를 부인하지 않았다)이라고 여겼다. 그런데 케플러는 행성의 운동법칙에 관해 "행성은 태양을 한 초점으로 삼아 타원궤도를 그리면서 공전한다"고 확신했다. 또 다른 2대 운동법칙에도 그의 수학적 재능(갈릴레이보다 높다고 보아야 할 것이다)이 여실히 드러난다. "태양으로부터 행성까지의 동경은 같은 시간 동안 행성이 쓸고 지나간 넓이와 같다.", "행성이 태양 주위를 도는 공전 주기의 제곱은 타원 궤도의 긴반지름의 세제곱에 비

례한다." 다행히도
갈릴레이는 인생의
후반기, 즉 16세기
후반에 자유낙하법
칙($s = \frac{1}{2}gt^2$)과 관성
의 법칙을 알아냈

물리학자 갈릴레이

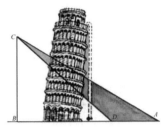

피사의 사탑과 자유낙하 실험

다. 여기에 그가 개척한 과학실험 방법까지 고려할 때 그의 성과는 결
코 케플러에 뒤지지 않는다.

케플러가 태어난 곳인 슈투트가르트^{Stuttgart} 부근의 바일이나 나중에
정착했던 프라하 모두 당시 유럽 문명의 중심지에서 멀리 떨어진 곳이
었다. 이런 이유로 그의 연구가 충분히 주목받지는 못했지만 오히려 그
덕분에 갈릴레이가 받았던 종교적 박해는 피할 수 있었다. 그렇다고 해
서 그가 행복한 삶을 살았다는 것은 아니다. 그는 허약했고 조산아로
태어나서 어려서부터 여러 가지 병을 앓았다. 또 불화한 부모 밑에서
자랐으며 그 자신도 끔찍한 결혼생활을 두 번이나 겪었다. 다행히 그에
게 수학과 천문학이 위로가 되어주었
다. 피타고라스와 플라톤의 영향으로
그는 우주가 수학적인 조화와 규칙에
부합한다는 사상을 믿으며 행성의 운
동규칙을 찾아내려고 애썼다. 어느 날,
케플러는 물건을 사러 시장에 나갔다
가 상인들이 술통의 부피를 엉터리로
계산하는 것을 보고 불만을 느꼈다.

프라하의 튀코와 케플러 동상

이에 회전체의 부피 계산 방법을 연구했고, 그 결과 아르키메데스가 발명한 구의 부피 공식을 대중화시킬 수 있었다.

케플러가 쓴 방법이 바로 미분학에서 말하는 '구분구적법求分求積法'이다. 즉 수없이 많은 무한소의 원소들의 합을 가지고 곡면의 겉넓이와 회전체의 부피를 구하는 것이다. 이에 반해 갈릴레이의 제자였던 이탈리아인 카발리에리는 오로지 수학 연구에만 전념했다. 그가 이룬 일생의 업적으로 '불가분량不可分量, method of indivisible' 이론을 꼽을 수 있다. 이 이론의 핵심은 선과 면 그리고 입체는 각각 무수히 많은 점·선·면으로 구성된다는 것이다. 그러나 카발리에리마저도 멱함수 x^n의 정적분만 구할 수 있었다. 여기서 n은 반드시 양의 정수이어야 한다. 영국 수학자 윌리스는 n을 분수 p/q로 변환했고 단지 $p=1$일 때의 결과만 얻었다.

미분학의 역사를 거슬러 올라가면 세 명의 선배 수학자를 열거할 수 있는데 그들은 데카르트, 페르마, 뉴턴의 스승인 배로우J. Barrow이다. 데카르트와 배로우는 일반적인 곡선의 접선을 구하기 위해 각각 후세 사람들이 일컫는 '원법圓法'이라는 대수적 방법과 '미분삼각형'의 기하학적 방법을 이용했다. 한편 페르마는 함수의 극값을 구할 때 미분학적 방법

뉴턴의 스승이었던 배로우

을 이용했다. 페르마와 다른 두 학자의 차이는 각자 사용한 기호가 달랐다는 것뿐이다. 실제로, 페르마는 이러한 방법을 통해 접선을 구할 수 있음을 알고 있었다. 왜냐하면 그가 메르센 신부에게 보내는 편지에서 "이에 대해서는 제가 다음 기회에 설명하겠습니다"라고 썼기 때문이다. 페르마는 위에서 언급된 여러

수학자 중에서 성공에 가장 근접한 사람이었다. 이제 뉴턴과 라이프니츠가 이룬 업적을 살펴보자.

뉴턴과 라이프니츠의 기나긴 싸움

앞서 17세기에 출현한 새로운 과학 문제를 언급했었다. 이 문제들은 미적분과 매우 밀접하게 관련되어 있다. 곡선의 접선을 이용하면 운동하는 물체가 어느 한 점에서 운동하는 방향을 정할 수 있고 또 광선이 투시경으로 들어올 때 법선과 이루는 사잇각을 구할 수도 있다. 함수의 최댓값을 이용하면 포탄을 최대 사정거리로 쏘아 올리는 발사각을 계산할 수 있으며, 행성이 태양으로부터 가장 가까울 때와 가장 멀 때의 거리를 구하는 것도 가능하다. 이외에도 주어진 물체가 이동한 거리를 시간의 함수로 표시해서 임의의 시각에서 이 물체의 속도와 가속도를 구하라는 문제도 있었다. 이와 같이 그다지 복잡하지 않은 동력학문제와 그 역이 되는 문제를 해결하기 위해 뉴턴이 찾아낸 방법이 바로 미적분이다.

뉴턴이 만든 미적분의 방법을 '유율법流率法'이라고 한다. 그는 케임브리지 대학에 다닐 때 유율법을 연구하기 시작했다. 당시 유행하던 페스트를 피하기 위해 고향 링컨 카운티에서 2년 동안 지내며 연구에 몰두했고 그 결과 놀라운 성과를 거두었다. 뉴턴 본인의 말에 따르면, 그는 1665

뉴턴의 사과나무, 필자가 케임브리지 대학에서 촬영한 사진

년 11월 '정正유율법(미분학)'을 발견했고, 이듬해 5월에 '반反유율법(적분학)'을 발표했다. 뉴턴은 미적분학을 연구하던 이전의 수학자들과 달리 미분과 적분이 서로 역연산 관계라는 사실에 주목했다. 이는 그의 경쟁자였던 라이프니츠도 마찬가지였다. 그가 남긴 노트인 '쓰레기 책'을 통해 우리는 뉴턴이 케임브리지 대학에서 배로우의 문하에서 수학했지만 오히려 옥스퍼드 대학의 월리스John Wallis와 데카르트의 영향을 더 많이 받았음을 알 수 있다(오히려 멀리 파리에 있는 라이프니츠가 배로우의 연구로부터 영감을 얻었다).

1669년, 케임브리지 대학으로 돌아온 뉴턴은 『무한급수에 의한 해석학에 관하여De Analysi per Aequationes Numeri Terminorum Infinitas』라는 소책자를 친구들에게 나누어주었다(이전에도 그는 운동학의 관점에서 이와 유사한 문제를 고민했었다). 이 소책자는 당시의 다른 학자들이 그랬듯이 라틴어로 쓰였다. 거기에는 곡선 y가 있을 때 그 아래쪽의 넓이는 다음과 같다는 가정이 있다.

$$z = ax^n$$

여기서 n은 정수 또는 분수가 될 수 있다. x의 무한소증분을 o라고 하고, x축, y축, 곡선과 $x+o$가 있는 세로 좌표를 둘러싼 넓이를 그는 $z+oy$로 표시했다. 여기서 oy는 넓이의 증분이다. 그렇다면 구하고자 하는 넓이는 다음과 같다.

$$z + oy = a(x + o)^n$$

뉴턴이 직접 고안한 이항 정리를 이용하면 위의 방정식 우항은 무한급수가 된다. 이 방정식을 앞에 나온 방정식과 상쇄하고, 방정식 양쪽을 o로 나누어 o를 가지고 있는 항을 제거하면 다음을 얻는다.

$$y = nax^{n-1}$$

현대 수학으로 설명하면, 임의의 점 x에서 넓이의 변화율은 곡선이 x에 위치할 때의 y의 값이다. 반대로 만약 곡선이 $y = nax^{n-1}$이면, 그 아래쪽의 넓이는 $z = ax^n$이다. 이것이 바로 미분학과 적분학의 가장 기초적인 형태이다. 2년 후 뉴턴은 『급수와 유율流率의 방법에 관하여De methodis serierum et fluxionum』에서 더 자세한 설명을 넣어 보완했다. 그는 변량을 '플루언트fluent', 변량의 변화율을 '유율fluxion'라고 불렀는데 '유율법'이라는 용어가 여기서 유래한 것이다.

뉴턴은 자신의 유율법을 접선, 곡률, 변곡점, 곡선의 길이, 인력과 인력 중심 등을 구하는 문제에 적용했다. 그러나 뉴턴도 페르마처럼 그 결과가 알려지는 것을 원치 않았다. 『무한급수에 의한 해석학에 관하여』는 친구들이 거듭 재촉한 끝에 1711년에야 발표했다. 또 다른 저작 『급수와 유율의 방법에 관하여』는 그가 죽은 뒤인 1736년에야 정식으로 출판되었다. 이보다 먼저 1687년에 세상에 나온 『자연철학의 수학적 원리Philosophiae Naturalis Principia Mathematica』(프린키피아Principia라고도 한다-역주)는 주로 기하학적인 증명 방법을 사용하고 미적분을 거의 사용하지 않고 있어서 학계로부터 제때

트리니티 칼리지 예배당 안의 뉴턴 조각상.

에 인정을 받지 못했다. 그러나 이 책이 근대에 가장 위대한 과학 저작이라는 평가는 전혀 흔들리지 않는다. 만유인력 법칙을 발견하고 케플러 3대 행성의 법칙에 대한 엄격한 수학적 추론만으로도 이 책의 명성은 후대에도 전해질만하기 때문이다.

한편 라이프니츠[G. W. Leibniz]는 미적분 이론을 뉴턴보다 늦게 발견했지만 발표는 1684년과 1686년으로 앞섰다. 이 일로 두 사람 사이에 길고 지루한 우선권 다툼이 벌어졌다. 뉴턴의 유율법이 물리학을 배경으로 한 것과 달리 라이프니츠는 기하학의 관점에서 출발했다. 엄밀히 말하면 그는 1673년에 파스칼이 원에 관해 쓴 논문을 읽고 영감을 얻었다. 그림에서 보듯, 곡선 c 위의 임의의 점 P가 만드는 작은 삼각형(빗변이 접선에 평행이다)과 아래쪽 삼각형의 변의 길이에 나타나는 비례관계를 이용하면 다음 식을 얻는다.

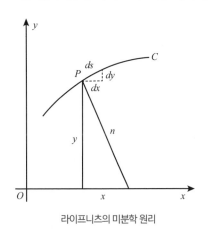

라이프니츠의 미분학 원리

$$\frac{ds}{n} = \frac{dx}{y}$$

여기서 n은 곡선 c에서 점 P에 내린 법선인데 이것으로 합을 구할 수 있다.

$$\int y ds = \int n dx$$

당시 그는 이 내용을 공식이 아닌 언어로 묘사했기 때문에 비교적 모호했다. 하지만 4년 후에 한 편의 수기 원고에서 미적분의 기본 정리를 명확히 서술했다.

라이프니츠는 일찍이 1666년에 〈결합법De Arte Combinatoria〉이라는 논문에서 다음 거듭제곱 수열을 고민했다.

$$0, 1, 4, 9, 16, 25, 36, \cdots$$

이 수열의 제1계 계차와 제2계 계차는 각각 1, 3, 5, 7, 9, 11, …과 2, 2, 2, 2, 2, …이다. 그는 제1계 계차의 합이 원래의 수열과 대응하고, 합을 구하는 것과 차를 구하는 것이 서로 역이라는 사실을 발견했다. 여기서 그는 미분과 적분이 서로 역연산인 관계를 떠올렸다. 데카르트 좌표계를 이용해서 곡선 위의 무수히 많은 점의 세로 좌표를 y의 수열로 표시하면 여기에 상응하는 가로 좌표의 점이 바로 x의 수열이다. x로 세로 좌표의 순서를 정하고 임의의 두 개의 연속하는 y값의 차를 수열로 나타냈을 때, 라이프니츠는 '접선의 기울기를 구하는 것(미분)은 차를 구하는 것이고, 면적을 구하는 것(적분)은 합을 구하는 것'임을 알아냈다.

그러나 그 다음 단계로 넘어가는 것은 쉽지 않았다. 라이프니츠는 불연속적인 차이 값을 점차 임의의 함수의 증분(어떤 구간의 변수 x가 a에서 b까지 변화했을 때, b-a를 가리킨다-편집자 주)으로 바꾸었다. 1675년 그는 중요한 적분 부호 ∫를 도입했고 이듬해에 멱함수의 미분과 적분 공식을 확립했다. 라이프니츠의 미적분 기본 정리를 현대 수학 언어로 설명하면 다음과 같다. 세로 좌표를 y로 하는 곡선 아래쪽의 넓이를 구하려면 그 접선의 기울기가 $\frac{dz}{dx} = y$인 곡선을 구해야 한다. 구간 $[a, b]$에서 $[0, b]$의 면적에서 $[0, a]$의 면적을 빼면 다음을 얻는다.

$$\int_a^b yds = z(b) - z(a)$$

널리 알려진 대로 이 공식은 '뉴턴-라이프니츠 공식'이며 흔히 '미적분의 기본 정리'라고 한다.

사실 라이프니츠가 수학에 몰두한 이유는 정치적인 야심 때문이었다. 당시 독일은 춘추전국시기의 중국과 같아서 자신의 영토에서 백성들을 지배하던 제후들이 할거했다. 어느 해 여름, 라이프니츠는 여행길에서 마인츠 선제후(로마 황제를 뽑을 수 있는 권한을 갖는 제후를 말하며, 구텐베르크가 태어난 마인츠Mainz는 활자 인쇄술의 발명 이후 명성이 높아졌다)의 전임 수상을 만났다. 그는 이미 자리에서 물러났지만 정치적인 영향력은 여전히 컸다. 그는 선제후에게 해박한 지식과 유머를 겸비한 청년 라이프니츠를 추천했다.

당시 프랑스는 유럽에서 강대국이었다. 태양왕 루이 14세는 강력한 권력을 쥐고 있어서 어느 때든 북방의 이웃 나라를 침공할 수 있었다.

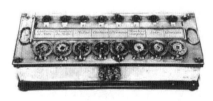
파스칼의 덧셈 기계

라이프니츠의 계산기

이런 상황에 대처하기 위해 선제후의 법률 고문인 라이프니츠는 수시로 묘책을 내놓았다. 대표적인 것은 프랑스가 이집트를 정복했을 때 썼던 유인술로 루이 14세의 관심을 북방으로부터 돌린 것이다. 그 후 26세의 라이프니츠는 파리로 파견되어 그곳에서 4년 동안 지냈다. 그때 데카르트, 파스칼, 페르마 모두 세상을 떠났지만 라이프니츠는 운이 좋게도 네덜란드에서 온 수학자 하위헌스$^{C.Huygens}$를 만났다. 그는 진자이론과 빛의 파동이론 창시자이다.

라이프니츠는 자신이 과학기술 분야에서 낙후된 독일에서 받은 교육에 한계가 있음을 깨닫고 겸허히 새로운 지식을 받아들였다. 특히 수학에 흥미를 느낀 그는 하위헌스부터 따로 지도를 받았다. 라이프니츠는 부지런했고 머리가 좋은데다 당시 수학의 기초가 지금보다는 무척 단순해서 그가 파리를 떠날 때는 주요한 수학적 발견을 이미 섭렵했다(처음 파리로 오면서 맡았던 임무는 이미 안중에도 없었다). 그는 2진법을 고안했고 이어서 파스칼의 덧셈 기계를 개선해서 곱셈, 나눗셈, 제곱까지 계산하는 기계식 계산기를 만들었다. 물론 그의 가장 큰 업적은 당연히 무한소의 계산, 즉 미적분의 발명이었다.

이는 수학 역사에서 획기적인 성과이며 이 발명 덕분에 수학은 자연과학과 실생활에서 매우 중요한 역할을 맡기 시작했다. 또한 수학을 좋아하는 사람들에게 수많은 일자리를 제공했는데 이는 20세기 컴퓨터의 발명이 가져온 효과와 같았다. 이외에도 라이프니츠는 행렬식 이론을 세웠고 또한 대칭의 미를 자랑하는 이항 정리를 임의의 변량에까지 확대시켰다. 그리고 그가 27세였던 1673년, 런던을 여행하는 기간에 마침내 원주율의 무한급수 공식을 발견했다. 이 공식이 나온 뒤로 오랜 옛날부터 원주율을 정확히 계산하려는 학자들 사이의 경쟁을 영원히 끝낼 수 있었다.

$$\frac{\pi}{4} = 1 - \frac{1}{3} + \frac{1}{5} - \frac{1}{7} + \cdots$$

뉴턴의 경쟁자 라이프니츠

라이프니츠의 묘, 하노버에서 필자가 촬영한 사진

라이프니츠가 런던에서 파리로 돌아온 지 얼마 되지 않아 그의 후원자가 세상을 떠났다. 그는 여러 차례 프랑스 과학원의 원사와 외교관의 직위를 신청했지만 뜻대로 되지 않아서 결국 가정교사 활동으로 생계를 유지했다. 1676년 10월, 30세의 라이프니츠는 브라운슈바이크Braunschweig 공작의 초청을 받아 하노버Hanover로 갔다. 그곳에서 공작의 법률 고문 겸 도서관 관장을 맡아 일하다 여생을 보냈다. 그는 계속해서 수학, 철학과 과학을 연구했고 뛰어난 성과 덕분에 유럽 여러 황실로부터 초청을 받기도 했다.

마지막으로 살펴볼 것은 스승과 제자의 관계가 아닌 수학자 사이에 일어난 연구의 계승이다. 이것은 예술가들 사이의 영혼의 교감 혹은 영감과 같은 것이다. 오일러는 페르마를 이어서 연구를 계승했고, 라이프니츠는 파스칼의 연구에 주목했다. 그가 미적분을 만든 것은 파스칼의 삼각형에서 영감을 얻었기 때문이다. 그가 만든 곱셈, 나눗셈, 제곱까지 계산이 가능한 계산기도 파스칼의 덧셈 기계를 개선한 것이다. 파스칼의 삼각형은 두 변량의 이항식 계수에 관한 것인데 라이프니츠는 이것을 임의의 여러 변량으로 확대했다. 라이프니츠는 철학과 인문학 영역에서도 파스칼의 발자취를 따랐다. 뿐만 아니라 두 사람은 평생 미혼으로 지냈다는 공통점도 있다.

마무리: 천재들의 시대, 수학 발전에 가속기를 달다

12세기부터 유럽인은 아라비아인을 통해 중국의 제지술을 배운 이후 양피지와 파피루스 대신 종이를 사용했다. 약 1450년 구텐베르크가 서양에서 처음으로 활자 인쇄술을 발명한 이후로 수학, 천문학 저작이 대량으로 출판되었다. 1482년에는 라틴어판 『원론』이 처음으로 베네치아에서 인쇄되었다. 이 외에도 유럽인은 중국에서 나침반과 화약을 받아들였다. 나침반은 원양 항해를 가능하게 했고, 화약은 전쟁의 방식과 방어시스템을 바꾸어놓았다. 그 결과 포사체의 운동을 연구하는 것이 중요해졌다.

대량의 그리스 저작이 유입되었고 고대 그리스인이 삶을 대하는 자세가 유럽 특히 이탈리아에 전파되었다. 여기에는 대자연에 대한 탐구, 이성에 대한 숭상과 의존, 물질세계의 향유, 건강한 심신의 추구, 표현의 욕구와 자유 등이 포함된다. 그중에서 예술가들이 가장 먼저 자연에 대해 관심을 보였고 또 수학이 자연계의 본질이라는 그리스 철학을 가장 먼저 진지하게 받아들였다. 그들은 실천을 통해 수학, 특히 기하학을 배웠으며 그 결과 알베르티, 다빈치와 같은 르네상스식 인물이 탄생했다. 알베르티가 수학에 보인 관심과 연구는 직접적으로 수학의 한 분야를 태동시켰으니 그것이 바로 '사영기하학'이다.

연역적 추리가 널리 응용되면서 자연과학 분야에서 수학 용어, 수학적 방법, 수학적 결론이 더욱 많이 사용되었다. 이와 동시에 과학과 수학이 융합하면서 그 발전 속도가 더욱 빨라졌다. 갈릴레이에서부터 데카르트에 이르기까지 이들 모두 세계는 운동하는 물질로 이루어졌다고 생각했고 과학의 목적은 이 운동의 수학적 규칙을 밝히는 것이라고 보았다. 뉴턴의 3대 운동의 법칙과 만유인력의 법칙이 이를 보여주는 가장 좋은 예이다.

유클리드 기하학 이후 미적분은 수학에서 가장 중요한 역할을 차지했다. 사실 미적분의 출현에는 심오한 사회적 배경이 담겨 있다. 첫째, 미적분은 17세기 물리학, 천문학, 광학, 군사과학 등을 포함한 몇 가지 주요한 과학 문제를 처리하고 해결하기 위해 등장했다. 둘째, 곡선의 접선 문제의 해를 구하려는 수학 자체적인 필요에 의해 등장했다. 이와 동시에 해석기하학의 출현으로 변량이 수학 영역으로 들어갔다. 이에 따라 운동과 변화를 양적으로 나타내는 것이 가능해졌고 이것이 미적분이 수립되는 기초가 되었다.

위대한 수학은 위대한 수학자에 의해 만들어진다. 이런 이유로 알프레드 화이트헤드에 따르면 17세기는 '천재들의 세기'이다. 인류 문명의 발전사에서 17세기는 그 영향력이 지대했다. 그 원인을 살펴보면 우선 수학이 새로운 분야를 개척하고 심화되었기 때문인데 특히 미적분과 해석기하학의 탄생이 이를 대표한다. 또한 고대 그리스 이후 수학과 철학이 다시금 결합해서 여러 명의 위대한 사상가, 즉 데카르트, 파스칼, 라이프니츠 등을 배출하여 빛나는 역사의 한 장을 써내려갔다.

이제 데카르트$^{R. Descartes}$와 파스칼$^{B. Pascal}$ 이 두 프랑스인의 성장 과정을 살펴보자. 두 사람은(페르마를 포함해서) 모두 지방 출신으로 유년기에 모친을 잃었고 어려서부터 허약하고 병치레가 잦았다. 다행히 그들 모두

부친으로부터 우수한 교
육을 받았다. 그러나 수
학에 대한 관심은 이들
모두 자발적인 것이었
다. 수학과 관련된 훈련
을 받은 적이 없는 파스
칼은 12세가 되는 해에

파스칼 초상화

파스칼의 『팡세』

기하학에서 하나의 공리를 유도해냈다. 즉 삼각형의 세 내각의 합은 두
개의 직각과 같다는 것이다. 아마추어 수학자였던 그의 부친은 그때서
야 비로소 그에게 유클리드 기하학을 가르쳤다. 한편 데카르트는 네덜
란드에서 군인으로 있는 동안 군영의 칠판에 수학 문제의 풀이를 구하
는 공고를 보고 수학에 흥미를 느꼈다.

데카르트와 파스칼 두 사람 모두 수학과 과학에서 중요한 이론을 발
견했음에도 그 결과로 따라오는 영예를 거부하고 약속이나 한 듯이
수학과 과학에 쏟았던 열정을 철학으로 돌렸다. 데카르트는 『방법서
설$^{Discours de la méthode}$』, 『세계$^{Le Monde}$』, 『제일철학에 관한 성찰$^{Meditationes de Prima}$
^{Philosophia}』과 『철학의 원리$^{Principia Philosophiae}$』를 저술했다. 파스칼은 『시골친
구에게 쓴 편지$^{Les Provinciales}$』, 『팡세^{Pensées}』를 남겼다. 갈릴레오 갈릴레이가
교회의 심판을 받은 사건의 영향으로 데카르트는 추상적인 형이상학에
몰두했는데 이는 철학에는 유리했으나 과학에는 이롭지 않았다. 한편
파스칼은 독실한 믿음과 애정 결핍 때문에 그의 저서에 더 많은 경건함
과 감정적 요소를 담았고 프랑스는 물론 세계 문학사에 길이 남을 주옥

같은 작품을 남겼다.

데카르트는 철학 사상을 전통철학의 속박에서 벗어나게 한 첫 번째 인물이다. 이 때문에 후인들은 그를 '근대 철학의 아버지'라고 부른다. 철저한 이원론자인 그는 영혼과 육체를 명확히 구분했다. 그중 영혼의 작용은 유명한 그의 철학적 명제 '나는 생각한다, 고로 나는 존재한다' 에 분명히 드러나 있다. 데카르트가 제시한 이 명제는 철학사에서 중요한 의의를 갖는다. 이에 반해 파스칼은 인간의 한계를 충분히 이해하고 인간의 연약함과 부족함을 일찍부터 간파했다. 그는 무한소 혹은 무한대에 대해 감탄과 경외심을 느꼈다. 물론 그의 수학적 발견은 유한한 공간에서 얻은 것이지만 말이다.

이제 파스칼 삼각형과 수학적 귀납법에 대해 알아보자. 인도인, 페르시아인, 중국인 등은 일찍부터 이 정수 삼각형의 다양하고 흥미로운 성질에 주목했다. 그중에 파스칼이 최초로 이를 수학적 귀납법을 이용해서 증명했다. n행의 k번째 원소와 $k+1$번째 원소의 합은 $n+1$행 $k+1$번째 원소와 같다. 이는 아마도 수학적 귀납법을 이용해서 처음으로 명확하게 밝힌 명제일 것이다. 후에 이 명제는 수, 특히 양의 정수의 무한집합과 관련된 명제를 증명하는데 자주 쓰였다. 이것은 유한을 이용해서 무한에 이르는 효과적인 방법이다. 수학적 귀납법의 초기 형태는 유클리드가 소수의 무한성을 증명했던 것으로 거슬러 올라갈 수 있다. 수학적 귀납법이라는 명칭은 영국 수학자 드 모르간이 붙인 것이다.

데카르트와 파스칼 모두 과학과 인문학 양대 영역을 넘나들었던 거인이다. 그들의 영향 아래 프랑스인은 수학을 전통문화의 구성 요소이자 가장 우수한 요소로 받아들였다. 실제로 17세기 이래 프랑스 수학은 발전을 이어갔고 위대한 학자들이 계속해서 배출되었다. 낭만과 우아함으로 유명한 프랑스인에게 이것은 대단한 영예가 아닐 수 없다. 그렇지만 그들은 수학을 출세의 수단으로 여기지는 않았다. 1936년부터 필즈상이 수여된 이래로 이미 11명의 프랑스인이 이 상을 수상했다. 참고로 가장 많은 수상자를 배출한 나라는 미국으로 13명이다.

프랑스 수학과 인문주의의 영향을 받아 파리에 남았던 라이프니츠는 러셀이 칭송하는 '천고의 위대한 현자'가 되었다. 그는 미적분을 창안했을 뿐만 아니라 다양한 분야에 영향을 끼친 '모나드론^{Monadology}'도 제기했다. 라이프니츠는 우주는 각기 다른 정도의 영혼과 비슷한 모양의 무수한 '모나드'로 구성되며 그것은 최종적이고 단순하며 확장이 불가능한 정신적 실체이자 만물의 기초라고 보았다. 결국 인류와 다른 동물이 정도에 차이만 있을 뿐 같은 성분으로 이뤄져 있으며 생물과 생명이 없는 존재물도 마찬가지라는 것이다. 라이프니츠에 따르면 우리로 하여금 행동하게 만드는 요인은 잠재의식이라고 한다. 이는 우리가 자신이 생각한 것보다 동물에 훨씬 더 가깝다는 것을 의미한다. 또한 모든 사물은 서로 연관되어 있고 '어떤 단일한 실체도 다른 실체와 연결되어 있다'고 보았다.

제6장

18세기 종합예술의 번영과 프랑스대혁명

자연과학의 발전은 그 방법과 내용이 수학과 결합한 정도에 따라 결정된다.

따라서 수학은 지식의 대문을 여는 황금 열쇠이자 '과학의 여왕'이다.

– 임마누엘 칸트

18세기 유럽·러시아 수학에 영향을 끼친 인물 연표

1710 스코틀랜드 철학자·역사가 데이비드 흄(D. Hume, 1711~1776)
프랑스 수학자 장 르 롱 달랑베르(Jean-Baptiste Le Rond d'Alembert, 1717~1783)
이탈리아 수학자 마리아 아녜시(Maria Gaetana Agnesi, 1718~1799)

1720 영국 정치경제학자 애덤 스미스(Adam Smith, 1723~1790)
독일 철학자 임마누엘 칸트(I. Kant, 1724~1804)

1730 스코틀랜드 발명가 제임스 와트(J. Watt, 1736~1819)
프랑스 수학자 조제프루이 라그랑주(J. L. Lagrange, 1736~1813)

1740 프랑스 수학자 니콜라 드 콩도르세(Condocet, 1743~1794)
폴란드 천문학자 니콜라우스 코페르니쿠스(N. Copernicus, 1473~1543)
프랑스 수학자 가스파르 몽주(Gaspard Monge, 1746~1818)
스코틀랜드 수학자·과학자 존 플레이페어(J. Playfair, 1748~1819)
프랑스 수학자 피에르시몽 드 라플라스(P. S. Laplace, 1749~1827)

1750 이탈리아 수학자 로렌초 마스케로니(L. Mascheroni, 1750~1800)
프랑스 수학자 아드리앵마리 르장드르(Adrien-Marie Legendre, 1752~1833)
영국 화가 윌리엄 블레이크(W. Blake, 1757~1827)

1760 프랑스 수학자 조제프 푸리에(Jean Baptiste Joseph Fourier, 1768~1830)

1770 독일 철학자 게오르크 빌헬름 프리드리히 헤겔(G. W. F. Hegel, 1770~1831)
영국 소설가 월터 스코트(W. Scott, 1771~1832)
헝가리 수학자 포르코슈 보요이(Farkas Bolyai, 1775~1856)
영국 소설가 제인 오스틴(J. Austen, 1775~1817)
프랑스 수학자 소피 제르맹(Sophie Germain, 1776~1831)
독일 수학자 카를 프리드리히 가우스(C. F. Gauss, 1777~1855)

1780 오스트리아 천문학자 리트로(Joseph von Littrow, 1781~1840)
프랑스의 수학자·물리학자 시메옹 드니 푸아송(Siméon Denis Poisson, 1781~1840)
프랑스 수학자 오귀스탱 루이 코시(A. L. Cauchy, 1789~1857)

1790 영국 수학자 찰스 배비지(Charles Babbage, 1792~1871)
러시아 수학자 니콜라이 로바쳅스키(N. Lobachevsky, 1792~1856)
프랑스 수학자 사디 카르노(S. Carnot, 1796~1832)

아마추어 수학자 페르마의 마지막 정리

르네상스 시기 화가들은 회화가 공간예술을 대표하며 기하학과 밀접한 관계를 맺고 있다는 사실을 파악했다. 고대 그리스 수학자 피타고라스와 그의 제자들이 대수 혹은 산술이 시간 예술을 대표하는 음악과 떼려야 뗄 수 없는 관계임을 인지했던 것과 같다. 재미있는 한 가지 현상은, 17세기 후기에 들어서야 유럽에서 처음으로 위대한 음악가들이 태어났다는 것이다. 이탈리아의 비발디[A. Vivaldi], 독일의 바흐[J. S. Bach], 영국의 헨델[G. F. Handel] 등은 회화나 조각의 대가들보다 늦게 출현했다. 수학에서도 미적분이 탄생하기 전, 오로지 기하학만이 수학에서 중요한 자리를 차지하고 있었고 그 핵심은 당연히 유클리드 기하학이었다.

과거 유럽의 수학자들은 대부분 자신을 기하학자라고 칭했다. 유클리드의 명언 중 하나인 "기하학에 왕도는 없다"와 플라톤의 아카데메이아 입구에 세운 팻말 속의 "기하학을 모르는 사람은 출입을 금한다." 모두 이 점을 암시하고 있다. 심지어 파스칼 자신도 『팡세』에서 이렇게 말했다. "통찰력이 있는 기하학자는 민감한 사람이다. 하지만 민감한 사람이 자신의 통찰력으로 기하학을 응용할 수 있다면 그 역시 기하학자가 될 수 있다."

데카르트 좌표계가 등장하면서 대수적 방법을 통해 기하학으로 건너갈 수 있는 다리가 놓였고 대수에도 변화가 생겼다. 그러나 당시 대수학은 여전히 방정식을 푸는 데에 매달렸기 때문에 진정한 변혁을 맞으려면 19세기까지 기다려야 했다. 이는 기하학도 마찬가지였다. 가장 먼저 새로운 바람이 분 영역은 바로 수론이다. 수론은 자연수 혹은 정수의 성질과 그 상호관계에 주목하면서 줄곧 대수의 주변을 서성거렸던 가장 오래된 수학의 분과이다. 수학에 불어온 새로운 바람은 한 익명의 아마추어 수학 애호가의 흥미와 관심으로 말미암았는데 그가 바로 프랑스 남부 도시 툴루즈의 정부 관리였던 피에르 드 페르마 Pierre de Fermat 이다.

피에르 드 페르마

수도 파리에서 멀리 떨어진 시골 출신인 페르마는 낮에는 사법 업무를 처리하고 저녁 시간과 휴일에 수학을 연구했다. 당시 프랑스는 법관이 사교 모임에 참석하는 것을 허용하지 않았다. 친구나 지인을 법정에서 만나게 될 경우 사적인 감정에 치우칠 수 있기 때문이었다. 이런 이유로 현지의 상류층을 멀리하게 된 페르마는 오로지 수학 연구에 전념했고 중요한 정리를 다수 발견했다. 그는 특히 수론에 관한 문제에 관심이 많아서 여러 가지 명제와 추측을 제시했다. 이것을 훗날의 수학자

페르마 대정리를 증명한 와일스

들이 수세기에 걸쳐 연구하느라 분주했다.

페르마가 완전하게 증명을 마친 정리는 그다지 많지 않다. 그중 유명한 것은 모든 홀수 소수를 오로지 한 가지 방식으로만 두 제곱수의 차로 표시하는 방법이다. '$4n+1$ 형태의 홀수 소수가 정수를 변으로 갖는 직각삼각형의 빗변이 되는 경우의 수는 오로지 한 번이고, 이 정수의 제곱은 두 가지 경우의 수, 그 세제곱은 세 가지 경우의 수이다' 등이 있다.

$$5^2 = 3^2 + 4^2$$
$$25^2 = 15^2 + 20^2 = 7^2 + 24^2$$
$$125^2 = 75^2 + 100^2 = 35^2 + 120^2 = 44^2 + 117^2$$

페르마는 대부분 정리의 결론만 제시했을 뿐(편지 혹은 수학 문제를 푸는 시합에서 출제하는 방식) 증명은 제시하지 않았다. 예를 들면 정수를 변으로 하는 직각삼각형의 넓이는 정수의 제곱수가 되지 않는다. 모든 자연수는 네 개(혹은 네 개보다 적은)의 제곱수의 합으로 표시할 수 있다. 그런데 이 결론을 확장한 것이 바로 유명한 '웨어링의 문제Waring's problem(에드워드 웨어링Edward Waring이 1770년에 제기한 문제로, 모든 자연수는 최대 's'개의 'k' 제곱의 합으로 쓸 수 있는가하는 문제이다-역주)'이다. 이에 관한 연구로 중국 수학자 화나겅華羅庚이 처음으로 국제적인 명성을 얻었다. 그는 해석수론, 대수학, 복소변수함수론, 수치분석 등의 영역에서 큰 업적을 남겼다.

위에서 페르마가 제기한 두 가지 명제는 훗날 프랑스 수학자 라그랑주Lagrange가 증명했다. 오일러는 생애 중에서 상당한 시간을 페르마가 남긴 수학 문제를 연구하는 데 바쳤다. 예를 들어 페르마는 음수가 아닌 모든 정수 n에 대해

$$F_n = 2^{2^n} + 1$$

이면, 모두 소수(페르마 소수)가 된다고 추측했다. $0 \leq n \leq 4$의 경우에 대해 페르마는 검증을 끝냈다. 그런데 오일러는 F_5가 소수가 아님을 알아냈고, F_5의 소인수 중 하나인 641을 찾아냈다. 이 이후로 다시는 새로운 페르마 수를 찾지 못했다.

1740년 페르마는 친구에게 보내는 편지에 나누어떨어지는 수에 대한 명제를 언급했다. 즉 p가 소수이고, a가 p와 서로소인 임의의 정수이면, $a^p - 1$은 p로 나누어떨어진다. 거의 100년이 지난 후에 오일러는 이 명제를 증명했을 뿐 아니라 이것을 임의의 양의 정수로 확장했고 훗날 '오일러 파이 함수'라고 부르는 '$\varphi(n)$'을 고안했다. 오일러 파이 함수란 1부터 n까지의 양의 정수 가운데에서 n과 서로소인 것의 개수를 나타내는 함수이다. 예를 들면 $\varphi(1) = \varphi(2) = 1$, $\varphi(3) = \varphi(4) = \varphi(6) = 2$, $\varphi(5) = 4$, $\cdots$ 와 같은 식이 주어졌을 때, 만약 a와 n이 서로소(두 수 사이에 1을 제외한 공약수가 없는 것)이면 $a^{\varphi(n)} - 1$은 n으로 나누어떨어짐을 증명했다.

위에 언급한 결과와 그 확장은 각각 '페르마 소정리'와 '오일러 정리 Euler's theorem'로 불린다. 흥미로운 것은, 현대 사회에서 대두된 정보 보안 문제가 공개키 암호화 방식RSA(1977)을 암호학의 강력한 도구로 만들었는데 오일러의 정리가 그 밑바탕이 되었다는 점이다. 그러나 다음에서 언급할 '페르마 대정리'라고 불리는 추론(1637)은 오일러도 해결하지 못했다. 이 정리는 다음과 같으며, $n \geq 3$일 때 아래 방정식은 양의 정수해를 갖지 않는다.

$$x^n + y^n = z^n$$

$n=2$일 때는 피타고라스 정리로, 무수히 많은 양의 정수해의 집합을 가지며 명확한 공식으로도 나타낼 수 있다. $n=4$일 때의 증명은 페르마가 내린 것이고, 오일러는 단지 $n=3$($n=4$일 때보다 어렵다)의 증명만 제시했는데 그조차도 완전하지 않았다.

이후 300여 년 동안, 페르마의 대정리를 해결하기 위해 뛰어난 두뇌를 가진 무수히 많은 학자들이 나섰다. 그리고 20세기 말에서야 마침내 미국에 머물고 있던 영국 수학자 앤드루 와일스가 증명에 성공했다. 이 소식은 페르마의 초상과 함께 〈뉴욕 타임스〉 헤드라인에 올랐다. 사실, 와일스가 증명한 것은 일본의 두 수학자가 명명한 타니야마-시무라^谷^{山·志村予想} 추론의 일부이다. 이 추론은 타원 곡선과 모듈러 형식의 관계를 보여준다. 타원 곡선은 산술 성격이 강한 기하학의 영역이고 모듈러는 해석 영역에서 나온 고도의 주기성 함수이다. 앤드루 와일스의 성공은 페르마 정리를 증명하기 위해 수많은 수학자들이 시도한 연구들이 쌓여 이룬 성과이다.

특별히 주목해야 할 것은 독일 수학자 쿠머^{E.E.Kummer}가 소개한 이상수^{理想數, ideale Zahl} 이론이다. 그는 이를 통해 대수적 수론이라는 새로운 분야의 기초를 다졌다. 이는 어쩌면 페르마의 대정리보다 더 중요한 의의를 갖는다. 페르마는 고대 그리스 수학자 디오판토스의 저작 『산술』 라틴어판의 여백에 자신의 주석(추측)을 적어놓았다. 이 주석의 다음에 장난을 좋아하고 세상을 등지고 살아온 이 수학자는 주석의 주석을 한 줄 더 덧붙였다. "이 명제를 증명할 기막힌 방법이 있지만 안타깝게도 여백이

좁아서 적을 수 없다." 참고로 쿠머의 첫번째 부인이 작곡가 멘델스존[F. Mendelssohn]과 사촌이며, 멘델스존은 수학자 디리클레[G.Dirichlet]의 처남이다.

페르마는 수론 이외에 광학에서도 페르마의 원리를 비롯한 수많은 성과를 남겼다. 페르마의 원리란, 두 점 사이를 지나가는 광선은 직선이든 굴절되어서 구부러지든 가장 빠른 경로를 선택한다는 것이다. 여기서 얻을 수 있는 추론은 빛은 진공 상태일 때 직선으로 전파된다는 점이다. 수학 분야에서 페르마는 데카르트와는 별도로 해석기하학의 기본 원리를 발견했고, 곡선의 최댓값과 최솟값을 구함으로써 미분학의 창시자라는 영예를 얻었다. 또 그와 파스칼이 주고받았던 서신을 바탕으로 확률론이 생겼다.

이 두 수학자가 처음 토론한 것은 도박 문제였다. 즉 실력이 비슷한 두 도박사 A와 B가 있는데 A가 2점(판) 혹은 2점 이상을 따면 이기고, B가 3점 혹은 3점 이상을 따면 이길 때 두 사람의 승률은 각각 얼마인가? 페르마는 A가 이기는 경우를 a, B가 이기는 경우를 b로 표시하고 최대 4점을 얻으면 승부가 갈리기 때문에 아래와 표와 같이 승부를 정리했다.

$$aaaa \quad aaab \quad abba \quad bbab$$
$$baaa \quad baba \quad abab \quad babb$$
$$abaa \quad bbaa \quad aabb \quad abbb$$
$$aaba \quad baab \quad bbba \quad bbbb$$

표를 보면 쉽게 알 수 있듯, A가 이길 확률은 $\frac{11}{16}$이고, B가 이길 확률은 $\frac{5}{16}$이다.

이쯤에서 확률론보다 조금 늦게 등장한 통계학을 살펴보자. 통계학은 주로 데이터를 수집해서 확률론을 이용하여 수학 모형을 세우고, 정량 분석과 총결을 거친 뒤 판단과 예측을 제시해서 정책 결정 기관에 참고할 내용과 근거를 제공한다. 통계학이 필요한 영역은 물리학에서부터 사회과학, 인문과학은 물론 상공업, 정부 정책에 이르기까지 다양하다. 대표적인 사례가 보험업, 전염병학, 인구조사, 설문조사 등이다. 오늘날 통계학은 이미 수학에서 독립했고 컴퓨터공학의 등장 이후 수학에서 파생된 또 하나의 분야가 되었다. 제1장에서 아리스토텔레스가 통계학의 시조라고 소개했지만 당시만 해도 통계학은 진정한 학문으로 자리 잡지 못했다.

확률론이 도박에서 시작된 것과 같이 통계학은 사망률 분석에서 시작되었다. 1666년 런던대화재로 세인트폴 대성당을 비롯해서 수많은 건물이 불에 탔고 골칫거리였던 페스트도 없어졌다. 직물 상점의 사장이었던 그랜트[J. Graunt]는 직장을 잃자 그때부터 과거 130년 동안 런던의 사망 기록을 분석하기 시작했다. 그는 두 개의 생존율(6세와 76세)을 토대로 이후 각 해에 살아남을 다른 연령의 인원수 비례와 그 예상 수명을 예측했다. 1693년에 영국 천문학자 핼리[Edmond Halley]도 독일 브로추아프[Wroclaw](현재는 폴란드에 속한다)의 사망률을 가지고 통계를 냈다.

다시 페르마의 대정리로 돌아가자. 이것은 한때 '황금알을 낳는 거위'로 불렸다. 와일스가 이 정리를 정복했음을 선언했을 때 수학계에서는 환호성이 터졌지만 일각에서는 탄식하는 사람들도 있었다. 앞으로 수론의 발전을 이끌 문제가 없어졌으니 걱정이 됐던 것이다. 그러나 몇 년이 지나지 않아 'abc 추론'의 중요성이 새롭게 주목받았다. 이것은 정수의 연산 중에서 덧셈, 곱셈과 관련된 부등식이다. n이 자연수일 때, 이 부등식의 근은 이 수가 가지는 서로 다른 소인수의 곱이며 $rad(n)$로 표시한다. 예를 들면 $rad(12) = 6$이다. 1985년, 프랑스 수학자 조제프 외스트를레[Joseph Oesterlé]와 영국 수학자 데이비드 매서[David Masser]가 이 abc 추론을 제기했다. 그 일반해[general solution](방정식에서 해는 존재하지만 단 하나로 정해지지 않을 때 임의의 수, 함수 등을 포함한 넓은 의미의 해-역주)는 '$a + b = c$, $(a, b) = 1$을 만족하는 임의의 양의 정수 a, b, c는 항상 다음 식을 만족한다'는 것이다.

$$c \leq \{rad(abc)\}^2$$

abc 추측 혹은 그 일반해를 해결하는 것은 수론에서 매우 중요한 문제들을 해결하는 촉진제가 된다. 이와 동시에 여러 유명한 정리와 추론도 쉽게 증명할 수 있다. 여기에는 페르마 대정리 등 네 가지 필즈상을 수상한 연구가 포함된다. 페르마 대정리를 예로 들어 설명해보자. 조건을 뒤집어서 $n \geq 3$일 때 양의 정수 x, y, z가 존재한다면, $x^n + y^n = z^n$에서부터 $a = x^n$, $b = y^n$, $c = z^n$을 취하면, abc 일반해에 따라 $z^n < [rad(xyz)^n]^2 < (xyz)^2 < z^6$라는 결과가 나온다. 따라서 $n = 3, 4$ 또는 5 이 세 가지 경우를 배제할 수 있다.

해석학과 함께 발전한 종합예술

과학 영역에서 눈부신 발전을 이룩한 서유럽의 여러 나라에게 17세기부터 18세기의 과도기는 상대적으로 안정적인 시기였다. 그러나 유럽 북부에서는 몇 가지 변화가 일어났다. 1700년, 러시아 표트르 대제

Peter the Great 는 '율리우스력Julian calendar'을 채택해서 1월 1일을 한 해의 첫날로 삼았고 군사를 중심으로 각 분야에서 개혁을 단행했다. 그해 여름, 투르크와 30년 동안 휴전하기로 협정을 체결한 지 일주일 후 러시아는 폴란드, 덴마크와 동맹을 맺고 스웨덴에 '제2차 북방대전'을 일으켰다. 수학, 미술, 건축을 사랑한 스웨덴 국왕 카를 12세는 친히 군대를 이끌고 곧바로 코펜하겐까지 가서 덴마크를 반 스웨덴 동맹에서 탈퇴하게 만들었다. 독일에서는 베를린 과학원이 설립되었고 라이프니츠가 초대 원장을 맡았다.

태평성대가 이어진 덕분에 미적분학은 도입된 후 지속적으로 발전해서 다양한 분야에 적용되었고 새로운 수학 분야를 수없이 만들었다. 이에 따라 '해석'이라는 개념과 방법에서 명확한 특징과 새로운 영역을 개척했다. 수학사에서 18세기는 '해석학의 시대'이자 현대수학으로 나아가는 과도기로서 매우 중요한 시기이다. 미분과 적분을 토대로 함수

바이마르(Weimar)의 동방정교회 성당. 옆의 대공가(大公家) 지하실에 괴테와 실러의 관이 나란히 안치되어 있다.

의 연속성에 관해 연구하는 해석학이 기하학과 대수를 종합했듯이, 예술에서도 공간예술과 시간예술 이외의 '종합예술' 장르가 탄생했다. 그 대표적인 예가 연극(그리고 영화)이다. 연극은 회화 또는 조각처럼 공간에서 전시되고, 음악 또는 시가처럼 시간의 연속이라는 속성이 있다. 르네상스 이후, 유럽의 연극은 빠른 속도로 발전했다.

특히 17세기는 프랑스 연극의 황금시대인데, 위대한 극작가 코르네유[P.Corneille], 몰리에르[Moliere]와 라신[Jean Racin] 모두 이 시기에 살았다. 영국 엘리자베스 시대의 연극(그중 셰익스피어가 가장 유명하며 그의 작품 『베니스의 상인』, 『로미오와 줄리엣』, 『폭풍』에서 일어나는 이야기 모두 이탈리아 반도에서 발생했다)은 이탈리아 르네상스 시기의 연극에서 영향을 받았다. 프랑스의 현대 연극은 스페인 연극에서 영향을 받았다. 초기 작품인 코르네유의 『르 시드[Le Cid]』의 주인공 르 시드가 스페인 민족 영웅인 것에서도 유추할 수 있다. 독일 연극 또한 18세기에 이르러서 두각을 나타내기 시작했다. 레싱[G.E.Lessing], 괴테[J.Goether], 실러[F.Schiller] 등의 극작가들이 활약했다.

이제 미적분의 발전으로 돌아가자. 뉴턴과 라이프니츠의 초기 연구는 이미 새로운 학문의 맹아를 품고 있었다. 이는 18세기 수학자들에게 남겨준 과제이기도 하다. 미적분학이 발전하려면 반드시 미적분 자체를 완성하고 확장해야 하는데 이를 위해서는 우선 초등 함수를 정확히 인식해야 했다. 대수함수對數函數(f를 x, y에 관한 다항식이라고 했을 때, $f=0$으로 결정되는 x의 함수 y를 이르는 말-역주)를 예로 들어보자. 그 기원은 기하급수와 산술급수의 항과 항 사이의 관계인데, 지금은 유리함수 $\frac{1}{1+x}$의 적분함수가 되었다. 또 대수함수는 상대적으로 성질이 간단한 지수함수指數函數의 역함수이기도 하다.

뉴턴 이후 영국의 수학자들은 주로 함수의 멱급수冪級數 전개식 연구 분야에서 성과를 거두었다. 그중 테일러[B. Taylor]는 오늘날 '테일러 정리'라 불리는 다음의 중요한 성과를 거두었다.

$$f(x+h) = f(x) + hf'(x) + \frac{h^2}{2!}f^{(2)}(x) + \cdots$$

이 정리는 임의의 함수를 멱급수로 전개하는 것을 가능하게 만들었다. 따라서 이것은 미적분이 한 단계 더 발전할 수 있는 강력한 무기가 되었다. 훗날 프랑스 수학자 라그랑주는 이를 가리켜 미분학의 기본 원리라고 불렀다.

테일러는 이 정리를 증명하면서 급수의 수렴과 발산을 고려하지 않았다. 하지만 그가 재능 있는 화가이고 『직선투시』(1715) 등에서 투시의 기본 원리를 논했고, '소실점'의 수학적 원리를 가장 먼저 설명한 점을 고려한다면 이 부분은 살짝 눈감아줄 수 있을 것이다. 널리 알려진 것처럼 테일러 급수 중에서 $x = 0$의 특수한 상황을 '매클로린 급수^{Maclaurin} ^{series}'라고 부른다. 매클로린$^{C.Maclaruin}$은 테일러보다 열세 살 어릴 뿐만 아니라 이 공식을 테일러보다 늦게 발표했는데도 그의 이름이 붙여진 것은 순전히 운이 좋았기 때문이다. 그 이유는 우선 테일러가 생전에 이름이 알려지지 않은데 반해 매클로린은 어려서부터 신동으로 유명했기 때문이다.

매클로린은 뉴턴의 '유율법'을 지지했고 21세 때 이미 영국 학술원 회원이 되었다. 그러나 테일러와 매클로린이 세상을 떠난 뒤 영국 수학

오일러의 묘

18세기 수학자 오일러

은 오랜 침체기에 빠졌다. 미적분 발명의 우선권 다툼은 영국 수학자의 국수주의와 보수적인 심리를 자극했다. 그 결과 그들은 뉴턴 학설 중에 있는 오류의 한계에 발목이 잡혀서 오랫동안 벗어나지 못했다. 이와 대조적으로 유럽 대륙의 수학자들은 라이프니츠가 쌓은 기초 위에서 풍성한 성과를 얻었다.

유럽 중부에 자리 잡은 스위스만을 예로 들어보자. 18세기 이 높은 산으로 둘러싸인 작은 나라는 여러 명의 위대한 수학자를 배출했다. 요한 베르누이^{Johann Bernoulli}가 가장 먼저 함수 개념을 공식화했고 치환적분, 부분적분 전개 등의 '적분 기법'을 도입했다. 그가 바젤대학에서 가르쳤던 학생 오일러는 18세기의 가장 위대한 수학자라

가장 많이 쓰이는 수학 기호 5개가 포함된 오일러 공식

할 만하다. 그는 미적분의 모든 부분까지 자세하게 연구했다. 오일러는 함수를 하나의 변수와 몇 가지 상수를 일정한 형식에 따라 만든 해석적 표현식이라고 정의했다. 또 다항식, 멱급수, 지수, 대수, 삼각함수 그리고 다원함수를 포괄적으로 다루었다. 오일러는 함수의 대수적 연산을 사칙연산을 포함한 유리식과 제곱근을 포함한 무리식 두 종류로 나누었다.

$x > 0$일 때, 오일러는 대수함수를 다음과 같이 정의했다.

$$\ln x = \lim_{n \to \infty} \frac{x^{\frac{1}{n}} - 1}{\frac{1}{n}}$$

또한 지수함수의 극한도 제시했는데 x를 임의 실수라고 할 때 다음과

같다.

$$e^x = \lim_{n \to \infty} \left(1 + \frac{x}{n}\right)^n$$

여기서 e는 오일러의 첫 글자이다. 이 외에 오일러는 입력값이나 원인을 나타내는 독립변수와 결과물이나 효과를 나타내는 종속변수를 이용해 양함수와 음함수를 구분했다. 또한 $y = f(x)$에서 y값이 변숫값에 한 개만 대응하느냐 두 개 이상 대응하느냐에 따라 단가함수와 다가함수로 나누었다. 그리고 함수의 종류인 연속함수(오늘날의 해석함수와 같다), 초월함수와 대수함수의 정의를 내렸다. 이밖에도 함수의 멱급수 전개식을 구상했고, 어떤 함수도 전개할 수 있다고 단정지었다(꼭 그런 것은 아니다).

오일러는 많은 연구 논문을 쓴 다작의 수학자인데 다산의 능력은 결혼 생활에도 이어져서 여러 명의 자녀를 낳았다. 또한 그는 물리학, 천문학, 건축학과 항해학 등 다양한 분야를 연구했다. 그는 다음과 같은 명언을 남겼다. "우리 두뇌가 이해할 수 있는 것이라면 무엇이든 서로 관련되어 있다."

이성의 지위를 높인 근대 수학의 영향력

미적분학은 끊임없이 발전해왔고 엄격해졌으며 계속해서 보완하고 다원화되었다. 함수 개념이 심화된 동시에 다른 영역으로 신속하고도 널리 응용되면서 새로운 수학 분야를 형성했다. 특히 수학과 역학의 관계가 그 어느 때보다 긴밀해졌는데 당시의 서양 수학자들 대다수가 역학자^{力學者}였다. 이는 고대 동양의 수많은 수학자들이 천문학자이기도

했던 것과 같다. 새로 만들어진 수학
분야는 상미분방정식, 편미분방정식,
변분법, 미분기하학과 대수방정식 등
이다. 이외에 미적분의 영향은 수학 범

베르누이의 현수선

주를 넘어 자연과학 영역까지 진입했고 심지어 인문과학과 사회과학
분야에도 침투했다.

상미분방정식(미지함수가 독립변수를 한 개만 포함한 미분방정식-역주)은
미적분의 성장과 함께 발전했다. 17세기 말 이래로 사이클로이드^{Cycloid}
의 운동규칙, 탄성이론, 천체역학 등의 영역에서 제기된 실제 문제들이
미분함수가 포함된 일련의 방정식을 파생시켰다. 그중 가장 유명한 것
이 '현수선 문제'이다. 즉 양쪽으로 고정되어 자연스럽게 아래로 처진
유연하지만 늘어나지 않는 줄의 곡선방정식을 구하는 것이다. 이 문제
는 요한 베르누이의 형인 야코프$^{Jakob\ Bernoulli}$가 제기했고, 라이프니츠가
이름을 붙였다. 요한 베르누이가 제시한 현수선방정식은 다음과 같다.

$$y = c \cosh\frac{x}{c}$$

위에서 c는 상수이며 줄의 단위 길이 당 중량에 따라 결정되고, cosh
는 쌍곡 코사인 함수이다. 상미분방정식은 계수(미분방정식에 포함된 도함
수의 최고차수를 그 미분방정식의 계수^{階數}라 한다-역자)가 높은 고계미분방정
식까지 풀 수 있게 되었다. 마지막으로 오일러와 라그랑주 두 대수학자
의 보완을 거쳐서 오일러가 처음으로 방정식의 '특수해'(미분방정식을 풀
때 해당 미분방정식을 만족시키는 특수한 해-역주)와 '일반해'를 명확히 구분
했다.

편미분방정식은 좀 더 늦게 등장했는데 1747년 프랑스 수학자, 계몽주의의 선구자인 달랑베르d'Alembert가 처음으로 연구했다. 현의 진동을 만드는 곡선문제에 관해 발표한 그의 논문에 편미분방정식의 개념이 들어있다. 달랑베르는 태어나자마자 교회의 계단에 버려졌는데 어느 유리장인이 그를 데려다 키웠다고 한다. 그래서 그는

편미분방정식의 선구자 달랑베르는 계몽주의 사상가이기도 하다

거의 모든 학문을 혼자 배웠다. 훗날 오일러가 기본 값이 사인 급수인 조건에서 사인과 코사인 급수의 특수해를 제시했다. 또한 악기에서 나오는 음악의 미학적 문제에서 영향을 받은 오일러는 라그랑주와 고막의 진동과 소리의 전파로 생기는 파동방정식을 연구하기도 했다.

편미분방정식에 공헌이 큰 또 다른 수학자는 프랑스인 라플라스P.S. Laplace이다. 그가 바로 아래의 라플라스 방정식을 세웠다.

$$\frac{\partial^2 V}{\partial x^2} + \frac{\partial^2 V}{\partial y^2} + \frac{\partial^2 V}{\partial z^2} = 0$$

여기서 V는 포텐셜 함수potential function이기 때문에 라플라스 방정식을 포텐셜 방정식이라고도 부른다. 포텐셜론은 당시 주목받았던 역학 문제, 즉 두 물체 사이의 인력을 해결했다. 만약 물체의 질량이 거리에 상대적이어서 무시하고 계산하지 않는다고 할 때, V의 편도수는 두 질점(질량을 갖지만 공간적 퍼짐을 갖지 않은 단일점-역주)에 대한 중력의 세기이고, 이것은 뉴턴의 만유인력공식으로 제시될 수 있다.

한편 변분법의 탄생은 훨씬 더 드라마틱하다. '변량의 미적분'이란 뜻인 변분법의 응용 범위는 대단히 넓다. 비누 거품부터 상대론까지, 즉

지선부터 극소곡면까지, 그리고 또 평면상에 주어진 길이의 폐곡선 가운데 최대 면적을 둘러싼 것을 구하는 등주^{等周}문제까지 아우른다. 그러나 가

위에 점에서 아래 점으로 떨어지는 최단 하강선은 직선이 아닌 곡선이다

장 처음에는 한 가지 간단한 문제에서 시작됐는데, 가장 빠른 하강 곡선을 구하는 것이다. 동일하지 않은 평면 위 동일하지 않은 수선에 있는 두 점 사이의 곡선을 구하는 방법으로, 하나의 질점(물체의 질량을 한 점에 집중해 그 물체를 대표하도록 하는 점-편집자 주)으로 하여금 중력의 영향 아래에서 가장 빠른 속도로 한 점에서 다른 점으로 미끄러져 가도록 하는 것이다. 이 문제는 요한 베르누이가 공개적으로 해를 구한 이후로 뉴턴, 라이프니츠, 요한 베르누이의 형 야코프 베르누이까지 전 유럽의 수학자들의 주목을 받았다. 사실 이 문제는 주어진 특수한 함수의 극값을 구하는 것이다. 알려진 바로는 뉴턴이 이 문제의 답을 익명으로 투고했는데, 요한 베르누이가 뉴턴이 쓴 답임을 한눈에 알아보고는 "발톱을 보니 이는 한 마리 사자임에 틀림없다"라고 말했다고 한다.

수많은 수학자들의 공동 노력으로 이상의 여러 수학 분야가 생기고 여기에 미적분학이 더해져서 '해석'이라는 수학의 영역이 형성되었다. 이에 따라 해석과 대수, 기하는 나란히 근대 수학의 3대 영역이 되었다. 그런데 사람들로부터 받은 관심의 정도는 나중에 생긴 분과가 훨씬 더 높았다. 실제로 오늘날 대학 수학과의 기초 과정 중에서 해석학이 고등 대수 혹은 해석기하학보다 더 중요시된다. 미적분도 기하와 대수 연구에 응용되었는데 가장 먼저 성공을 거둔 것은 미분기하학이다. 하나의 점 근처로 제한된 정의역의 기하학적 성질만을 연구하는 것을 국소적^局

^{所的} 미분기하학(곡면의 유한한 부분 혹은 전부를 논할 때 '대역적^{大域的} 미분기하학'이라고 한다)이라고 하며, 이에 대해서는 다음에 상세히 다룰 것이다.

미적분의 탄생 그리고 다른 자연과학과 발생하는 관계는 사상가들의 열정을 자극했다. 그들은 수학 방법이 물리학과 몇몇 규범 과학에서 응용했던 합리성과 확정성을 매우 신뢰했고, 이러한 신뢰를 전체 지식 영역에서도 적용하고자 했다. 데카르트는 모든 문제는 수학 문제로, 수학 문제는 대수문제로 귀결되고, 대수문제는 다시 방정식을 푸는 문제로 귀결된다고 보았다. 달리 말하면 그는 수학적 추리 방법을 믿을만한 방법으로 보고, 이 의심의 여지없는 수학적 기초 위에 새롭게 지식 체계를 세우고자 시도했다.

라이프니츠의 야심 역시 결코 작지 않았다. 그는 삼라만상을 포괄하는 미적분과 보편적인 기술적 언어를 만들어서 인류의 모든 문제를 곧바로 해결하고자 했다. 라이프니츠의 계획 중에서 수학은 중심이자 출발점이었다. 그는 인간의 사고를 몇 가지 기본적이고, 구분할 수 있고, 상호 중복되지 않는 부분으로 나누었다. 이것은 24와 같은 합성수^{合成數}를 소인수 2와 3의 곱으로 표시하는 것과 같다. 비록 라이프니츠의 계획이 실현되기 어려웠지만 19세기 후반과 20세기에 발전한 논리학이 그가 제시한 '인공언어^{artificial language}(사용 전부터 규칙이 명확히 확립되어 있는 언어-역주)' 기호 체계를 기초로 한다. 그래서 오늘날 그를 '수리논리학의 아버지'라고 부른다.

한편 미적분의 등장은 종교에도 직접적이고 분명한 영향을 끼쳤다. 종교는 인간의 정신생활과 세속생활에서 중요한 역할을 한다. 뉴턴은 신에게 세상을 창조한 공을 돌렸지만 대신 신의 영역을 일상생활 속으

로 제한했다. 라이프니츠는 신의 영향력을 깎
아내렸다. 그도 신이 세상을 창조한 공을 인
정했지만 신마저도 이미 정해진 수학 질서에
따른다고 생각했다. 이렇게 이성의 지위가 올
라가자 신에 대한 인간의 신앙은 예전만큼 경
건하지 않았다. 하지만 이것은 수학자와 과학

<독립선언서>의 초안을 작성
한 토마스 제퍼슨

자들의 본래 의도는 아니었다. 플라톤은 신을
기하학자라고 믿었고 뉴턴도 신을 뛰어난 수
학자이자 물리학자로 보았다.

18세기에 이르러서 미적분학의 발전과 함
께 새로운 변화가 생겼다. 프랑스 계몽운동의
선구이자 정신적인 지도자 볼테르Voltaire는 뉴
턴 수학과 물리학의 충실한 신도였고 '자연신

토지측량원 출신인 조지 워싱턴

론'을 주도했다. 자연신론이란 이성과 자연을 동등하게 보는 이론으로
당시 지식인들 사이에서 급속히 유행했다. 미국에서는 그 추종자로 토
마스 제퍼슨Thomas Jefferson과 벤저민 프랭클린Benjamin Franklin이 있다. 토마스
제퍼슨은 고등수학을 장려하고 전파하는 데 크게 기여했다. 실제로 조지
워싱턴George Washington을 포함해서 미국의 초기 대통령 7명은 자신의 신앙
이 기독교라고 밝히지 않았다. 자연신론자에게 자연은 곧 신이고, 뉴턴
의『자연철학의 수학적 원리』가 '성경'이었다. 미적분은 철학과 신학의
호위를 받으며 경제학, 법학, 문학, 미학 등의 분야에서 지대한 영향을
끼쳤다.

세계에서 가장 유명한 수학 가문, 베르누이家

튀니지(Tunisia)에서 있는 카르타고 고성.

스위스 출신의 수학자들 즉 베르누이 가문의 수학자들과 오일러가 미적분학이 발전하고 그것을 응용하는 데에 기여한 사실은 이미 언급한 바 있다. 이제 세계에서 가장 유명한 수학자 가문을 만나보자. 그들은 미적분을 위해 이 세상에 태어났다고 말해도 지나치지 않는다. 베르누이 가문의 조상은 원래 벨기에 앤트워프^{Antwerp}에 거주했다. 그들은 신교 중 하나인 위그노파를 믿었는데 이 교파 역시 칼뱅주의자, 청교도처럼 천주교회와 왕권의 핍박을 받았다. 그래서 어쩔 수 없이 고향을 떠나야 했던 때가 1583년이다. 그들은 처음 독일 프랑크푸르트에 도착했지만 다시 스위스로 가서 바젤에 정착했고 현지의 명망 높은 귀족과 결혼해서 성공한 약재상이 되었다.

한 세기가 넘게 지나서 이 가문에서 첫 번째 수학자 야코프 베르누이가 태어났다. 그는 독학으로 라이프니츠의 미적분을 통달했고 후에 바젤대학에서 수학 교수로 일했다. 처음 야코프가 공부한 것은 신학이었다. 나중에 그는 부친의 반대를 무릅쓰고 수학을 연구했고 교회의 임명마저 거부했다. 1690년 그는 처음으로 '적분$^{calculus\ integralis}$'이라는 용어를 사용했다. 이듬해 현수선 문제를 연구했고 그것을 교량 설계에 응용했다. 그는 순열과 조합 이론, 확률론에서 대수법칙, 지수급수를 이끈 베르누이 수$^{Bernoulli\ numbers}$(자연수의 거듭제곱의 합 및 이들의 역수의 무한합과 관련된 수-역주)와 변분법 원리 등 중요한 연구 성과를 거두었다.

카르타고^{Carthage}를 세운 디도^{Dido} 여왕에 관해 전해오는 이야기가 있다. 어느 날 여왕은 물소가죽을 얻은 뒤 사람들에게 이것을 잘라 가느다란 띠로 만들게 했다. 여왕은 이 물소가죽의 띠를 반원 모양으로 연결해서 최대한 넓은 면적의 토지를 둘러쌌다. 이것이 바로 어떤 값을 최대화 하거나 최소화 하는 함수 모양이 어떻게 되는가를 다루는 미적분학의 한 분야, '변분법'의 유래이다. 이 이야기는 또 다른 버전이 있다. 지중해 사이프러스 섬의 디도 여왕은 오빠 피그말리온이 자신의 남편을 살해하자 아프리카 해안으로 달아났다. 그녀는 현지 추장에게 땅을 사서 거기에 카르타고를 건설했다. 토지 매매 계약서에는 사람이 하루 동안 최대한 넓게 판 도랑의 넓이만큼 성을 지을 수 있다는 조항이 있었다. 로마 시인 베르길리우스^{Vergilius}와 오비디우스^{Ovidius}는 이 두 남매 각자의 감동적인 러브스토리를 소재로 해서 서사시를 짓기도 했다.

베르누이 수 B_n은 수론에서 대체 불가한 역할을 하는데 그 정의는 다음의 점화식에서 얻을 수 있다.

$$B_0 = 1, B_1 = -\frac{1}{2}, B_n = \sum_{k=0}^{n} \binom{n}{k} B_k (n \geq 2)$$

여기서 $\binom{n}{k}$는 이항계수이다. 베르누이 수는 언제나 유리수임을 쉽게 알 수 있는데 그 성질은 매우 독특하다. $n \geq 3$일 때, 홀수항 베르누이 수 $B_n = 0$임을 쉽게 증명할 수 있다. 그런데 p가 홀수 소수일 때, B_{p-3}의 성질은 지수가 p일 때 페르마 대정리가 성립하는지 여부를 직접적으로 결정한다. 베르누이 수가 주어지면 베르누이 다항식을 도출할 수 있으며 이것은 수론과 함수론에서 매우 중요하다. 야코프가 죽은 뒤, 그의 비석에는 대수 나선과 함께 "비록 바뀌었더라도 원래의 모습으로 돌아올 것이다$^{\text{Eadem mutata resurgo}}$"라는 구절이 새겨있다.

앞서 소개했던 요한 베르누이는 야코프의 10살 어린 동생이다. 하지만 그가 수학에서 이룬 성과는 형과 비교할 때 전혀 손색이 없다. 요한은 처음에는 의학을 공부했다. 그는 바젤에서 근육 수축에 관한 논문으로 박사학위를 받았다. 후에 그는 부친의 반대에도 형을 따라 수학을 연구해서 네덜란드 그로닝겐 대학에서 수학 교수로 일했고 야코프가 세상을 떠난 뒤에야 고향으로 돌아왔다. 요한이 남긴 업적 중 가장 잘 알려진 것은 분자와 분모 모두 0으로 가까이 가는 0/0꼴의 분수식 극한을 구하는 방법이다.

$x \to a$일 때, 함수 $f(x)$와 $F(x)$ 모두 0으로 가까이 가고, 점 a의 근처(점 a 자체는 제외)에서 $f'(x)$와 $F'(x)$ 모두 존재하고 또 $F'(x) \neq 0$이라고 할 때, $\lim\limits_{x \to a} \dfrac{f'(x)}{F'(x)}$ 가 존재(유한 또는 무한)하면, $\lim\limits_{x \to a} \dfrac{f(x)}{F(x)} = \lim\limits_{x \to a} \dfrac{f'(x)}{F'(x)}$ 가 성립한다.

이 방법을 그의 프랑스 제자 로피탈$^{\text{Marquis de l'Hôpital}}$이 자신의 책에 수록했는데, 이 때문에 로피탈의 정리로 잘못 알려졌다. 이외에 요한은 미적분을 이용해서 최속하강선, 등시곡선$^{\text{等時曲線, isochrone}}$ 등 곡선의 길이와 넓이를 구했다.

요한은 학술적으로 형인 야코프와 경쟁했고(두 사람 모두 라이프니츠의 친구였다) 성격이 괴팍하고 시샘이 많았지만 매우 뛰어난 교사였다. 그는 로피탈과 같은 학생을 배출했을 뿐만 아니라 자신의 두 아들도 수학자로 키웠다. 그의 큰아들 니콜라우스$^{\text{Nikolaus Bernoulli}}$와 둘째 아들 다니엘

Daniel Bernoulli 모두 상트페테르부르크 과학원의 초빙을 받았다(이후 각각 법학 교수와 의사로 일했다). 이 두 형제가 자신들의 친구 오일러를 러시아에 추천했고, 덕분에 오일러는 러시아에서 생애 최고의 시간을 보낼 수 있었다. 요한의 막내아들은 수년 동안 수사학 교수로 지낸 뒤 부친의 뒤를 이어 수학 교수로 일했다. 베

베르누이 가문의 제2 대 수학자 다니엘

르누이 가문의 수학에 대한 사랑은 여기서 그치지 않는다. 요한의 막내아들이 낳은 두 아들도 처음에는 각각 다른 직업에 종사했으나 훗날 수학에 귀의했다.

베르누이 가문의 제2대와 제3대 수학자 모두 제1대만큼 출중하지는 못

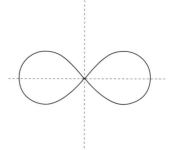

베르누이 쌍곡선

했다. 그러나 다니엘만큼은 예외였다. 그는 위대한 수학자 오일러의 경쟁자였다. 오일러가 그랬듯 다니엘은 프랑스 과학원으로부터 장학금을 열 번이나 받았고 때로는 오일러와 함께 받은 적도 있었다. 상트페테르부르크 과학원에서 바젤로 돌아온 뒤 그는 해부학, 식물학, 물리학 교수를 차례로 역임했다. 그러면서도 미적분학, 미분방정식, 확률론 등 여러 수학 영역에서 많은 업적을 남겼다. 베르누이 가문이 수학 분야에 남긴 업적을 기리기 위해 1990년대 네덜란드에서 〈베르누이〉라는 학술지가 발행되었다. 수학자(가문)의 이름을 딴 학술지로는 〈계간 피보나치〉 이후 두 번째이다.

마지막으로 기체 또는 액체동역학에서 쓰이는 베르누이 정리를 알아보자. 현대의 비행기 설계사에게 직접적으로 영감을 준 이 정리는 운동하는 유체의 역학적 총 에너지(공기나 물처럼 흐를 수 있는 유체의 압력에 의한 에너지와 임의의 수평면에 대한 중력에 의한 위치 에너지, 그리고 유체의 운동 에너지의 총합)는 항상 일정하다는 것이다. 베르누이 정리에 따르면, 유체가 수평으로 유동하면 중력 위치에너지는 변화가 없고, 유속이 빨라지면 단위 면적당 유체의 압력은 감소한다. 이는 수많은 공학 문제의 이론적 기초가 되었다. 예를 들면 비행기의 날개를 설계할 때 날개 위쪽은 곡선으로, 아래쪽은 거의 평평하게 설계한다. 곡선으로 된 날개 위쪽은 공기 흐름이 빨라지고 날개 아래쪽은 공기 흐름이 느리다. 이때 날개 아래쪽에 받는 압력이 위쪽보다 커지는데 이 때문에 상승력이 생기는 것이다. 이 베르누이 정리는 다니엘 베르누이가 제시한 것이다.

나폴레옹이 품은 수학에 대한 열정

1769년, 31세의 라그랑주는 베를린 과학원에서 수학물리학부의 주임 교수를 맡고 있었다. 20세의 라플라스는 파리 군사학교에 초빙되어 수학 교수로 일했다. 이 두 사람의 제자이자 친구였던 나폴레옹 보나파르트는 지중해의 코르시카Corsica 섬의 아작시오Ajaccio에서 태어났다. 그가 태어나기 바로 1년 전만 해도 이 섬은 프랑스가 아닌 이탈리아 반도의 제노바가 통치했다. 만약 이 섬에 관한 거래가 몇 년 늦추어졌다면 나폴레옹은 성년이 된 뒤 이탈리아의 영토 확장에 힘을 기울이거나 그의 부친이 그랬듯 프랑스에 저항하는 지하조직에 가담했을 것이다. 사실 나폴레옹의 가문은 한때 토스카나Toscana의 귀족이었는데 토스카나의 행정 중심지가 바로 르네상스의 발상지인 피렌체이다.

코르시카에 프랑스를 저항하는 단체가 조직됐지만 얼마 지나지 않아 그 지도자는 도피하고 말았다. 여기에 가담했던 나폴레옹의 아버지는 아들의 교육과 미래를 위해 새로운 정치 세력에 굴복하여 아작시오 지역의 배심원을 맡았다. 이렇게 해서 9세의 나폴레옹은 군사학교 예과에 들어갈 기회가 주어졌고 후에 여러 차례 전학을 다닌 뒤 파리 군사학교를 졸업했다. 수학에 재능이 있던 그는 파리 군사학교에서 수학자 라플라스를 만났다. 1785년 나폴레옹이 16세 되던 해에 그의 부친이 병으로 세상을 떠났고, 학교에서는 라플라스에게 나폴레옹의 시험 감독을 단독으로 맡겼다.

나폴레옹은 학교를 졸업한 뒤 포병소위로 임관했다. 이때 그는 전략과 전술에 관한 책을 많이 읽었다. 얼마 후 그는 코르시카로 돌아가서 2년을 지냈는데 여기서 그가 고향에 각별한 정이 있었음을 알 수 있다. 이후에도 그는 여러 차례 고향을 찾았다. 만약 적절한 지원을 받았다면

아마추어 기하학자 나폴레옹

그는 어쩌면 그 지역의 독립을 위해 일했을지도 모른다. 그러나 혁명의 분위기가 점차 절정에 이르면서 나폴레옹은 파리에 매료되었다. 볼테르와 루소^{J.J.Rousseau}의 저서를 읽은 나폴레옹은 프랑스에 한차례 정치적 변혁이 일어나리라 믿었다. 그러나 1789년 7월 14일(프랑스 건국기념일), 파리의 군중이 국왕의 폭정을 상징하는 바스티유 감옥을 함락했을 때 정작 나폴레옹은 다른 지역에 있었다.

프랑스 대혁명 기간에 탄생한 라 마르세예즈(La Marseillaise)

프랑스 대혁명은 프랑스의 기존 정권을 무너뜨렸을 뿐만 아니라 유럽의 정세도 바꾸어놓았다. 역사학자들마다 이 혁명이 일어난 원인을 다르게 해석하지만 널

리 인정받는 다섯 가지 원인은 다음과 같다. 첫째, 당시 유럽에서 프랑스의 인구가 가장 많아서 생활에 필요한 물품이 턱없이 부족했다. 둘째, 경제 규모가 성장하면서 부를 축적한 부르주아 계층이 늘어났지만 정치권력에서는 배제되는 현상이 다른 나라에 비해 프랑스에서 더욱 두드러졌다. 셋째, 농민들이 자신들을 착취하는 봉건제도에 대해 불만을 품기 시작했고 이 불만은 갈수록 커져갔다. 넷째, 이때 일부 철학자들이 정치사회 변혁을 주장했고 그들의 저작이 널리 유행했다. 다섯째, 프랑스 정부는 미국의 독립전쟁에 참전한 여파로 국고가 텅텅 비어서 심각한 재정난을 겪고 있었다.

1793년 1월, 프랑스 왕 루이 16세는 단두대로 보내졌다. 그의 죄명은 반혁명죄였다. 혁명이 일어나기 전에 프랑스 혁명가들은 이미 유럽 여러 나라의 반혁명 정권을 향해 전쟁을 선포했다. 프랑스 국내 상황도 매우 위태했다. 이듬해 겨울, 프랑스 남부의 항구도시 툴롱^{Tollens}에서 나폴레옹은 포병을 지휘해서 영국 군대를 격파했다. 그 공로로 그는 명성을 얻었고 24세의 나이에 준장으로 진급했다. 1년 후 왕당파가 백색테러를 감행하며 파리에서 반란을 선동했지만 이들의 음모를 안 나폴레옹에 의해 진압되었다. 이때에 이르러 26세의 코르카스 출신의 나폴레옹은 프랑스 대혁명의 구세주이자 영웅이 되었다.

오랜 역사를 자랑하는 파리 대학교$^{Université de Paris}$와 프랑스 과학원이 1793년에 국민공회에 의해 문을 닫았다. 1795년 이들을 대신해서 파리 이공대학$^{Ecole Polytechnique}$과 프랑스 학사원이 세워졌다. 파리 고등사범학교는 이보다 1년 전에 세워졌다. 원래 이 학교들은 기술 장교와 교사를 양성하기 위해 설립되었는데 모두 수학 교육을 중시했다. 이것은 아마도

수학자이자 혁명가였던 콩도르세

처음 학교 건설을 책임졌던 콩도르세^{Condocet}가 수학자였던 것과 관계가 있을 것이다. 그는 라그랑주, 라플라스, 르장드르^{Legendre}, 몽주와 같이 프랑스에서 유명한 수학자들을 모두 불러들였다. 그중에서 몽주는 파리 이공대학의 초대 학장을 맡았다.

그러나 나폴레옹이 권좌에 오르기까지는 몇 년의 시간이 더 지나야 했다. 그동안 그는 군대를 이끌고 전장을 누볐다. 이탈리아, 몰타와 이집트에 모두 그의 발자취를 남겼고 그가 지휘한 전투에서 대부분 승리를 거두었다. 그가 군대를 이끌고 귀국했을 때, 군사와 정치 분야의 대권을 독점했는데 이는 마치 이집트에서 돌아온 로마의 줄리어스 시저와도 같았다. 18세기의 마지막 성탄절, 프랑스는 새로운 헌법을 공포했다. 그리고 이 헌법에 따라 나폴레옹은 제1통령이 되어 무소불위의 권력을 차지했다. 장관, 장군, 정부 관리, 지방관을 임명하고 심지어 입법부 의원을 뽑는 데에도 영향을 미칠 수 있었다. 이때부터 그의 수학자 친구들도 연달아 고관으로 임명되었다.

나폴레옹은 프랑스 대혁명을 계기로 권좌에 올랐지만 야심만만했던 그는 국민의 주권과 의지, 의회의 토론을 믿지 않았다. 오히려 수학자나 법학자와 같이 이성적이고 재능과 지혜를 가진 인재에게 마음을 쏟았다. 그러나 전쟁은 여전히 계속되었고 영토 확장을 이제 막 시작했기 때문에 제1통령으로서 정권을 공고히 하고 제국의 위업을 완성하려면 군대를 정비해야 했다. 그래서 파리 이공대학은 군의 전력 증강을 위해 포병 장교와 기술 장교를 양성하는 데에 주력했다. 교수들도 역학 문제를 연구하고 포탄 또는 다른 살상력이 강한 무기를 제조하도록 독려 받았으며 나폴레옹이 직접 그들과 긴밀하게 왕래했다.

나폴레옹은 어려서부터 수학을 잘했고 또 수학자와 빈번하게 왕래했다. 그가 수학자들에게 다음과 같은 기하학 문제를 냈다. 곧은 자를 쓰지 않고 오로지 컴퍼스로만 원의 둘레를 4등분할 수 있는 방법은 무엇인가? 이 문제는 전쟁 때문에 프랑스에 머물던 이탈리아 수학자 로렌초 마스케로니L. Mascheroni가 풀었다. 그는 『컴퍼스의 기하학La Geometria del Compasso』이라는 책을 써서 나폴레옹에게 헌정했다. 이 책에는 다양한 작도 이론도 포함되어 있는데 주어진 조건과 구해야 할 답이 모두 점이면, 오로지 컴퍼스만으로 작도가 가능하다. 이렇게 해서 유클리드 작도법에서 필요했던 각도가 없는 곧은 자는 필요 없게 되었다. 나중에서야 밝혀진 사실은, 1672년 출판된 덴마크의 옛 서적 중에서 마스케로니의 작도 이론은 물론이고 그 증명까지 나와 있는 책이 있었다. 이 책에는 게오르그 모르Georg Mohr라는 서명만 있고 작가에 대해서는 알려진 바가 없다.

원둘레를 사등분하는 구체적인 작도 방법은 다음과 같다. 주어진 원 O 위 임의의 점을 A라 하고 A를 분점分點으로 삼아서 원을 6등분한다. 분점을 순서에 따라 그림과 같이 A, B, C, D, E, F라고 한다. 그리고 나서 A, D를 원의 중심으로 삼아서 AC 또는 BD의 길이를 반지름으로 하는 두 개의 원을 만들면 G에서 교차한다. A를 원의 중심으로 삼고 OG의 길이를 반지름으로

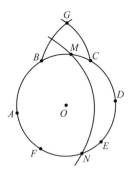

나폴레옹이 낸 문제의 해답

288

하는 원을 만들면, 원 O와 점 M, 점 N에 만난다. 즉 A, M, D, N으로 원 O의 둘레를 사등분한 것이다. 피타고라스 정리에 따라 $AG^2 = AC^2 = (2r)^2 - r^2 = 3r^2$이고, $AM^2 = OG^2 = AG^2 - r^2 = 2r^2$, $AM = \sqrt{2}r$이기 때문에 $AO \perp MO$이다.

4차원 기하학을 정리한 라그랑주

라그랑주는 오일러와 함께 18세기를 대표하는 수학자로 인정받는다. 두 사람 중에서 누가 더 위대한지를 따지면 매번 한바탕 논쟁이 이어질 정도로 수학사에 크게 공헌한 인물들이다. 라그랑주는 이탈리아 북서부의 토리노Torino에서 태어났다. 이곳은 피아트를 비롯한 이탈리아의 유명 자동차 회사의 생산 공장이 있고 또 유벤투스 축구팀Juventus FC의 연고지이기도 하다. 프랑스와 지척에 있던 토리노는 16세기에 프랑스에 점령된 적도 있었다. 그러나 라그랑주가 살았던 시대에는 사르데냐 왕국의 수도였다가 19세기에 그 지위가 바뀌었다. 이전까지 토리노는 이탈리아 통일 운동인 리소르지멘토il Risorgimento의 정치적·사상적 중심지였다.

프랑스 혈통을 가진 라그랑주

MÉCANIQUE
ANALYTIQUE,

라그랑주의 『해석 역학』 중 첫 번째 책

라그랑주는 프랑스와 이탈리아 혼혈이지만 프랑스 혈통이 우세했다. 그의 할아버지는 프랑스 기병대 대장으로 사르데냐섬Sardegna(지금은 이탈리아 반도의 서쪽에 있는 지중해 섬)의 왕을 위해 일한 뒤 토리노에 정착했고 현지의 명망 있는 가문의 딸과 결혼했다. 라그랑주의 아버지도 한때 사르데냐 왕의 재무장관을 맡았으나 정작 자신의 가산家産은 관리하지 못했다. 라그랑주는 11명의 형제 중에서 유일하게 살아남았지만 물려받은 유산은 얼마 되지 않았다. 그는 후에 이 일을 오히려 잘된 일이라고 여겼다. "만약 큰 재산을 물려받았다면 나는 아마도 수학에 몰두하지 않았을 것이다."

그가 학교에 입학해 가장 먼저 흥미를 느낀 분야는 고전문학이었다. 그때까지만 해도 유클리드와 아르키메데스의 기하학은 그의 관심을 끌지 못했다. 그러던 어느 날 뉴턴의 친구이자 핼리 혜성을 발견한 핼리가 미적분에 관해 쓴 논문을 읽은 뒤 곧바로 수학에 관심을 갖게 되었다. 알려진 바에 의하면 라그랑주는 19세(16세라는 설도 있다) 때 토리노 왕실포병학원의 수학 교수로 임명되었다. 그는 수학을 통해 인생에서 가장 화려한 시절을 보냈다. 그리고 25세 때 이미 그는 생존하는 가장 위대한 수학자 반열에 올랐다.

다른 수학자들과 다르게 라그랑주는 처음에는 해석학자였다. 이는 당시에 해석학이 인기 있는 수학 분야였음을 말해준다. 이런 성향은 그가 19세 때 구상했던 『해석 역학$^{\text{Mécanique analytique}}$』이라는 책에 잘 드러나 있다. 그러나 이 책은 52세가 되어서야 파리에서 출판되었는데 그때는 그가 수학에 대한 흥미를 잃은 뒤였다. 이를 반영하듯 이 책의 서문에서 라그랑주는 "이 책에는 어떤 도형도 없다"라고 밝혔다. 하지만 뒤이어 이렇게 덧붙였다. "역학은 세 개의 데카르트 직교 좌표계에 시간 좌표를 더한 4차원 기하학으로 볼 수 있다. 이렇게 하면 움직이는 하나의 점의 공간과 시간 위치를 분명히 정할 수 있다."

오늘날에도 사용하는 수학 기호 중에서 함수 $f(x)$의 도함수 기호 $f'(x), f^{(2)}(x), f^{(3)}(x)$가 바로 라그랑주가 도입한 것이다. 그는 자신의 이름을 붙인 라그랑주 평균값 정리$^{\text{mean value theorem}}$를 확립했다. 이 정리는 이렇게 설명한다. 함수 $f(x)$가 폐구간 $[a, b]$ 안에서 연속하고, 개구간 (a, b)에서 미분 가능할 때, 반드시 $a < \zeta < b$인 ζ가 존재한다.

$$f'(\zeta) = \frac{f(b) - f(a)}{b - a}$$

이외에, 그는 연분수로 방정식 실근의 근삿값을 구하는 방법을 제시했고 멱급수로 임의의 함수를 표시했다.

19세기 아일랜드 수학자 해밀턴$^{\text{W. R. Hamilton}}$은 라그랑주의『해석 역학』을 '과학의 시'라고 칭송했다. 라그랑주는『해석 역학』에서 훗날 라그랑주 방정식으로 불리는 고전 역학 체계에 관한 일반 방정식을 세웠다. 이와 동시에 오늘날 물리학, 경제학, 유체역학 등에서 중요한 역할을 하고 있는 미분방정식과 편미분방정식, 미적분학의 한 분야인 변분법에서 거둔 몇몇 유명한 성과를 함께 수록했다. 당시에도 이 책이 일반 역학에서 끼친 영향은 천체 역학에서 뉴턴의 만유인력법칙이 갖는 영향력만큼 컸다. 그렇다고 해서 라그랑주가 천체에 관심이 없었던 것은 아니다. 그도 한때는 달의 '칭동^{秤動} 현상'을 해석한 논문으로 상을 받은 적이 있다. 달의 칭동이란 달이 항상 같은 면을 지구로 향하고 있지만 달의 위치에 약간의 변화를 일으키는 진동을 말한다. 뉴턴과 그의 추종자들도 역학을 연구할 때는 기하학과 도형에 의존했는데 해석학으로 역학 문제를 해결하는 것은 그리스 고전 전통에서 벗어나는 것을 의미한다.

라그랑주보다 서른 살 가까이 많은 오일러는 라그랑주와는 학문적으

로 경쟁 관계이기도 했지만 처음부터 그를 칭찬하고 보살펴준 사람이
다. 그래서 두 사람의 관계는 수학사에서 미담으로 전해온다. 라그랑주
도 오일러처럼 해석과 응용에 주력했지만 오묘한 수론의 난제를 해결
하려고 시도하기도 했다. 그 결과 앞서 언급했듯 페르마의 두 가지 중
요한 추론을 증명했다. 합동식의 이론 중에도 '라그랑주의 정리'가 있는
데 이것은 n차 다항식에 관한 것이다. 이 다항식의 최고차항의 계수가
소수 p로 나누어떨어지지 않으면, 이 다항식은 p를 법으로 하는 합동식
에 대해 n개 이하의 해를 갖는다. 그러나 이보다 더 유명한 라그랑주 정
리는 군群론에서 나온다. 유한군 G의 부분군의 위수는 G의 위수의 약
수이다.

라그랑주가 다양한 분야에서 성과를 내자 사르데냐 왕국의 국왕은
그에게 파리와 런던에서 유학할 수 있는 경비를 지원했다. 그렇게 유학
길에 올랐지만 파리에서 큰 병이 나서 몸이 다소 회복된 뒤 급히 토리
노로 돌아갔다. 얼마 지나지 않아 그는 프로이센 국왕 프리드리히 2세
의 초청을 받고 베를린으로 가서 왕이 서거하기 전까지 11년 동안 머
물렀다. 이때서야 프랑스는 이 뛰어난 수학자를 주목했다. 1787년 루이
16세가 그를 파리로 초청했
지만 라그랑주는 이미 관심
을 인문과학, 의학과 식물
학 등으로 돌린 뒤였다.

2년 후인 1789년, 파리가
프랑스 대혁명의 열기에 휩
싸였을 때 비로소 라그랑주

들라크루아(Eugene Delacroix), <민중을 이끄는 자유
의 여신>(1830)

의 마음에도 수학에 대한 열정이 되살아났다. 그는 베를린으로 다시 돌아오라는 초대를 거절하고 오로지 침묵을 지키며 공포시대를 보냈다. 그 시기에 화학자 라부아지에^{Lavoisier}는 단두대로 보내졌다. 파리사범학교가 세워지자 그가 교수로 임명되었고 그 후 파리 이공대학의 교수가 되어 나폴레옹 휘하의 젊은 기술 장교들에게 수학을 강의했다. 그중에는 수학자 코시$^{A.L.Cauchy}$도 있었다. 두 차례의 전투를 치르는 동안 내정으로 관심을 돌린 나폴레옹은 라그랑주를 자주 만나서 그와 수학, 철학에 관해 토론했다. 또한 그에게 상원 의원을 맡기고 백작의 작위를 내렸다. 한때 이집트 원정에 성공하며 천하를 호령했던 황제는 라그랑주를 이렇게 평가했다. "라그랑주는 수학과 과학 영역에서 우뚝 솟은 금자탑이다."

천체 역학으로 천문학의 기둥을 세운 라플라스

만년의 라그랑주는 뉴턴에 대해 이렇게 말했다. "그는 분명 특별한 재능을 타고난 사람이다. 하지만 그 역시 운이 좋았다는 사실을 주목해야 한다. 왜냐하면 세계의 체계를 세울 수 있는 기회는 오로지 한 번밖

프랑스의 뉴턴' 라플라스

에 주어지지 않기 때문이다." 한편 라플라스는 라그랑주와 비교할 때 불행한 사람이었다. 그는 뉴턴처럼 획기적인 업적을 이루지 못했다. 게다가 그가 활동하던 시기가 하필 두 개의 세기로 나뉘어 있었다. 18세기에는 오일러와 라그랑주, 19세기에는 가우스가 각 세기를 대표하는 수학자로 불렸기 때문이다. 그럼에

도 라플라스 역시 빛나는 시절을 보냈다. 그에게는 뛰어난 재능, 개인적인 노력뿐 아니라 나폴레옹과 같은 제자가 있었기 때문이다.

라플라스는 가난한 농민 가정에서 태어났다. 그의 고향은 북부 잉글랜드 해협에 가까운 칼바도스Calvados인데 바스 노르망디Basse-Normandie에 속하는 이곳은 2차 세계대전에서 연합군이 상륙했던 곳이기도 하다. 그는 학교에 다닐 때 다방면에서 재능을 드러냈는데 특히 언변이 좋았다. 그가 몽드의 군사학교를 통학하며 다닐 때 아마도 수학적 재능보다는 암기력이 비상했던 것으로 보인다. 그의 재능을 알아본 어느 영향력 있는 인사가 그에게 한 통의 추천서를 써주었다. 당시 18세였던 라플라스는 이 추천서를 들고 파리로 떠났다. 처음으로 먼 길을 나선 라플라스가 찾아간 사람은 당시 『백과전서Encyclopédie』의 부편집자로 일하던 달랑베르였다. 라플라스가 추천서를 건넸지만 그는 별다른 관심을 보이지 않았다. 라플라스는 숙소로 돌아간 뒤 이대로 포기할 수 없다는 생각이 들었다. 그래서 밤을 새워 역학 원리에 관한 글을 써서 달랑베르에게 보냈다. 이 글을 읽은 달랑베르는 그에게 당장 만나자는 회신을 보냈다. 달랑베르는 답장에서 이렇게 말했다. "나는 자네가 건넨 추천서를 그다지 주의 깊게 읽지 않았네. 보아하니 자네는 굳이 다른 사람의 추천서가 필요 없겠군. 스스로를 더 잘 추천하니 말일세." 며칠이 지난 뒤, 라플라스는 달랑베르의 추천으로 파리 군사학교의 교수가 되었고 그곳에서 그의 제자가 될 나폴레옹을 만났다.

라그랑주와 비교할 때 라플라스는 순수 수학 분야에 쏟은 노력이 많지 않고 거둔 성과도 적은 편인데다가 대부분이 천문학 연구를 뒷받침하기 위한 연구였다. 선형대수학에서 라플라스 전개를 찾아볼 수 있는

데, 임의로 k행(열)을 선택해서 이 k행(열)의 원소로 구성된 k의 소행렬과 그것들의 여인자^{cofactor}를 곱한 값을 합하면 행렬식을 구할 수 있다.

미분방정식에도 라플라스 변환이 있다. 이것은 적분 구간이 0에서 무한대까지인 특이적분으로, 함수 $F(t)$를 함수 $f(p)$로 변환하는 것이다.

$$f(p) = \int_0^\infty e^{-pt} F(t) dt$$

라플라스의 『천체 역학』

가장 잘 알려진 라플라스의 연구 성과는 다섯 권으로 된 『천체 역학$^{Traité\ de\ mécanique\ céleste}$』이다. 이것으로 그는 '프랑스의 뉴턴'이라는 영예로운 칭호를 얻었다. 그는 24세 때부터 뉴턴의 중력 이론을 전체 태양계에 적용했고 토성 궤도가 왜 자꾸만 늘어나는 것처럼 보이고, 목성의 궤도가 계속 줄어드는 것으로 보이는지를 밝히고자 했다. 그는 행성 궤도 사이의 이심률(원뿔 곡선 위의 각 점에서 초점까지의 거리와 그 점에서 준선까지의 거리의 비-역주)과 경사각이 작고 일정하며 자동으로 수정된다는 것을 증명했다. 또한 달의 가속이 지구 궤도의 이심률에 따른다는 것을 밝혀냈다. 이는 태양계의 이론에 대한 마지막 난제를 해결한 것이다. 그렇기 때문에 라플라스라는 이름과 성운설(태양계가 커다란 먼지와 가스 구름인 성운에서 탄생했다는 이론-역주)은 불가분의 관계라고 말할 수 있다. 앞서 미적분학의 영향에 대해 설명할 때 언급했던 라플라스 방정식이 그 예이다.

훗날의 수학자들 사이에서 라플라스와 라그랑주 이 두 위대한 과학자를 어떻게 평가할 것인지는 자주 거론되는 화두였다. 19세기 프랑스 수학자 푸아송^{S. D. Poisson}은 이렇게 적었다. "라그랑주와 라플라스 두 사람은 연구할 때 그것이 수학이든 달의 칭동 현상이든 매우 뚜렷한 차이를 보였다. 라그랑주는 문제 속에서 오로지 수학만 연구하는 경향이 있었다. 이것을 문제의 근원으로 보기 때문에 그는 수학의 아름다움과 보편성을 높게 평가했다. 라플라스는 수학을 하나의 도구로 보아서 어떤 특수한 문제가 출현하면 이 도구를 기막히게 수정해서 이 문제에 맞게 적용했다."

사람과의 관계 혹은 인격에서도 두 사람은 뚜렷한 대조를 보인다. 푸리에^{Jean Baptiste Joseph Fourier}는 라그랑주를 이렇게 평가했다. "그는 명리를 좇지 않았고 평생 숭고한 인격과 고상하고 진솔한 성품을 지녔으며 정확하면서도 깊이 있는 저서를 통해 인류의 보편적인 이익을 추구했다." 한편 라플라스는 수학자 중에서 명리를 좇는 소인배의 대표로 평가받았다. 미국 수학자 벨은 "거리에서는 탐욕스럽고 정계에서는 주관도 없이 이리저리 흔들리고 대중의 존중을 갈망했으며 사람들의 주목을 받고자 나대는 사람"이라고 그를 평했다.

그러나 라플라스에게도 솔직한 면이 있었다. 그는 세상을 떠나기 전다음과 같이 유언했다. "우리가 아는 것은 너무 적고 모르는 것은 무한하다." 바로 이 때문에 그의 제자 나폴레옹은 그에 대해 "문제의 핵심을 파악하지 못하고 자질구레한 일에만 신경을 쓴다. 그는 수학에나 나오는 무한소의 원리를 행정 업무에까지 적용하려 들었다"라고 비판했다. 그럼에도 나폴레옹은 그에게 백작 작위를 수여했고 프랑스 레지옹 도뇌르 그랑크루아 훈장까지 하사했다. 또한 그를 경도국^{Bureau des Longitudes}(천체학, 지리학, 항해학을 발전시키는 임무를 맡은 기관-역주) 국장에 임명한 뒤 다시금 내무부 장관으로 임명했다. 라플라스는 정계에서 결코 넘어지지 않는 '오뚝이'와 같았다. 그러나 나폴레옹의 세력이 쇠퇴하자 그는 재빨리 부르봉 왕가 쪽으로 돌아섰다. 부르봉 왕정이 복고된 뒤에는 후작이 되어 귀족원에 들어갔다. 또한 그는 나폴레옹을 유배한다는 법령에 직접 서명했으며 파리 이공대학을 재편하는 위원회의 위원장까지 맡았다.

미분기하학을 정립한 황제의 비밀 친구 몽주

나플라스와 나폴레옹이 가까웠던 시절에 널리 알려진 이야기가 있다. 황제 자리에 오른 뒤 나폴레옹은 『천체 역학』을 읽고 라플라스에게 물었다. "당신의 책에는 왜 신이 나오지 않는 것이오?" 라플라스가 대답했다. "폐하, 제게는 그런 가설이 필요하지 않습니다." 이 말은 유클리드가 프톨레마이오스 왕에게 했던 대답인 "기하학을 배우는 데에는 왕도가 없습니다"를 떠올리게 한다. 실제로 라플라스가 신을 버린 것은 아마도 신의 존재를 인정한 뉴턴을 이기고 싶었기 때문이다. 게다가 라플라스가 생각한 천체는 뉴턴의 태양계보다 그 범위가 훨씬 더 넓었다.

라플라스이든 라그랑주이든 그들이 나폴레옹과 맺은 관계는 모두 위대한 과학자와 진보적인 군주의 관계이며 결국은 군신의 관계일 뿐이다. 그러나 몽주는 달랐다. 그는 라플라스보다 세 살 위이고 수학적 재능도 다소 떨어졌지만 개인적인 경험과 개방적인 성격 덕분에 젊은 나폴레옹과 깊은 우정을 나눴다. 부르봉 왕정이 복고된 후 몽주는 라플라스와 같은 작위와 영예를 얻지 못하고 오히려 코카사스인의 심복이라는 지목(사실이기도 하다)을 받아 수배를 피해 숨어 다녔다. 나폴레옹은

"몽주는 마치 애인을 사랑하듯 나를 사랑했다"라고 말했다.

　몽주는 프랑스 중부 코트도르$^{Côte-d'Or}$의 작은 마을 본^{Beaune}에서 태어났다. 이곳은 포도주를 주로 생산하는 부르고뉴^{Burgundy} 지역에 속한다. 본은 디종^{Dijon} 남서쪽에 위치하며 오늘날 몬테카를로스에서 파리까지 이어지는 고속열차가 이곳을 경유한다. 몽주의 부친은 장사를 하는 사람이었는데 아들의 교육을 중시했다. 그 영향으로 몽주는 학교에서 모든 과목에서 우수한 성적을 받았고 특히 체육과 공예에 재능을 보였다. 14세 때 몽주는 도면도 없이 단지 끈질긴 투지와 야무진 손가락만으로 소화기를 설계했다. 그는 자신의 생각을 기하학적 정확성을 바탕으로 표현해냈다. 2년 후 그는 다시금 홀로 고향의 대축척 지도를 그렸고 이것으로 추천을 받아 리옹의 교회학교 교수에게서 물리학을 배웠다.

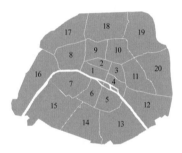

아르키메데스의 나선에 따라 배열한 파리의 구획도

　한번은 리옹에서 고향으로 돌아가는 길에 몽주는 예전이 자신이 그렸던 지도를 본 적이 있는 장교와 마주쳤다. 이 장교는 몽주를 북부 샹파뉴-아르덴$^{Champagne-Ardenne}$ 지구의 샤를르빌 메지에르$^{Charleville-Mézières}$에 있는 귀족사관학교에 교관으로 추천했다. 이 도시는 벨기에 국경에서 겨우 14km 떨어져 있고 시인 랭보$^{Jean Nicolas Arthur Rimbaud}$의 출생지이기도 하다. 다만 랭보는 당시로부터 1세기가 지나서야 태어났다. 몽주는 아버지가 장사꾼이라는 이유로 이

나폴레옹에게 대들었던 몽주

곳에서 단지 제도공으로 받아들여졌다. 제도공이 된 그는 측량과 지도 제작을 맡았고 이를 기회로 새로운 기하학인 '화법기하학畵法幾何學'을 창안했다. 즉 평면에 3차원 공간 속의 입체 도형을 그리는 방법이다. 그는 이것으로 강의할 권한과 기회를 얻었다. 그의 학생이었던 카르노S.Carnot 는 훗날 훌륭한 기하학자가 되었고 프랑스 대혁명에 적극적으로 투신했다.

1768년 22세의 몽주는 귀족사관학교의 수학 교수로 임명되었고 몇 년 후에는 물리학 교수까지 겸임했다. 1783년 몽주는 귀족사관학교를 떠나 파리로 와서 프랑스 해군 사관생도의 시험관을 맡았다. 파리로 가기 전에 그동안 이룬 대부분의 학술적 발견을 끝냈고 과부 오르보 부인과 결혼했다. 그런데 파리에 도착한 뒤 몽주는 권력 투쟁에 빠지고 말았다. 이어서 프랑스 대혁명이 일어나자 그는 혁명의 소용돌이 속에 휩싸여서 혁명당의 압력에 못 이겨 신정부의 해군장관을 맡았다.

파리 팡테옹(Panthéon), 라그랑주, 몽주, 카노와 콩도르세가 모두 이곳에 안장되었다.

1796년 몽주는 파리에서 도피한 지 얼마 지나지 않아 이미 최고 권좌에 오른 나폴레옹의 편지를 받았다. 편지 머리말에서 나폴레옹은 몇 년 전 아직 젊고 꿈에 부푼 포병 장교였던 자신을 따뜻하게 대해준 당시 프랑스 해군장관 몽주를 회상했다. 이어서 얼마 전 공무로 이탈리아를 다녀왔던 몽주에게 감사를 표했다. 당시 나폴레옹은 이탈리아가 전쟁 배상금 차원에서 자신에게

바칠 그림과 조각, 기타 예술작품을 고르도록 몽주를 이탈리아로 파견했다. 다행히도 몽주는 예술품을 함부로 처리하지 않고 나폴레옹의 고국이었던 이탈리아를 위해 상당수의 예술품을 그대로 보존했다. 이후 이들 두 사람은 오랫동안 친밀한 관계를 유지했다. 나폴레옹이 황제의 자리에 오른 뒤에 몽주는 나폴레옹 앞에서 쓴소리를 하고 심지어 대들기까지 했던 유일한 사람이었다.

파리 이공대학이 설립된 뒤 몽주는 초대 학장을 맡았다. 이 학교와 파리 고등사범학교의 설립은 프랑스 수학과 과학 역사의 황금기가 도래했음을 의미한다. 그러나 나폴레옹은 프랑스로 만족하지 않았다. 1798년 그는 직접 군대를 이끌고 이집트 원정에 나섰다. 몽주는 문화군단의 핵심 간부로서, 푸리에 급수를 창안한 푸리에와 함께 원정을 수행했다. 알려진 바로는, 지중해를 항해하는 동안 나폴레옹은 군함에서 매일 아침 몽주 등을 소집해서 지구의 나이, 세상이 대화재 또는 홍수로 멸망할 가능성, 행성에 사람이 살 수 있는지 여부 등에 관해 토론을 벌였다고 한다. 카이로에 도착한 뒤 몽주는 프랑스 학사원을 본떠서 이집트 학사원을 세웠다.

이제 수학에서 몽주가 이룬 성과를 살펴보자. 화법 기하학 외에도 그는 가장 먼저 미적분을 곡선과 곡면 연구에 응용했고, 미분기하학 저서를 최초로 출판했다. 몽주의 연구는 공간 곡면과 곡선 이론의 발전을 이끌었다. 이 이론은 미분방정식과 밀접하게 결합되어서 미분방정식으로 곡면과 곡선의 성질을 표시했는데 이것이 바로 '미분기하학' 용어의 유래이다. 예를 들면 몽주는 전개 가능한 곡면의 일반적인 표시법을 제시했고, XOY 평면에 수직인 기둥면 외에도 이러한 곡면은 아래의 편미분방정식을 항상 만족한다는 사실을 증명했다.

$$\frac{\partial^2 Z}{\partial x^2}\frac{\partial^2 Z}{\partial y^2} - \left(\frac{\partial^2 Z}{\partial x \partial y}\right)^2 = 0$$

그는 파리 이공대학의 학장으로 재직하는 동안 때때로 학생들에게 강의했다. 한번은 강의하는 도중 한 가지 기발한 기하학적 정리를 발견했다. 사면체의 한 가지 성질에 관한 것이었다. 사면체에는 4개의 면과 6개의 모서리가 있고, 모든 모서리는 다른 5개의 모서리 중 하나와 만나지 않는다. 여기서 사면체의 모든 모서리를 통과하는 중점이 그 대변인 6개의 평면에 수직이면 반드시 한 점에서 만난다는 것이 몽주의 정리이다. 이 점과 6개의 평면을 각각 '몽주 점', '몽주 평면'이라고 부른다.

수학은 다른 영역으로부터 자양분을 얻으며 발전하는 일정한 규칙을 반복해왔다. 수학이 가장 많은 자양분을 얻은 영역은 바로 물리학이다 (물리학 역시 수학에서 가장 많은 도움을 얻었다). 따라서 물리학에서 제기된 문제가 수학의 발전 속도를 높였다고 말할 수 있고, 특히 해석학(19세기 후기 이후에는 기하학을 꼽아야 할 것이다)과 관련된 분야가 그렇다. 미적분학이 탄생하는 순간부터 해석학은 역학과 긴밀하게 연결되었다. 바로 이런 이유로 라그랑주의 거작 『해석 역학』이 나온 것이다. 그러나 위대한 라그랑주가 가장 좋아했던 수학 분과는 수론이다. 그는 모든 양의 정수를 4개를 넘지 않는 제곱수의 합으로 표시할 수 있음을 증명했다. 프랑스 혁명을 계기로 더욱 수준 높아진 군사와 공학 분야의 지식과 기술은 수학의 발전과 응용을 촉진시켰고 오늘날까지도 이어지고 있다.

반드시 짚고 넘어가야 할 것은, 뉴턴과 라이프니츠의 등장 이후부터 라그랑주가 나오기 전까지 유럽의 위대한 수학자 대부분이 경제, 문화, 과학이 발달하지 못했던 산악국가 스위스에서 배출되었다는 점이다. 그곳에는 그 이름도 유명한 베르누이 가문과 오일러가 있었다. 그들 모두 바젤 출신인데 이것은 매우 흥미로운 현상이다. 제1대 베르누이 형제 야코프와 요한 모두 오일러의 스승이었고 바젤 대학에서 교수를 맡았다. 오일러는 이 대학을 졸업한 뒤 멀리 떨어진 두 도시 페테르부르크와 베를린에서 줄곧 생활했지만 그의 초상은 스위스 지폐에 인쇄되어 있다. 이는 영국 지폐의 뉴턴, 노르웨이 지폐의 아벨과 함께 지금까지도 유럽에 유통되는 화폐에 인쇄된 세 명의 수학자이다. 오일러는 프랑스 과학원이 여는 논문현상공모대회에 참가한 뒤부터 유럽 무대에서 두각을 나타냈다. 살아있는 동안 무려 12회나 이 대회의 1등 상을 차지했다.

파리 이공대학이 설립된 이래로 수학자 특히 응용수학자에게 다양한 일자리가 주어졌다. 라그랑주와 몽주 등 일군의 수학자들이 대학 교수로 임용되었다. 청년들은 이 학교에 합격하기 위해 치열한 경쟁을 펼쳤고(입학 시험에는 면접 시험도 있었다고 한다), 입학 후에는 엔지니어 혹은 장교가 되는 것을 목표로 삼았다. 코시는 그중에서도 가장 뛰어난 학생이었다. 그는 학문에 대한 기초가 탄탄했지만 마음이 옹졸하고 자부심이 강했다. 이 때문에 아벨을 포함한 젊은이들을 눈여겨보지 않았다. 한편 파리 이공대학의 우수한 전통은 세계 각지로 전파되었다. 미국에서는 MIT와 CIT가 세워졌고, 중국과 인도에서는 칭화淸華 대학과 인도 공과대학Indian Institute of Technology이 세워졌다.

코시보다 먼저 태어난 두 명의 프랑스 수학자 푸리에와 푸아송도 파리 이공대학 출신이다. 푸리에의 가장 위대한 저작은 『열 분석이론Théorie analytique de la chaleur』(1822)이다. 맥스웰은 이를 가리켜 '한 편의 위대한 시'라고 칭송했다. 이 책에서 푸리에는 어떤 함수도 다중多重의 사인 또는 코사인 급수로 표시할 수 있음을 증명했다. 이 삼각급수(푸리에 급수)는 경계의 제약을 받는 편미분방정식에서 매우 중요할 뿐만 아니라 함수의 개념마저도 넓혔다. 시골 출신인 푸아송은 '복소평면 위의 경로를 따라 적분으로 들어선 사람'이다. 그의 이름은 대학 수학에서 자주 등장하는데 예를 들어 푸아송 적분과 푸아송 방정식(열이론) , 푸아송 계수(탄성역학), 푸아송 분포정리 또는 푸아송 대수법칙(확률론), 푸아송 괄호(미분방정식) 등이다.

수학자 겸 이집트 학자 푸리에

푸리에는 다음과 같은 명언을 남겼다. "수학적 발견의 가장 중요한 원천은 자연에 대한 깊은 연구이다." 그리고 그와 푸아송 모두 자연현상의 연구와 관련된 재미있는 일화를 많이 남겼다. 푸리에는 이집트 총독으로 재임하는 동안 열역학을 연구하기 위해 사막에서 두꺼운 옷을 입고 있느라 심장병이 악화되었다. 그가 63세 파리에서 세상을 떠났을 때, 몸이 불덩이처럼 뜨거웠다고 한다. 또 다른 일화는 어린 시절 보모가 돌봐주었는데 어느 날 부

푸리에의 묘, 파리 페르 라쉐즈
(Pere Lachaise) 공동묘지

친이 그를 찾아갔을 때 보모는 없고 벽에 매달린 자루 안에 어린 아들이 놓여있는 것을 보았다. 보모는 그의 부친에게 이렇게 해야만 푸아송이 바닥을 더럽히고 병에 감염되는 것을 막을 수 있다고 해명했다. 그는 말년의 대부분의 시간을 사이클로이드(직선 위로 원을 굴렸을 때 원 위의 정점이 그리는 곡선-편집자 주)를 연구하며 보냈다. 이는 아마도 그가 어릴 때 시계의 진자처럼 벽에 매달렸기 때문일지도 모른다.

18세기에 등장한 수학자들의 수는 천재를 배출했던 17세기를 포함해서 다른 어떤 세기보다 많다. 그러나 18세기에는 르네상스식 '거인'은

출현하지 않았다. 오로지 수학자와 철학자가 각자의 학문에서 조금씩 진전을 이루었다. 그래서 18세기를 '발명의 세기'라고 부른다. 사실, 이 세기는 수학자 겸 철학자 또는 수학자 겸 문학가를 거의 배출하지 않았다. 이에 대해 라그랑주는 수학의 사상적 원천이 얼마 지나지 않아 고갈될 것이라 말했는데 말년의 오일러도 이와 같은 생각이었다. 그러나 그들이 몰랐던 것이 있었으니, 이 세기의 끝은 또 다른 변화의 출발점이라는 것이다.

철학자 칸트. 평생 문화 예술의 중심지에서 멀리 떨어져 고향 쾨니스베르크(Königsberg)에서 살았다.

당시 수학이 거둔 성과는 사람들의 생각을 초월했다. 이로써 수학은 숭고한 지위를 차지했으며 오랜 역사를 자랑하는 철학과 종교의 사상체계마저 흔들었다. 적어도 지식인들의 신에 대한 경건한 신앙은 이미 흔들리고 있었다. 신학자들은 한 가지 문제에 주목하기 시작했고 철학자들도 이 틈을 타서 의문을 던졌다. 바로 '진리는 어떻게 발견되는가?'이다. 독일 철학자 칸트[I.Kant]는 이 문제를 진지하게 고민했고 "직선은 두 점 사이의 가장 짧은 거리이다"라는 명제를 예로 들어 설명했다. 즉 진리는 경험만으로는 얻을 수 없고 반드시 종합 판단을 통해 얻는 것이다.

또한 '이율배반'이라 함은, 보편적으로 인정받는 두 가지 원칙에서 생기는 것으로, 참인 것으로 간주된 명제들 사이에 일어나는 모순과 충돌이다. 이것은 칸트 철학에서 중요한 개념이다. 그는 『순수이성비판』에서 네 종류의 이율배반을 제시했고 이에 대해 증명했다. 칸트는 이것을

'선험적 관념'의 네 가지 충돌이라고 불렀다. 이 네 가지 정립과 반정립 명제 중에서 수학적 역설에 근접한 두 가지를 소개하면 다음과 같다.

세 번째 정립 : 세계에는 자유에 의한 원인이 있다.

반정립 : 자유라는 것은 없다. 모든 것이 자연의 법칙을 따를 뿐이다.

네 번째 정립 : 세계 원인들의 계열에는 무언가 필연적인 존재가 있다.

반정립 : 필연적인 존재는 없다. 이 계열에서는 모든 것이 우연이다.

결국 수학적 진리는 유클리드 기하학과 역설을 포함하고 있음을 알 수 있다. 이것이 바로 칸트의 철학 체계를 받치고 있는 주요한 기둥이다.

제7장

근세에서 현대로 발전하는 수학과 예술

내게 진흙을 주면 그것으로 황금을 만들겠다.

- 샤를 보들레르

19세기 유럽·미국·러시아 수학에 영향을 끼친 인물 연표

1800　　노르웨이 수학자 닐스 헨리크 아벨(Niels Henrik Abel, 1802~1829)
　　　　헝가리 수학자 야노슈 보요이(János Bolyai, 1802~1860)
　　　　독일 수학자 카를 구스타프 야코프 야코비(Karl Gustav Jacob Jacobi, 1804~1851)
　　　　아일랜드 수학자 윌리엄 로언 해밀턴(W. R. Hamilton 1805~1865)
　　　　독일 수학자 페터 디리클레(P. Dirichlet, 1805~1859)
　　　　영국 수학자 토마스 커크먼(Thomas P. Kirkman, 1806~1895)
　　　　영국 엔지니어 존 러셀(J. S. Russell, 1808~1882)
　　　　독일 수학자 헤르만 그라스만(H. Grassmann, 1809~1877)
　　　　프랑스 수학자 조제프 리우빌(Joseph Liouville, 1809~1882)
　　　　미국 작가 에드거 앨런 포(Edgar Allan Poe, 1809~1849)
1810　　독일 수학자 에른스트 쿠머(E. E. Kummer, 1810~1893)
　　　　프랑스 수학자 에바리스트 갈루아(Évariste Galois, 1811~1832)
　　　　영국 수학자 제임스 조지프 실베스터(J. J. Sylvester, 1814~1897)
　　　　독일 수학자 카를 바이어 바이어슈트라스(K. Weierstrass, 1815~1897)
　　　　영국 시인 에이다 러브레이스(Ada Lovelace, 1815~1852)
　　　　영국 수학자 조지 불(George Boole, 1815~1864)
1820　　영국 수학자 아서 케일리(Arthur Cayley, 1821~1895)
　　　　프랑스 시인 샤를 피에르 보들레르(Charles-Pierre Baudelaire, 1821~1867)
　　　　독일 물리학자 헤르만 폰 헬름홀츠(H. L. Helmholtz, 1821~1894)
　　　　러시아 수학자 파프누티 체비쇼프(Chebyshev, 1821~1894)
　　　　프랑스 수학자 샤를 에르미트(Charles Hermite, 1822–1901)
　　　　오스트리아 식물학자 그레고어 멘델(G. J. Mendel, 1822~1884)
　　　　독일 수학자 레오폴트 크로네커(Leopold Kronecker, 1823~1891)
　　　　독일 수학자 베른하르트 리만(B. Riemann, 1826~1866)
　　　　독일 수학자 모리츠 칸토어(M. Cantor, 1829~1920)
1830　　독일 수학자 리하르트 데데킨트(R. Dedekind, 1831~1916)
　　　　영국 이론물리학자 제임스 클러크 맥스웰(J. C. Maxwell, 1831~1879)
　　　　영국 출신 수학자 프란시스 거스리(Francis Guthrie, 1831~1899)
　　　　프랑스 화가 폴 세잔(P. Cezanne, 1839~1906)
1840　　노르웨이 수학자 소푸스 리(Sophus Lie, 1842~1899)
　　　　독일 수학자 게오르크 칸토르(George Cantor, 1845~1918)
　　　　스코틀랜드 과학자 알렉산더 그레이엄 벨(A. G. Bell, 1847~1922)
　　　　독일 수학자 펠릭스 크리스티안 클라인(Felix Christian Klein, 1849~1925)
1850　　러시아 수학자 소피아 코발레프스카야(S. Kovalevskaya, 1850~1891)
　　　　독일 수학자 페르디난트 린데만(F. Lindermann, 1852~1939)
　　　　프랑스 수학자 앙리 푸앵카레(Jules Henri Poincare, 1854~1912)
　　　　영국 통계학자 칼 피어슨(Karl Pearson, 1857~1936)
　　　　독일 의사 오스카 민코프스키(Oscar Minkowski, 1858~1931)

1860 이탈리아 수학자 비토 볼테라(Vito Volterra, 1860~1940)
녹일 수학자 다비트 힐베르트(David Hilbert, 1862~1943)
그리스 시인 콘스탄티노스 P. 카바피(C. P. Cavafy, 1863~1933)
독일 수학자 헤르만 민코프스키(Hermann Minkowski, 1864~1909)
프랑스 수학자 자크 아다마드(Jacques Hadamard, 1865~1963)
러시아 화가 바실리 칸딘스키(Wassily Kandinsky, 1866~1944)
1870 독일 수학자 에른스트 체르멜로(E. Zermelo, 1871~1953)
네덜란드 화가 피에트 몬드리안(Piet Mondrian, 1872~1944)
영국의 수학자 · 철학자 버트런드 러셀(B. Russell, 1872~1970)
영국 철학자 G. E. 무어(George E. Moore, 1873~1958)
프랑스 수학자 앙리 르베그(Henri Léon Lebesgue, 1875~1941)
영국 생리학자 존 매클라우드(J. Macleod, 1876~1935)
스위스 화가 파울 클레(P. Klee, 1879~1940)
스위스-미국 물리학자 알베르트 아인슈타인(Albert Einstein, 1879~1955)
러시아 화가 카지미르 말레비치(Kazimir Malevich, 1879~1935)
1880 프랑스 시인 기욤 아폴리네르(G. Apollinaire, 1880~1918)
영국 세균학자 알렉산더 플레밍(A. Fleming, 1881~1955)
네덜란드 수학자 · 철학자 브로우베르(Luitzen E. J. Brouwer, 1881~1966)
스페인 화가 파블로 피카소(P. Picasso, 1881~1973)
독일 수학자 · 물리학자 막스 보른(M. Born, 1882~1970)
독일 수학자 에미 뇌터(Amalie Emmy Noether, 1882~1935)
폴란드 수학자 바츠와프 시어핀스키(W. Sierpinski, 1882~1969)
독일 수학자 헤르만 바일(H. Weyl, 1885~1955)
프랑스 화가 마르크 샤갈(M. Chagall, 1887~1985)
스코틀랜드 엔지니어 존 로지 베어드(J. L. Baird, 1888~1946)
미국-영국 수학자 루이스 모델(L. J. Mordell, 1888~1972)
영국 시인 T. S. 엘리엇(T. S. Eliot, 1888~1965)
오스트리아-영국 철학자 루트비히 비트겐슈타인(L. Wittgenstein, 1889~1951)
1890 독일 수학자 아브라함 프랭켈(A. A. Fraenkel, 1891~1965)
폴란드 수학자 스테판 바나흐(S. Banach, 1892~1945)
벨기에 화가 르네 마그리트(R. Magritte, 1898~1967)

대수학에 새 생명을 불어넣다

실수의 해석과 빈틈없는 해석학의 완성

수학이든 예술이든 어느 영역을 불문하고 19세기 전기는 고전(혹은 근대)에서 현대로 도약하는 매우 중요한 시기이다. 이 시기를 가장 앞서서 걸어간 사람들은 언제나 그랬듯 예민한 감성을 보유한 수학자와 시인이었다. 앨런 포와 보들레르$^{Charles-Pierre\ Baudelaire}$가 연이어 등장했고 비유클리드 기하학과 비가환대수가 잇달아 세상에 나왔다. 이는 아리스토텔레스의 『시학』과 유클리드의 『원론』을 바이블로 삼아 2천 년 넘게 이어온 고전 시대의 종말을 의미한다. 그러나 해석학의 시대의 강력했던 영향력은 이 시기에도 그대로 남았고 더 엄격해졌으며 정밀해졌다. 그렇지만 해석학에서는 대수와 기하학과 다르게 이정표와 같은 전환점이 나타나지 않았다.

해석학에서 많은 인재를 배출한 프랑스에서 19세기를 대표하는 수학자를 꼽으라면 그는 바로 코시이다. 코시는 1789년, 파리의 민중들이 바스티유 감옥을 함락한 지 1개월이 지났을 때 파리에서 태어났다. 공무원이던 그의 아버지는 나폴레옹이 집정한 뒤 새로 구성한 상의원에서 인장을 관리하고 회의 내용을 기록하는 비서가 되었다. 그렇다보니 자연스럽게 라플라스, 라그랑주와 자주 왕래했고 어린 코시도 이 두 수학자들을 만날 수 있었다. 어느 날, 라그랑주는 코시 부친의 사무실에서 연산문제를 풀고 있는 어린 코시를 보고는 이렇게 말했다. "이 아이는 앞으로 우리 불쌍한 수학자들의 자리를 차지하겠군." 덧붙여서 코시 부친에게 코시가 몸이 허약하니 기본적인 교육을 받기 전에는 수학 저작들을 가까이 하지 말라고 충고했다.

코시는 어려서부터 문학을 좋아했고 대학에 들어가서 한동안 고전문학을 전공했다가 진로를 바꿔 군사 분야의 엔지니어가 되겠다는 뜻을 세웠다. 그는 16세에 파리 이공대학에 합격했고 2년 뒤 토목공학을 전공했다. 졸업 후에는 잉글랜드 해협에 면해 있는 셰르부르^{Cherbourg}로 파견되어 나폴레옹 군대가 영국을 공격할 수 있도록 항구와 방위 시스템을 설계했고 여가 시간에는 수학을 연구했다. 파리로 돌아왔을 때 라플라스와 라그랑주가 그에게 수학 분야에서 일하라고 설득했다. 나폴레옹 정권이 몰락하면 그가 가지고 있던 엔지니어의 꿈도 깨지기 때문이었다. 27세 되던 해, 그는 파리 이공대학으로부터 수학과 역학 교수로 초빙을 받았다. 또한 나폴레옹을 추종해서 쫓겨난 몽주를 대신해서 프랑스 과학원의 회원이 되었다. 이후 새로운 국왕에 대한 충성의 맹세를 거부했다는 이유로 국외를 수년 간 떠돌던 때를 제외하면 그의 삶은 순탄했다.

파리 이공대학에 부임한 코시는 자신이 해석학 분야에서 이룬 수많은 성과를 강의 교재

문과를 버리고 공학을 선택했다가 결국 이과에 종사한 코시

에 담았다. 그는 해석학의 엄격화를 위해 교재에 변량, 함수, 극한, 연속성, 도수와 미분 등 미적분학의 기본 개념을 실었다. 그는 도함수를 다음의 계차^{difference quotient}로 정의했다.

$$\frac{\Delta y}{\Delta x} = \frac{f(x+\Delta x)-f(x)}{\Delta x}$$

Δx가 무한히 영에 가까이 갈 때의 극한에서 함수의 미분을 $dy = f'(x)dx$로 정리했다. 특히 코시는 수열과 무한급수의 극한을 엄격히 처리했고, '코시 수렴 판정법'을 제시했다. 이 판정법은 수열에 대해 다음과 같이 설명한다.

수열 x_n이 수렴하는 필요충분조건은 임의로 주어진 $\varepsilon > 0$일 때, 양의 정수 N이 존재하며 $m > N$, $n > N$일 때 $|x_m - x_n| < \varepsilon$ 이다.

이 밖에, 미분학에서 '코시 평균값 정리'는 앞 장에서 설명한 라그랑주 평균값 정리를 일반화한 것이다. '미적분의 기본정리' 또한 코시가 엄격하게 설명하고 증명했다. $f(x)$가 구간 $[a, b]$에서 연속 함수이면 $[a, b]$ 안의 임의의 점 x에 대해

$$F(x) = \int_a^x f(x)dx$$

로 정의한 함수 $F(x)$가 바로 $f(x)$의 원함수이다. 즉 $F'(x) = f(x)$이다.

코시가 제시한 수많은 정의와 설명은 기본적으로 미적분의 현대적 형식이 되었으며, 이는 해석의 엄격화를 향해 내딛은 중요한 발걸음이었다. 그가 프랑스 과학원에서 급수의 수렴에 관한 논문을 발표했을 때,

강단 아래 앉아있던 나이가 지긋한 라플라스는 놀라움을 금치 못했다. 학회가 끝난 뒤 라플라스는 서둘러 집으로 돌아가서 책장에서 『천체 역학』을 꺼내서 코시가 제시한 판정법으로 책 속의 급수를 검사했다. 그리고 이것이 모두 수렴하는 것을 확인한 후에야 마음을 놓았다고 한다. 그러나 코시의 이론에도 빈틈이 있기 때문에 비교적 엄격하다고만은 할 수 없다. 예를 들면 코시는 '한없이 가까워진다', '원하는 만큼 작아진다'와 같이 직관적인 표현을 자주 썼다. 그러나 연속함수에서 적분 값의 존재성을 증명할 때에는 실수의 완비성(실수와 유리수를 구별할 수 있게 해주는 가장 뚜렷한 성질이며 '완비성 공리'라고도 한다-역주)을 사용해야 한다.

이때, 프랑스에서는 해석학 연구를 이어갈 사람이 부족했지만 독일에는 중고등학교 교사가 다음 주자로 나섰다. 바로 바이어슈트라스[K. Weierstrass]이다. 나폴레옹이 워털루 전투를 치르고 있을 때 바이어슈트라스는 독일 서부의 베스트팔렌[Westfalen]에서 태어났다. 그는 젊었을 때 직업을 잘못 선택해서 법률과 경제를 연구하느라 상당한 시간을 허비했다. 26세 이후 고향과 그 주변 몇몇 학교에서 15년 동안 세상에 알려지지 않은 채 지내며 수학, 물리학, 식물학, 체육을 가르쳤다. 그러다 1857년 코시가 세상을 떠난 해에 42세가 된 그는 베를린대학의 조교수가 되었다. 그리고 그는 자신보다 35세 어린 러시아 여자 수학자 코발레프

중등학교 교사 출신인 수학대가 바이어슈트라스

러시아 수학자 코발레프스카야

스카야[S. Kovalevskaya]와 특별한 우정을 나눴다(편미분방정식의 해가 하나만 존재한다는 문제를 코시-코발레프스카야 정리라고 부른다). 이와는 별개로 바이어슈트라스는 다른 세 명의 남동생, 여동생처럼 평생 미혼으로 살았다.

코발레프스카야는 모스크바에서 장군인 아버지와 독일인의 후예인 어머니 사이에서 태어났다. 당시 러시아는 여성이 외국으로 나가 유학하는 것을 허락하지 않았다. 그녀는 하는 수 없이 생물학을 공부하는 대학생 코발레프스카야와 위장 결혼을 하고 독일로 건너가서 살았다. 처음 그녀는 하이델베르크 대학에서 에너지 보존의 법칙을 발견한 독일 물리학자 헬름홀츠[H. L. Helmholtz] 문하에서 배우다 후에 베를린으로 와서 바이어슈트라스에게 자신의 개인 교사가 되어주기를 청했다. 1874년, 그녀는 편미분방정식에 관해 쓴 한 편의 논문으로 괴팅겐 대학에서 박사학위를 받았고, 수학사상 첫 번째 여성 박사가 되었다. 그녀의 지도교수는 바이어슈트라스였다. 1888년, 그녀는 고정점을 중심으로 한 단단한 물체의 회전에 관한 논문을 익명으로 투고해서 프랑스 과학원의 대상을 받았다. 같은 해에 수학자 체비쇼프[Chebyshev]를 비롯한 여러 동료들의 추천을 받아 러시아 과학원 통신원사로 선출되어 역사상 첫 번째 여성 원사가 되기도 했다. 그녀 사후에 출판된 소설 『베라 보론초프[Vera Vorontzoff]』(1893)는 그녀가 어린 시절 러시아에서 보냈던 일들을 소재로 쓴 것이다. 이 작품으로 소설가로도 명성을 얻었다.

당시 수학자들은 실수 체계에 대해 정확히 인식하지 못했기 때문에 보편적인 오류를 저질렀는데 그것은 모든 연속함수가 미분 가능하다고 여긴 것이다. 그러나 바이어슈트라스는 연속하지만 미분할 수 없는 함수를 제시해서 수학계를 놀라게 했다. 그 예는 이것이다.

$$f(x) = \sum_{n=0}^{\infty} b^n \cos(a^n \pi x)$$

여기서 a는 홀수이며, $b \in (0, 1)$, $ab > 1 + \dfrac{3\pi}{2}$ 다.

그때부터 바이어슈트라스는 오늘날 우리가 익히 알고 있는 '입실론-델타$(\varepsilon - \delta)$논법'으로 앞서 코시가 말했던 '한없이 가까워진다'라는 설명을 대신했다. 아울러 실수에 대해 최초로 엄격한 정의를 내렸다. 이와 같은 성과 덕분에 그는 '현대 해석학의 아버지'라고 불린다. 또한 자연수에서 출발해서 유리수를 정의했고, 무한의 여러 유리수의 집합을 통해 실수를 정의했다. 그러고 나서 실수를 가지고 극한과 연속성 등의 개념을 세웠다. 훗날 그의 동포 데데킨트[R. Dedekind]와 칸토르[George Cantor]는 각각 유리수의 분할과 극한의 개념으로부터 실수를 새롭게 정의했으며 이를 통해 실수의 완비성을 증명했다. 칸토르는 본래 러시아 상트페테르부르크에서 태어난 덴마크인으로 후에 독일로 이민해 바이어슈트라스의 학생이 되었다. 이후 집합론을 확립하여 이름을 알렸다. 칸토르는 가우스의 학생이었던 데데킨트와 서로 경쟁 관계였다. 또한 격려하고 영향을 주고받는 사이이기도 했으며 줄곧 서신을 교환하며 연락했다고 한다.

난제를 해결하고 사라진 천재들

나폴레옹이 세인트헬레나 섬에서 세상을 떠난 해, 즉 1821년 유럽 대륙의 최북단 노르웨이에서 19세의 청년 아벨이 오슬로 대학에 입학했다. 3년 후 그는 〈5차 대수방정식의 불가해성에 관하여〉라는 논문을 자비로 발표했다. 여기에 다음과 같은 결론을 증명했다. "다항식의 차수가

5차 이상일 때 그 계수로 구성된 어떠한 근의 공식도 이 방정식의 근이 될 수 없다." 이 결과의 의의는 매우 크다. 중세기의 아라비아 수학자들은 2차 방정식의 이론을 체계화했고 르네상스 시기의 이탈리아 수학자들은 공개 변론을 통해 3차와 4차 방정식의 해를 구하는 문제를 해결했다. 그로부터 200여 년 동안 수학자들은 5차와 5차 이상 방정식의 근을 구하는 문제에 매달렸다.

아벨은 노르웨이 남서쪽 도시 스타방에르Stavanger 부근의 핀뇌위Finnøy 섬에서 태어났다. 목사의 아들로 태어난 아벨에게는 6명의 형제자매가 있었다. 노르웨이가 지금은 유럽에서 부유한 국가이지만, 당시만 해도 경제 상황이 몹시 어려웠고 유명한 과학자를 한 명도 배출하지 못했었다. 다행히도 아벨은 교회학교에서 우수한 수학 교사를 만나 오일러, 라그랑주, 가우스의 저술을 읽을 수 있었다. 그는 자신이 5차 방정식의 해법을 찾아냈다고 확신했는데, 노르웨이에는 이를 확인해줄 사람이 없어서 덴마크로 편지를 보냈다. 하지만 덴마크에서도 이를 판단해주지 못한 채 아벨에게 더 많은 예제를 보내달라고 요청했다. 후에 아벨은 자신의 해법에 문제가 있음을 발견하고 이를 재검토하여 마침내 만족할 만한 결과를 얻었다. 그때 그는 오슬로 대학의 학생이었다.

아벨은 학계에서 어느 정도 이름을 알린 뒤 독일과 프랑스로 유학을 떠나기로 결심하고 정부에 여비를 신청했다. 그러나 그에게 유학 가기에 앞서 독일어와 프랑스어를 배우라는 대답만 돌아왔다. 23세 되던 해, 대학을 막 졸업한 아벨은 그토록 바라던 유학의 길에 올랐다. 그는 먼저 베를린에 도착했는데 그곳에서 출판사를 운영하는 크렐레와 친구가 되었다. 크렐레는 〈순수 수학과 응용수학 저널Journal für die reine und angewandte

창간호에 아벨의 논문 7편을 실었다. 여기에는 5차 방정식의 불가해성을 증명하는 논문도 포함되었다. 이 잡지는 지금도 발행되는 가장 오래된 수학 잡지이다. 이때 아벨은 가우스를 포함해서 그의 논문을 받았던 수학자들 중 누구도 논문을 진지하게 읽지 않았음을 깨달았다. 이에 실망한 그는 가우스가 있던 괴팅겐을 피해 다른 여러 도시를 거친 후 파리로 갔다. 하지만 코시를 비롯한 다른 프랑스 학자들도 아벨의 연구에 주목하지 않았다.

2년의 시간이 흐른 뒤 노르웨이로 돌아왔을 때, 아벨은 폐결핵을 앓고 있었다. 경제적으로 어려웠기 때문에 가정 교사로 버는 돈과 친구의 도움으로 겨우 생계를 유지했다. 이때가 되어서야 몇몇 유럽의 수학자들이 그의 연구에 주목하기 시작했다. 5차 방정식의 불가해성은 그의 연구 중 일부에 지나지 않는다.

젊은 나이에 세상을 떠난 천재 수학자 아벨

아벨의 정리는 대수함수의 적분이론과 아벨 함수방정식의 기초를 다져놓았고 아벨군[群]은 타원함수의 연구 영역을 크게 확장시켰다. 타원함수는 쌍주기의 유리형함수인데 타원의 호의 길이에서부터 파생한 것이다. 타원함수는 복소변수함수론이 19세기에 이룬 가장 위대한 성과 중 하나라고 말할 수 있다. 1929년 봄, 크렐레의 노력으로 베를린대학은 마침내 아벨에게 교수직을 제공하기로 결정했다. 그러나 초빙 서한이 오슬로에 도착하기 이틀 전, 아벨은 세상을 떠났다.

아벨이 죽은 지 얼마 지나지 않아 수학계는 그가 남긴 연구의 가치를 뒤늦게야 알아보았다. 오늘날 그는 근대 수학 발전의 선구자이며 19세기 가장 위대한 수학자 중 한 사람으로 인정받는다. 노르웨이 화폐 중에서 가장 큰 금액의 지폐에도 그의 초상이 인쇄되어 있다. 아벨은 노르웨이인으로는 최초로 세계적인 명성을 얻은 사람일 것이다. 그가 얻은 세계적인 성과는 노르웨이인들의 지혜와 재능을 자극했다. 아벨이 세상을 떠난 첫 해, 노르웨이의 위대한 극작가 입센$^{H.\,Ibsen}$이 태어났고, 이어서 작곡가 그리그$^{E.\,Grieg}$, 화가 뭉크$^{E.\,Munch}$와 최초로 남극에 도착한 탐험가 아문센$^{R.\,Amundsen}$이 태어났다. 이들 모두 세계적인 명성을 얻었다.

아벨은 5차 이상의 대수방정식은 사칙연산이나 거듭제곱근 풀이 등의 대수적 조작만으로 풀 수 있는 일반적 방법은 존재하지 않는다고 정리했다. 이와 동시에 대수적으로 해를 구할 수 있는 몇 가지 특수한 방정식도 제시했다. 그중 하나가 '아벨 함수방정식'이다. 이 연구에서 그는 실제로 추상 대수에 '체^{field}'의 개념을 도입했다. 18세기 마지막 1년, 가우스는 자신의 박사학위 논문에서 처음으로 n차 대수방정식은 n개의 근(대수의 기본 정리)이 있음을 증명함으로써 수학자들에게 자신감을 주었다. 그러나 아벨의 연구가 알려진 뒤 수학자들은 또 다른 문제에 봉착했다. '근의 공식으로 해를 구할 수 있는 방정식은 무엇인가?' 이 문

제는 젊은 나이에 세상을 떠난 또 한 명의 천재 수학자 갈루아$^{Évariste\,Galois}$가 해결했다. 그는 아벨이 죽은 뒤 2년 뒤에 방정식의 해를 구할 수 있는지 여부를 판단하는 필요충분조건을 세웠다.

천재 수학자 갈루아

갈루아는 n차 방정식이 가지는 n개의 근을 하나의 집합으로 보고, 이들을 새롭게 배열

(치환)하는 것을 연구했다. 예를 들어 4차 방정식의 4개의 근을 $x_1, x_2, x_3,$ x_4라고 하고, x_1과 x_2의 자리를 바꾸면 다음을 얻는다.

$$P = \begin{pmatrix} x_1 \ x_2 \ x_3 \ x_4 \\ x_2 \ x_1 \ x_3 \ x_4 \end{pmatrix}$$

치환을 연속 두 번 실행해서 얻은 새로운 치환을 이 두 치환의 곱이 라고 정의하고, 모든 가능한 치환이 하나의 집합(이 예제에서는 모두 4!=24 개의 원소가 있다)을 구성한다. 이 집합은 곱셈에 닫혀있고(곱한 뒤에도 여 전히 그 집합 안에 있다), 결합법칙을 만족한다. $(P_1 P_2)P_3 = P_1(P_2 P_3)$, 게다 가 단위원(항등치환)과 역원(곱한 뒤에 항등원이 된다)이 존재한다.

위의 조건을 만족하는 집합을 군[群, group](만약 곱셈에서도 교환법칙을 만족 하면 가환군 또는 아벨군이라고 부른다)이라고 하는데, 위의 예제는 치환군 이라고 한다. 갈루아는 방정식의 근의 치환군 중에서 치환으로 이루어 진 부분군(군의 성질을 갖는 부분집합)에 주목했다. 이 부분군은 반드시 일 정한 대수법칙을 만족시켜야 하며 이런 군을 '갈루아 군'이라고 부른다. 4차 방정식 $x^4 + px^2 + q = 0$을 예로 들면 이 방정식의 4개의 근은 양수, 음 수 부호를 갖는 두 쌍으로 나뉜다. 즉 $x_1 + x_2 = 0, x_3 + x_4 = 0$이다. 이 갈루 아 군의 치환은 F체에서도 위의 두 등식을 만족한다. 여기서 F는 p와 q의 유리식이 형성한 체이다. 이것은 검증이 가능한데, 위의 갈루아 군 에는 오로지 8개의 원소(치환)만이 있다. 갈루아의 연구에서 가장 중요 한 점은 갈루아 군이 해를 구할 수 있는 군일 때에만 방정식을 근의 공식으로 풀 수 있음을 증명했다는 것이다. 즉, 그 위수 $n=1, 2, 3$ 또는 4일 때에만 해를 구할 수 있다.

1811년 가을, 갈루아는 파리 남부 부르라렌[Bourg-la-Reine]이라는 작은 도시에서 태어났다. 그의 부친은 프랑스 대혁명에 적극적으로 참가했고, 나폴레옹이 유배지 엘바 섬에서 파리로 돌아와 다시금 정권을 장악(역사에서는 이를 '백일정변'이라고 부른다)했을 때는 시장으로 선출되었다. 하지만 갈루아가 18세 때 부친은 모함을 당하고 끝내 분을 참지 못해 자살하고 말았다. 이후 파리 이공대학에 지원했지만 실패하고(아마도 면접에서 떨어졌을 것이다) 나중에 파리 고등사범학교에 들어갔다. 이듬해 부르봉 왕조를 반대하는 운동에 참가했다는 이유로 학교에서 제명되었고 얼마 지나지 않아 당국에 체포되어 형을 선고받았다. 석방된 뒤 어리석은 연애에 빠졌다가 애인 때문에 결투에 나가서 목숨을 잃었다. 그때가 1832년 봄으로, 당시 그는 20세밖에 되지 않았다. 갈루아는 죽어서 고향 공동묘지에 묻혔는데 정확한 위치는 알려지지 않았다.

아벨과 마찬가지로 갈루아도 중학교를 다닐 때 좋은 수학 교사를 만나서 오묘한 수학의 세계에 들어섰다. 얼마 지나지 않아 그는 교과서를 팽개치고 곧바로 라그랑주, 오일러, 가우스, 코시 등 수학자들의 원작을 읽었고 '군의 개념'을 구상해냈다. 그는 파리, 그것도 명문학교에서 공부를 했기 때문에 아벨처럼 젊은 나이에 요절하는 불행을 피할 수도 있었을 것이다. 하지만 그가 프랑스 과학원에 제출한 세 편의 논문을 코시 등의 수학자들은 주목하지 않았고 분실하기까지 했다. 결투 전날 아마도 그는 자신의 운명을 직감했는지 친구에게 편지 형식으로 유서를 남겼다. 이 편지는 그가 쓴 다른 수기 원고가 함께 후배 수학자들에게 전해졌다. 그러나 갈루아는 생전에 오직 한 편의 짧은 논문만을 썼을 뿐이고 그가 죽은 뒤 사람들이 수집한 그의 원고도 60쪽 밖에 되지 않았다.

갈루아의 연구는 근세 대수 연구의 문을 열었고 300여 년간 수학자들이 해결하기 위해 매달렸던 난제인 '방정식의 가해성^{可解性}'을 해결했다. 뿐만 아니라 더 중요한 것은 연산 대상을 포함한 군의 개념(원소의 대상과 상관없으며, 치환군은 특별한 예일 뿐이다)을 도입해서 대수학의 대상, 내용, 방법에서 커다란 변혁을 이끌었다는 점이다. 수학과 자연과학이 발전함에 따라 군의 응용 범위도 결정 구조에서부터 기본 입자^{基本粒子,} elementary particle(다른 입자를 구성하는 가장 기본적인 입자-역주) 양자역학 등으로 점점 넓어졌다. 1900년, 프린스턴 대학의 한 물리학자는 다른 수학자와 커리큘럼을 정할 때 군론은 물리학에 아무런 쓸모가 없으니 제외시켜도 무방하다고 말한 바 있다. 하지만 20년도 채 지나지 않아 군론과 양자역학에 관한 전공 서적이 세 권이나 출판되었다. 아벨과 갈루아 등 수학자들의 연구 덕분에 대수를 연구하는 학자들은 방정식의 해를 구하는 문제에서 해방되었고 수학 내부의 발전과 혁신에 눈을 돌릴 수 있었다.

우리가 주목해야 할 또 한 명의 천재 수학자가 있다. 그는 갈루아보다 2년 먼저 태어난 프랑스인 조제프 리우빌$^{Joseph \ Liouville}$이다. 리우빌은 16세 때 파리 이공대학에 입학했고 후에 학교에 남아 조교로 일했으며 대수적 수의 유리함수 근사$^{approximation \ by \ rational \ functions}$와 초월수론의 창시자가 되었다. '대수적 수$^{algebraic \ number}$'와 '초월수$^{transcendental \ number}$'($\pi$와 같이 대수적 수가 아닌 수들)는 이렇게 정의한다. "하나의 미지수에 대해 정수 계수를 가진 다항방정식의 해가 되는 수가 대수적 수이고 그렇지 않으면 초월수이다." 이 초월수의 개념은 오일러의 저서 『해석적 무한대의 소개 Introductio in analysin infinitorum』(1748)에 처음 등장한다. 1844년 리우빌은 초월수의 존재성을 처음 증명했으며, 무한급수를 통해서 수없이 많은 초월수를 만들었다. 초월수의 예는 다음의 무한 소수를 보면 알 수 있다.

$$\sum_{i=1}^{\infty} \frac{1}{10^{i!}} = 0.1100010000\cdots$$

이 수를 '리우빌 수'라고 부르는데 이것은 인류가 수를 새롭게 인식하게 된 계기가 되었다. 이밖에도 1873년, 프랑스 수학자 샤를 에르미트[C. Hermitian]는 자연대수의 밑 $e=2.7182818\cdots$이 초월수임을 증명했다. 1882년에는 독일 수학자 페르디난트 린데만[F. Lindermann]이 원주율 π가 초월수임을 밝혀냈다. 린데만의 박사 지도교수는 펠릭스 클라인[Felix Klein]이었다. 린데만이 쾨니히스베르크[Königsberg] 대학에서 가르쳤던 힐베르트[Hilbert]와 민코프스키[Minkowski]는 같은 해에 박사학위를 받았다. 스승과 제자 관계였던 린데만과 이 세 사람은 수학 영역에서 쾨니히스베르크 학파를 세웠다.

그러나 우리는 아직도 $e+\pi$이 초월수인지 아닌지 모르며, 심지어 그것이 무리수인지 여부도 모른다. 아래의 오일러 상수가 유리수인지 여부도 아직까지 분명하지 않다.

$$\gamma = \lim_{n \to \infty}\left(1+\frac{1}{2}+\cdots+\frac{1}{n}-\log n\right) = 0.5772156649\cdots$$

수학사의 골동품, 해밀턴의 사원수

갈루아가 군의 개념을 제시한 뒤, 대수학 영역에서 곧이어 일어난 중대한 발견이 사원수이다. 이것은 수학 역사상 처음으로 곱셈의 교환법칙이 성립하지 않는 수 체계를 말한다. 비록 사원수의 영향력이 갈루아의 군 이론이나 아벨의 타원함수에 미치지는 못하지만 대수학의 발전에 있어서 가히 혁명적이라 말할 수 있다. 뉴턴이 세상을 떠난 뒤 유럽 수학의 무대를 프랑스와 독일의 수학자들이 줄곧 차지했는데, 늦게나마 영어권 국가도 기를 펼 수 있게 한 사람이 바로 해밀턴이다. 해밀턴은 아일랜드인으로 런던에서 400여 킬로미터 떨어진 더블린^Dublin에 살았다. 하지만 19세기 내내 영국과 아일랜드는 명의상 하나의 국가였다.

해밀턴은 1805년 더블린의 어느 변호사 가정에서 태어났다. 그러나 그의 부모는 미래의 불행을 예견했는지 어린 해밀턴을 시골에서 목사로 일하는 삼촌 집으로 보냈다. 이 삼촌은 언어 분야에서 천부적인 재능이 있었다. 해밀턴 역시 신동이어서 13세 되던 해에 이미 라틴어, 히브리어, 아라비아어, 페르시아어, 산스크리트어, 벵골어, 말레이어, 힌두스탄어^Hindustani language(인도에서 쓰이는 공통어), 고대 시리아어 등 13가지 언어를 유창하게 구사했다고 한다. 해밀턴이 막 중국어를 배우려고 할 무렵 그의 부모가 세상을 떠났다. 그리고 15세 되던 해 암산에 능한 미국 신동이 더블린에 왔다. 해밀턴은 자신보다 한 살 어린 그와 어울려 지내며 수학적 세계를 탐구하기 시작했다.

해밀턴은 독학으로 해석기하학과 미적분을 금세 통달했다. 그는 뉴턴의 『자연철학의 수학 원리』와 라플라스의 『천체 역학』을 읽은 뒤 라플라스의 책에서 오류를 지적해 사람들의 주목을 받았다. 이듬해, 정식으로 학교 교육을 받은 적이 없는 그

더블린 블룸(Bloom) 다리 위의 비석, 해밀턴이 산책하다 이곳에서 사원수를 고안했다고 쓰여 있다.

는 더블린 트리니티 칼리지에 수석으로 입학했다. 그는 대학을 졸업했을 때 이미 기하광학이라는 새로운 학과를 세웠다. 그 결과 모교에 남아 천문학교수가 되었으며 '아일랜드 왕실 천문학자'의 칭호를 얻었다. 그때 만 22세도 채 되지 않은 그의 앞날은 아벨, 갈루아와는 전혀 달랐다. 30세 되던 해에 기사 작위를 받았고 2년 뒤 아일랜드 왕실 과학원 원장으로 임명되었다.

해밀턴은 물리학자, 천문학자로 이름을 알렸지만 그가 가장 마음을 기울이고 많은 정력을 쏟은 분야는 오히려 수학이었다. 하지만 여러 가지 원인으로 수학에서 그의 성과는 다소 늦게 나왔다. 19세기 초, 가우스 등의 수학자들은 실수와 허수의 합으로 이루어지는 복소수 $a+bi$를 기하학적으로 표시하는 법을 제시했다. 얼마 지나지 않아 수학자들은 복소수로 평면상의 벡터^{vector}를 표시하고 연구할 수 있음을 깨달았다. 특히 물리학에서 크기와 방향을 갖는 힘, 속도와 가속도의 양이 모두 벡터이고, 이들 벡터가 평행사변형의 법칙$^{law of parallelogram}$(두 개의 벡터의 합성 법칙-역주)에 부합하기 때문에 두 복소수를 더한 결과도 이 법칙에 부합했다.

복소수로 벡터를 표시하고 연산하면서 얻는 큰 이점은 기하학적 작도 없이 대수의 방법으로 이것을 연구할 수 있다는 것이다. 그러나 다시금 새로운 문제에 부딪혔다. 복소수의 용도가 제한적이었던 것이다. 물체에 작용하는 몇 가지 에너지가 동일한 평면에 있지 않기 때문에 복소수의 3차원 형식이 필요했다. 수학자들은 자연스럽게 데카르트 좌표계(x, y, z)로 원점에서부터 해당 되는 점의 벡터를 표시하는 방법을 생각해냈다. 하지만 삼원수의 연산과 대응할 벡터의 연산이 없었다. 해밀턴이 직면한 과제는 앞서 언급한 연산을 복소수로 해결하는 것이었다.

1837년, 해밀턴은 한 편의 논문을 발표했다. 여기서 그는 처음으로 복소수 $a+bi$의 덧셈 부호는 단지 역사적인 우연에 의해 사용된 것일 뿐이며, 복소수는 순서쌍$^{ordered\ pair}$으로 표시할 수 있음을 지적했다. 그는 이 순서쌍의 덧셈, 곱셈 연산법칙을 정리했다.

$$(a, b) + (c, d) = (a+c, b+d)$$
$$(a, b) \times (c, d) = (ac-bd, ad+bc)$$

또한 이 두 가지 연산은 닫혀 있으며 교환법칙과 결합법칙을 만족함을 증명했다. 이것은 해밀턴이 내딛은 첫 걸음이었고 이어서 그는 순서쌍을 삼원수보다 확장해서 그것이 실수와 복소수의 기본성질을 갖게 했다. 오랜 시간에 걸친 노력 끝에 그는 찾아내려는 새로운 수가 적어도 4개 있어야 함을 발견했다. 하지만 오래 전부터 받아들였던 곱셈의 교환법칙을 버려야 했다. 그리고 이런 종류의 새로운 수를 사원수^{四元數,} ^{quaternions}라고 이름 붙였다.

4원수의 일반적인 형식은 $a+bi+cj+dk$이다. 그중에서 a, b, c, d는 실수이고 i, j, k는 $i^2=j^2=k^2=-1$, $ij=-ji=k$, $jk=-kj=i$, $ki=-ki=j$를 만족시킨다. 따라서 임의의 두 사원수 모두 위의 법칙에 따라 곱할 수 있다. 예를 들면 $p=1+2i+3j+4k$이고, $q=4+3i+2j+k$이라고 하면,

$$pq=-12+6i+24j+12k, qp=-12+16i+4j+22k$$

이다. $pq \neq qp$이지만 결합법칙은 성립한다. 해밀턴은 사원수라는 용어를 직접 검증했고 또한 최초로 사용했다. 1843년 해밀턴이 발견한 사원

수는 대수학의 새로운 문을 열었다. 이때부터 수학자들은 더욱 자유롭게 새로운 수 체계를 만들 수 있었다.

한 가지 주목할 점은, 해밀턴의 사원수가 수학적으로 의의가 크지만 물리학에는 맞지 않다는 것이다. 독일, 영국과 미국의 여러 수학자들이 공동 작업을 통해서 사원수의 정의 중 첫 번째 항과 뒤의 세 가지 항을 분리했다. 뒤의 세 항으로 하나의 벡터를 만들었고 새롭게 i, j, k 사이의 두 가지 연산, 즉 내적$^{\text{dot product}}$과 외적$^{\text{cross product}}$을 정의했다. 이것은 오늘날 공간해석기하학에서 배우는 '벡터의 연산' 또는 '벡터해석'인데 물리학에서 널리 사용된다. 1844년 독일 수학자 그라스만$^{\text{H.Grassmann}}$은 해밀턴이 창안한 사원수보다 더욱 일반적인 방법으로 현대적인 대수의 개념을 제시했다. 행렬 역시 독립된 연구 대상이 되었는데 이것은 매우 다양한 분야에서 응용될 뿐만 아니라 사원수처럼 곱셈의 교환법칙이 성립하지 못한다.

안타깝게도 사원수 이론은 후에 다른 수학적 발견처럼 '수학사의 재미있는 골동품'이 되었다. 해밀턴은 말년에 사원수야말로 우주의 신비를 푸는 핵심이며, 17세기에 뉴턴이 만든 유율법만큼 중요하다고 믿었

영국 역사상 가장 많은 성과를 낸 수학자 케일리

다. 그러나 사원수 이론은 탄생 이후 곧바로 그 역사적 사명을 다했다. 그런데도 해밀턴은 인생의 마지막 20년을 사원수 이론을 발전시키는 데 할애했으니 그처럼 위대한 수학자에게는 비극이 아닐 수 없다. 대서양 너머 당시만 해도 수학의 발전이 더뎠던 미국에서 사원수 이론은 한때 각광을 받았다. 새로 만들어

진 미국 과학원의 원사들은 해밀턴을 자신들의 첫 번째 외국 국적의 원사로 추대하기도 했다.

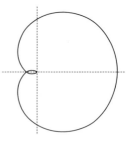

케일리의 콘코이드

해밀턴이 세상을 떠나기 8년 전인 1857년, 영국 수학자 케일리[Arthur Cayley]가 선형변환에서 행렬 개념과 연산법칙을 도출했다. 그는 행렬이 덧셈에서 교환법칙과 결합법칙이 성립하고, 곱셈에서는 결합법칙과 덧셈에 대한 분배법칙만 성립하며 사원수처럼 교환법칙은 성립하지 않음을 발견했다. 예를 들면 다음과 같다.

$$\begin{pmatrix} 1 & 0 \\ 0 & 0 \end{pmatrix}\begin{pmatrix} 0 & 1 \\ 0 & 1 \end{pmatrix} = \begin{pmatrix} 0 & 1 \\ 0 & 0 \end{pmatrix} \neq \begin{pmatrix} 0 & 0 \\ 0 & 0 \end{pmatrix} = \begin{pmatrix} 0 & 1 \\ 0 & 1 \end{pmatrix}\begin{pmatrix} 1 & 0 \\ 0 & 0 \end{pmatrix}$$

행렬 이론의 중요성은 굳이 설명할 필요가 없을 것이다. 이 새로운 개념 덕분에 해밀턴의 이름은 수학사에 잠깐 언급되는 것으로 끝나지 않고 오늘날 고등대수 커리큘럼에 영원히 남게 되었는데, 그것이 바로 '케일리-해밀턴 정리'이다.

A가 가환환 P 위의 n차 정사각행렬이라고 할 때, $f(\lambda) = \left| \lambda E - A \right|$ (행렬식)은 A의 특성다항식이다, 즉 $f(A) = 0$(영행렬)이다.

1925년, 물리학자 보른[M. Born]과 하이젠베르크는 그들의 새로운 생각을 가장 잘 표현할 수 있는 것이 행렬 대수임을 발견했다. 즉 어떤 물리량은 교환할 수 없는 대수를 대상으로 해서 표시할 수 있다는 것으로 여기서 유명한 '불확정성의 원리[uncertainty principle]'가 나왔다. 행렬[matrix]이라는 단어는 케일리의 동료인 영국 수학자 실베스터$^{J.J.Sylvester}$가 이름 붙인 것이다. 또한 케일리는 n차 공간 개념을 도입해서 4차원 공간의 성질을 상세히 논했다. 그와 실베스터는 공동으로 대수 불변량 이론을 세웠고, 양자역학과 상대성 이론의 성립 과정에도 기여했다. 케일리는 남학생 뿐이던 케임브리지 대학이 여학생을 받아들이는 데에도 힘을 썼다. 실베스터는 미국에서 잠깐 동안 교수로 일한 적이 있는데 이때 신대륙의 수학 발전에 큰 역할을 담당했다.

케일리의 부친은 상트페테르부르크에서 상업에 종사하는 영국인이었고, 어머니는 러시아 혈통을 물려받았다. 케일리는 그의 부모가 고향 영국을 방문하는 기간에 태어났지만 어린 시절은 러시아에서 보냈다. 처음에 케일리의 부친은 아들이 수학을 직업으로 삼는 데 반대했다. 하지만 중학교 교장의 설득으로 더 이상 반대하지 않았다. 후에 케일리는 영국 역사상 가장 많은 연구 성과를 낸 수학자가 되었으며 해밀턴, 실베스터와 함께 뉴턴 이후 영국 수학이 또 한 번의 전성시대를 맞이하도록 이끌었다. 유명한 수학자가 되기 전, 케일리와 실베스터는 한동안 변호사 사무소를 개업했었다. 케일리는 재산 양도 분야에서 변호사로 14년 동안 일하면서 부유한 삶을 누렸지만 수학 연구를 중단하지 않았다. 그의 이런 삶은 미국 현대 시인 스티븐스$^{W.Stevens}$를 연상시킨다. 스티븐스는 보험 회사의 부회장으로 오랫동안 일했었다.

마침내 기하학의 변혁

발전이 더뎠던 기하학을 향한 고군분투기

대수학에서 새로운 생명이 탄생했을 때 수학의 또 다른 영역인 기하학 내부에서도 혁명적인 변화가 서서히 일어나고 있었다. 그러나 기하학의 역사가 워낙 오래되고 철학과도 관련되어서 이런 변화는 그다지 눈에 띄지 않았다. 고대 그리스로 거슬러 올라가보면 유클리드 기하학은 수학의 엄격성과 논리성을 보여주는 전형이었고, 2천 년 동안 결코 흔들리지 않는 지위를 차지했다. 그만큼 수학자들은 유클리드 기하학이야말로 절대 진리라고 믿었다. 배로우는 유클리드 기하학을 인정하고 찬양했으며, 그의 제자 뉴턴 역시 자신이 세운 미적분에 유클리드 기하학의 겉옷을 입혔다.

데카르트의 해석기하학은 기하학 연구의 방법을 바꾸기는 했지만 본질적으로 유클리드 기하학의 내용을 유지했다. 그는 기하 작도를 할 때마다 조심스럽게 별도의 증명을 덧붙였다. 데카르트와 동시대 혹은 조금 늦게 등장한 홉스$^{T.Hobbes}$, 로크$^{J.Locke}$, 라이프니츠, 칸트와 헤겔$^{G.W.Hegel}$ 역시 각자의 관점에서 유클리드 기하학은 명백하며 필연적이라고 판단

330

했다. 칸트는『순수이성비판』에서 감성적 직관이 우리로 하여금 한 가지의 방식으로 외부 세계를 관찰하게 한다고 표명했다. 그는 물질세계는 필연적으로 유클리드식이라고 단언했고, 유클리드 기하학이 유일하며 필연적이라고 여겼다.

불가지론자 흄

그러나 1739년, 칸트가 대학에 들어가기 1년 전, 스코틀랜드 철학자 흄[D.Hume]은 한 책에서 우주 속의 사물은 일정한 법칙을 따른다는 사실을 부정했다. 그의 불가지론에 따르면 과학은 순수하게 경험으로부터 나오기 때문에 유클리드 기하학 정리는 진리라고 말할 수 없다는 것이다. 실제로 유클리드 기하학은 완벽하지 않다. 그것이 탄생한 날부터 한 가지 문제가 수학자들을 집요하게 괴롭혔는데 그것은 제5 공준으로 '평행선 공준'이라고도 불린다. 제5 공준은 다른 4가지 공준처럼 간단명료하지 않다. 당시 어떤 사람은 이것이 공준보다는 오히려 정리에 더 가깝다고 말했다. 달랑베르는 이 공준을 '기하학 집안의 망신'이라 부르며 비꼬았다. 그렇다면 제5 공준이 무엇인지 알아보자.

평면에서 한 직선이 두 직선과 만나서 어느 한 쪽의 두 내각의 합이 $180°$보다 작으면, 이 두 직선을 무한히 연장할 때 $180°$보다 작은 각이 이루어지는 쪽에서 두 직선은 만난다.

수학자들은 집안 망신을 감추기 위해서 두 방향으로 노력했다. 그들은 다른 공준과 공리를 이용해서 이것을 증명 하려고 시도했다. 앞서 제4장에서 소개한 오마 르 하이얌과 나시르 알딘 알투시의 연구가 이 에 속한다. 다른 하나는 쉽고 더욱 자연스러운 등가의 공준을 찾아내서 이를 대체하는 것이다. 역사적으로 이를 대체할 공준이 10개가 넘었다. 그중 가장 유명한 것이 18세기 스코틀랜드 수

스코틀랜드 수학자 플레이페어

학자, 물리학자인 플레이페어[J.Playfair]가 제기한 '플레이페어 공리'이다.

한 직선과 그 직선 위에 있지 않은 한 점이 있을 때, 그 점을 지나면서 주어 진 직선과 평행한 직선은 단 하나다.

일찍이 하이얌과 나시르 알딘 알투시보다 앞서, 2세기의 고대 그리스 천문학자 프톨레마이오스(아마도 역사상 처음으로)도 평행선 공준을 증명 하기 위해 시도했고 완성했다고 여겼다. 그리고 5세기 철학자 프로클로 스[H.D.Proclus]는 프톨레마이오스의 증명에서 플레이페어 공리가 사용됐음 을 밝혀냈다. 따라서 플레이페어 공리는 결코 이 스코틀랜드인이 처음 만든 것이 아니다.

그 후로 제5 공준에 대해 다른 어떤 시도도 없었다. 왜냐하면 유클리 드의 『원론』이 유럽에서 사라졌기 때문이다. 단지 아라비아어를 읽을 수 있는 페르시아인만이 이 공준의 증명을 연구했다. 중세에 이르러서 야 이 책은 아라비아어 번역본을 바탕으로 해서 라틴어로 번역되었다. 이에 따라 제5 공준이 다시금 유럽 수학자들 앞에 모습을 드러냈다. 월

리스는 이 문제를 여러 차례 탐구했지만 그의 증명에는 매번 동치 증명이 숨겨져 있거나 혹은 다른 형식의 추리적 착오가 있었다. 후에 18세기 중엽에 이르러서야 이름이 잘 알려지지 않은 세 명의 수학자들이 의미 있는 진전을 보였다.

세 수학자가 사용한 방법은 오마르 하이얌과 나시르 알딘 알투시의 시도와 본질적으로 다르지 않다. 그들은 모두 두 개의 직각을 가진 이등변사각형 $ABCD$를 고려했다. 즉 $\angle A = \angle B$는 직각이고, 선분 $AD =$ 선분 BC이다. 이때 $\angle C$와 $\angle D$가 모두 예각이거나 직각이거나 둔각인 경우를 각각 '예각가설', '직각가설', '둔각가설'이라고 명명했다. 그들은 귀류법을 사용해서 예각가설, 둔각가설이 모순에 이르는 것을 보여주고 직각가설이 성립함을 증명함으로써 이것이 평행선 공준에 만족한다는 결론을 유도하려 했다. 이 과정에서 둔각가설은 제거할 수 있었지만 예각가설에서는 모순을 찾지 못했고 오히려 새로운 명제가 쏟아져 나왔다. 어느 독일인 수학자가 한 이탈리아 수학자의 연구를 바탕으로 오랜 노력 끝에 '제5 공준이 다른 공준 또는 공리를 통해 증명되는지'에 대한 의문을 처음으로 제기했다. 한 스위스인 수학자는 만약 일련의 가설에 모순이 생긴다면 아마도 새로운 기하학이 탄생할 수 있으리라 여겼다. 이 독일인과 스위스인은 비록 성공에 가까이 다가갔지만 알 수 없는 이유로 주춤하고 말았다. 그렇더라도 그들이 비유클리드 기하학에 세운 공로를 부정할 수는 없다.

비유클리드 기하학의 선구자들

앞에서 언급했듯이 데카르트와 파스칼은 해석기하학을, 뉴턴과 라이프니츠는 미적분을 만들었다. 이제 비유클리드 기하학이 어떻게 탄생했는지 살펴보자. 국적이 다른 세 수학자가 여기에 참여했고, 서로 알지 못하는 상황이었지만 비슷한 방법으로 비유클리드 기하학을 탄생시켰다. 이 세 수학자는 독일의 가우스, 헝가리의 야노슈 보요이[János Bolyai], 러시아의 로바체프스키[Nikolay Ivanovich Lobachevsky]이다. 가우

러시아의 로바체프스키

스는 이미 천재 수학자로 명성을 떨쳤지만 보요이와 로바체프스키 모두 알려지지 않은 상태였다. 이후 두 사람은 비유클리드 기하학 연구를 통해 역사에 이름을 남겼다.

이 세 수학자 모두 선배 수학자들이 이룬 연구의 기초 위에 플레이페어 공리를 출발점으로 삼아 주어진 직선 밖의 한 점을 지나고, 그 직선과 이루는 평행선이 하나보다 많거나, 오직 하나이거나, 아니면 없다는 세 가지 상황을 판별했다. 그리고 앞서 언급한 예각가설, 직각가설, 둔각가설을 대응시켰다. 세 명 모두 첫 번째 상황이 기하학의 무모순성을 실현한다고 믿었다. 그들은 이 무모순성(즉 예각가설과 직각가설이 서로 모순되지 않는다는 점)을 증명하지 못했지만 예각가설의 조건에서 기하학과 삼각법을 증명했다. 이로써 새로운 기하학이 수립되었다.

이제 간단한 예를 들어 보자. 임의의 이차곡선(예를 들면 타원)이 둘러싼 구역을 로바체프스키 공간으로 볼 수 있다. 그림에서 보듯, 타원 위의 임의의 두 점 A, B(무한

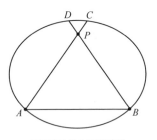

로바체프스키 공간의 예

원점)를 연결한 직선이 있다. 타원 내부(경계 포함)에 있으면서 직선 AB 밖의 임의의 점 P에서 뻗은 두 직선은 직선 AB와 점 A, B에서 교차한다. 이 직선의 연장선은 각각 타원 위의 점 C, D에서 교차한다. 데자르그 정리Desargue's theorem(제5장 참고)에 의하면, 무한 원점과 교차하는 두 직선은 서로 평행이다. 따라서 직선 APC와 BPD는 AB와 평행이다.

위의 예는 간단명료하지만 유클리드 기하학의 앞의 네 가지 공준을 완전히 만족시키지 못한다. 그러나 우리는 이에 대해 수정을 가할 수 있다. 임의의 타원은 그대로 두고 직선 대신 곡선을 이용하는 것이다. 곡선을 이용하면 유클리드 기하학의 앞의 네 가지 공준을 만족시킬 뿐만 아니라 두 개의 끝점이 타원과 서로 수직을 이룬다. 이렇게 되면 무한히 많은 곡선(또는 직선)이 주어진 곡선(또는 직선)과 평행을 이룬다.

가우스는 이 새로운 기하학을 '비유클리드 기하학'이라고 명명했다. 이렇게 해서 운 좋은 이 고대 그리스 수학자는 모든 기하학에 자신의 이름을 사용하게 되었다. 다른 과학 분야에서는 이와 같은 상황을 찾아볼 수 없다. 한편 가우스는 친구에게 보내는 편지에 이 새로운 기하학을 대략적으로 설명한 것 외에는 생전에 어떤 논문에서도 공개적으로 발표하지 않았다. 어쩌면 그는 자신의 이 발견이 당시 유행하던 칸트의 유클리드적 공간관과 배치되기 때문에 세상 사람들의 공격을 받을지 모른다고 걱정했을 수도 있다. 게다가 가우스는 당시 전 유럽에서 이미 높은 명성을 누리고 있었다. 바로 이런 이유 덕분에 두 명의 젊은 후배 수학자들이 이름을 알릴 기회를 얻었고 그들이 얻은 명예는 그들이 속한 나라의 영예까지 높였다.

야노슈 보요이는 아벨과 같은 해에 태어났다. 그의 고향은 트란실바니아^{Transsilvania}의 작은 마을인데 지금의 루마니아 클루지^{Cluj}가 그곳이다. 1차 세계 대전이 끝나기 전 이곳은 800년 넘게 헝가리에 속했다. 야노 슈 보요이의 부친 포르코슈 보요이^{Farkas Bolyai}는 젊었을 때 괴팅겐 대학 에서 수학했고, 가우스와는 동창이자 평생 우정을 나눈 친구였다. 후 에 트란실바니아로 돌아와서 트르구무레슈^{Târgu Mureș}의 한 교회 학교에 서 50년 넘게 교사로 일했다. 야노슈는 어릴 때부터 아버지에게서 미적 분과 해석역학을 배웠고 16세에 비엔나에 있는 왕립 공학 대학에 입학 했다. 졸업 후 군대에서 근무했지만 줄곧 수학 특히 비유클리드 기하학 연구에 심취해있었다.

그런데 포르코슈 보요이는 아들이 수학 연구에 빠져 있음을 알자 완 강히 반대하며 그에게 연구를 중단하라고 편지를 보냈다. "수학 연구는 앞으로 너의 모든 여유 시간, 건강, 균형 잡힌 생각 그리고 일생의 즐거 움을 앗아갈 것이다. 이 끝없는 블랙홀은 천 명의 등대와도 같은 뉴턴 을 집어삼킬 것이다." 아버지의 반대에도 보요이는 자신의 뜻을 굽히지 않았다. 23세 되던 해 방학을 맞아 집으로 돌아갈 때, 그는 자신이 쓴 논 문을 가지고 가서 아버지에게 보여드렸다. 그래도 포르코슈는 여전히 생각을 바꾸지 않았다. 6년이 지난 뒤 포르코슈는 수학 교재를 출판하 면서 아들의 연구 성과를 이 책의 부록에 실어주기로 마지못해 허락했 는데 그마저도 단 24쪽으로 축약해야 했다. 포르코슈는 이 부록의 교정 지를 가우스에게 보냈다. 한참 후 가우스로부터 받은 회신에 의하면, 그 는 이미 30년 전에 이 결과를 얻었다고 한다.

예상한 대로, 포르코슈의 책과 그 부록은 별다른 반향을 일으키지 못 했다. 그 이듬해 야노슈는 차 사고를 당해 불구가 되어서 퇴역하고 고

야노슈의 부친 포르코슈 보요이의 고택　　　헝가리 우표 속 야노슈 보요이

향으로 돌아왔다. 게다가 그도 자신의 부친처럼 불행한 결혼 생활을 겪어야 했다. 부친과 달리 그는 가난하기까지 했다. 그러던 어느 날 러시아에서 로바체프스키가 새로운 기하학을 발표했다는 소식이 들렸다. 야노슈는 하는 수 없이 문학 작품을 쓰면서 위안을 찾았지만 여기서도 성공을 거두지 못했다. 야노슈가 죽은 지 30년 뒤에야 헝가리에서 그의 묘지가 정비되고 그를 기념하는 조각상이 세워졌다. 후에 헝가리 과학원은 야노슈 보요이의 이름으로 국제적인 수학상을 제정했다. 수학자 푸앵카레Jules Henri Poincare, 힐베르트와 물리학자 아인슈타인이 차례로 이 상을 받았다.

　이제 비유클리드 기하학의 개념을 가장 먼저 발표한 로바체프스키에 대해 알아보자. 야노슈 보요이보다 10살 많은 로바체프스키는 모스크바에서 동쪽으로 400km 떨어진 니주니 노브고로드Nizhni Novgorod에서 태어났다. 성직자였던 부친이 일찍 돌아가셨지만 부지런하고 강인하며 생각이 깨어 있던 모친은 자신의 세 아들을 모두 300km 떨어진 카잔Kazan에 있는 중학교에 보냈다. 세 형제 중에서 로바체프스키만 줄곧 카잔에 남아 여생을 보냈다. 4년 후, 14세였던 로바체프스키는 카잔 대학에 입학했다. 카잔은 러시아 연방 타타르스탄 공화국의 수도이다. 카잔 대학은 후에 모스크바 대학과 상트페테르부르크 대학 다음으로 권위 있는 대학이 되었지만 로바체프스키 시대에는 잘 알려지지 않았다.

앞서 언급한 여러 수학자들처럼 로바체프스키도 중학교와 대학교에서 훌륭한 수학 교사를 만났다. 이들의 지도 덕분에 그는 여러 종류의 외국어를 배워서 선배 수학자들의 원서를 탐독했고 아울러 자신의 재능을 펼쳤다. 그는 상상력이 풍부했고 고집이 셌으며 스스로를 비범하다고 자처했다. 그렇다보니 학교 규율을 자주 어겼지만 교수들은 그를 두둔하고 비호했다. 그는 석사 과정을 졸업한 뒤 학교에 남아 일했다. 행정 능력이 뛰어난데다 비유클리드 기하학 이외의 분야에서 쌓은 학술 성과로 그는 계속 승진해서 교수, 학과 주임교수 나중에는 대학 학장의 자리에까지 올랐다. 톨스토이[Leo Tolstoy]가 동양언어학과(후에 레닌이 법학과에 입학했다)에 입학했을 때 그가 이 대학의 학장이었다.

로바체프스키는 교육자로서 승승장구했지만 그가 매달린 비유클리드 기하학 연구는 인정을 받지 못했다. 당시 러시아는 낙후된 나라였고 그때까지 유럽에서 이름을 떨친 수학자를 배출한 적이 없었다. 1823년 로바체프스키는 〈기하학의 원리〉라는 제목의 논문을 썼는데 그 안에 비유클리드 기하학에 대한 자신의 새로운 생각을 담았다. 그러나 러시아 과학원은 이를 받아들이지 않았다. 3년 후 그는 카잔 대학 물리수학과 학술회의에서 자신의 논문을 발표했다. 하지만 그의 동료들은 이를 황당무계한 발상이라고 폄하하며 주의를 기울이지 않았고 심지어 그의 수기 원고마저 유실되었다. 다시 3년이 지나고 이미 대학 학장이 된 로바체프스키는 카잔 대학의 학보에 정식으로 자신의 연구 결과

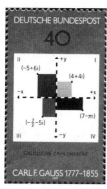

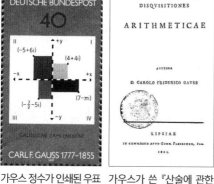

가우스 정수가 인쇄된 우표   가우스가 쓴 『산술에 관한
                              논고』의 속표지

인 〈기하학의 기초에 관하여〉를 발표했다. 이로써 그의 새로운 사상이 서서히 서유럽에 알려지기 시작했다.

새로운 기하학이 마침내 그 탄생을 선포하자 사람들은 이를 두고 로바체프스키 기하학이라고 불렀다. 가우스와 야노슈 보요이의 이름은 새로운 기하학의 이름에 오르지 않았다. 보요이는 부친의 보고서의 부록에 실린 자신의 연구를 '절대 기하학'이라고 불렀고, 로바체프스키는 그의 논문에서 이를 '허虛 기하학Géométrie imaginaire'이라고 불렀다. 당시 새로운 기하학의 영향력은 미미해서 사람들은 반신반의했다. 그러다 가우스가 죽은 뒤 그가 남긴 비유클리드 기하학과 관련된 노트가 세상에 알려지고서야 가우스의 지위와 명망이 더해져서 사람들이 관심을 보였다. 이로써 '유일한 기하학'에 대한 신념이 흔들리기 시작했다.

다음으로 소개할 인물은 '수학의 황제' 가우스이다. 1777년, 가우스는 독일 중북부의 작은 도시 브라운슈바이크Braunschweig의 한 농민 가정에서 태어났다. 그는 모친이 낳고 기른 유일한 아이였다. 가우스는 5세 때 부친의 장부에서 오류를 발견했을 정도로 머리가 좋았다. 초등학교에 다니던 9세 때 일화가 이를 증명한다. 선생님이 학생들에게 1부터 100까지 모든 숫자를 더하라는 문제를 냈다. 가우스는 곧바로 정답 5,050을 맞혔다. 그날 이후 가우스는 브라운슈바이크 공작으로부터 재정을 지원을 받아 중등교육과 대학교육을 마칠 수 있었다. 그가 괴팅겐 대학의 교수 겸 천문대 책임자로 부임할 즈음 그를 지원했던 공작이 세상을 떠났다.

어린 시절 가우스는 언어학자가 될 것인지 수학자가 될 것인지 결정을 내리지 못했다. 그러다 만 19세가 될 무렵 수학에 헌신하기로 결심했다. 그는 산술적 방법으로 정다각형의 유클리드 작도 이론(컴퍼스와 눈금 없는 자만을 사용)을 세우는 데에 놀라운 공헌을 했다. 특히 정17각형의 작도 방법을 발견했는데 이는 2천 년 넘게 해결되지 않고 있던 난제였다. 가우스는 이제 막 수학자의 길에 들어섰지만 실력은 이미 높은 경지에 이르렀고 이후의 50년 동안 줄곧 그 자리에서 내려오지 않았다. 1801년, 이제 겨우 24세가 된 그는 『산술에 관한 논고$^{\text{Disquisitiones Arithmeticae}}$』를 출판해 현대 수론의 신기원을 열었다. 이 책에는 정다각형의 작도 방법, 합동식 기호가 등장했고, 이차 상호 법칙$^{\text{the quadratic reciprocity law}}$(두 홀수 소수가 서로에 대하여 제곱잉여인지 여부가 대칭적이라는 정리-역주)을 처음으로 증명했다.

지금까지 언급한 것은 가우스가 젊은 시절 수론 분야에서 이룬 업적에 지나지 않는다. 그는 인생의 각 단계마다 거의 모든 수학 영역에서 창의적인 연구를 진행했다. 또한 그는 매우 위대한 물리학자이자 천문학자이기도 했다. 그러나 수론은 의심의 여지없이 가우스가 가장 좋아하는 분야여서 '수학의 여왕'이라 불렀다. 또 "산술을 조금이라도 연구하고 공부한 사람이라면 틀림없이 특별한 열정을 느끼고 열광할 것이다"라고 말하기도 했다. 현대 수학 '최후의 만물박사'인 힐베르트의 전기 작가 역시 힐베르트가 대수불변량 이론을 팽개치고 수론 연구로 전

향한 일을 두고 이렇게 말했다. "수학에서 거부할 수 없는 매력으로 엘리트 수학자들을 매혹시킬 수 있는 분야는 수론 외에는 없다." 아마도 이것이 가우스가 비유클리드 기하학 연구 성과를 발표하지 않고 미룬 또 다른 이유일지도 모른다.

버려졌던 도형의 난제를 해결한 리만 기하학

가우스가 극찬한 제자, 리만

비유클리드 기하학이 탄생했지만 자체적인 무모순성과 현실적 의의를 증명해야 했다. 로바체프스키는 평생 이 목표를 이루기 위해 애썼지만 결국 실현하지 못했다. 하지만 로바체프스키가 죽기 2년 전, 즉 1854년에 독일의 위대한 수학자 리만[B.Riemann]이 그와 다른 학자들의 사상을 발전시켜서 기하학의 범위를 더욱 넓혔다. 오늘날 이것을 '리만 기하학'이라 부른다. '로바체프스키 기하학'과 '유클리드 기하학' 모두 리만 기하학의 특수한 예이다. 리만 이전에 수학자들은 둔각가설이 직선은 무한하게 연장할 수 있다는 가설과 상호 모순된다고 여겨서 이 가설을 버렸다. 하지만 리만은 이 가설을 되찾아왔다.

리만은 우선 '무한'과 '경계 없음' 이 두 개념을 구분지었다. 직선을 무한히 연장할 수 있다는 것은 그 길이가 무한하다는 것을 의미하는 것이 아니라 끝점이 없거나 한정되지 않음(예를 들면 개구간)을 가리킨다. 이렇게 구분하고 나자, 둔각가설도 예각가설처럼 증명이 가능해졌고 모순 없는 새로운 기하학인 리만 기하학으로 확대될 수 있었다. 후인들은 이것을 '타원 기하학'이라고도 부른다. 한편 로바체프스키 기하학과 유클리드 기하학은 각각 '쌍곡선 기하학'과 '포물선 기하학'이라고 부른다. 리만은 곡면 위의 모든 대원을 하나의 직선으로 보았다. 따라서 이때의 임의의 두 '직선'은 모두 교차함을 알 수 있다.

리만의 연구는 가우스가 연구한 곡면의 내재적 기하학을 기초로 한다. 내재적 기하학 역시 19세기 기하학의 중대한 성과 중 하나이다. 몽주가 세운 미분기하학에서 곡면은 유클리드 공간 안에서 고찰한 것이다. 그러나 가우스는 논문 〈곡면에 관한 일반적인 연구〉(1828)에서 전혀 새로운 개념을 제시했다. 즉 곡면 자체가 하나의 공간을 구성할 수 있으며 곡면의 여러 가지 성질(거리, 각도, 총 곡률)은 배경이 되는 공간과는 별개의 것이다. 이렇게 곡면의 내재된 성질을 연구하는 미분기하학을 가리켜서 '내재적 기하학'이라고 부른다. 중국의 수학자 천성선陳省身은 고차원 리만 다양체에서 '가우스-본네 정리Gauss-Bonnet theorem'의 내재성 증명을 최초로 제시했고, '특성류characteristic class'를 그 안으로 끌어들였다. 천성선의 제자 추청퉁丘成桐이 증명한 '칼라비 추측Calabi conjecture'은 주어진 리치 곡률Ricci curvature의 조건에서 '리만 계량'을 구했다. 이 추론은 끈 이론string theory에서 매우 중요한 역할을 하는데, 이 성과로 추청퉁은 1983년에 필즈상을 수상했다.

1854년, 괴팅겐 대학에서 강사로 일하게 된 리만은 취임식에서 '기하학의 기초를 형성하는 가설에 관하여'라는 제목으로 연설했다(가우스는 리만이 제시한 세 개의 주제 중에서 이것을 선택했다). 그는 가우스의 내재적 기하학을 유클리드 공간에서 임의의 n차원 공간으로 확장시켰다. n차원 공간을 '다양체manifold'라고 불렀고, 다양체 안의 한 점을 n개 순서쌍으로 표시했다. 이것은 '다양체의 좌표'라고도 불린다. 이와 동시에 거리, 길이, 각도 등의 개념을 정의한 뒤 부분다양체 곡률의 개념을 도입했다. 특히 그가 주목했던 것은 '정곡률 공간space of constant curvature', 즉 모든 점에서 곡률이 동일한 다양체이다. 3차원 공간에서 정곡률 공간은 다음 세 가지 경우가 가능하다.

곡률은 양의 상수이다, 곡률은 음의 상수이다, 곡률은 영이다.

리만은 두 번째와 세 번째 경우가 각각 로바체프스키 기하학과 유클리드 기하학에 해당한다고 지적했다. 한편 첫 번째 경우가 자신이 만들어 낸 리만 기하학이다. 리만 기하학에서는 주어진 직선 밖의 한 점을 지나는 직선은 주어진 직선과 평행하지 않는다. 즉 리만은 최초로 비유클리드 기하학을 완벽하게 이해한 수학자라고 말할 수 있다.

이제 한 가지 문제가 더 남았다. 예각가설의 무모순성을 증명해야 하는 것이다. 그렇지 않으면 평행선 공준이 유클리드 기하학의 다른 공준에 대해 독립함을 보증하기 어렵다. 다행히도 이 문제는 오래지 않아 이탈리아, 영국, 독일과 프랑스의 수학자들이 각자 단독으로 증명했다. 그들이 사용한 방법의 공통점은 유클리드 기하학의 한 모형을 제시해서 예각가설의 추상적 사고를 구체적으로 해석한 것이다. 이렇게 해서 비유클리드 기하학의 어떤 무모순성도 유클리드 기하학의 무모순성에 모두 대응하게 되었다. 이는 곧 유클리드 기하학에 모순이 없다면 로바체프스키 기하학에도 모순이 없음을 뜻한다. 따라서 비유클리드 기하학의 합법적인 지위는 충분히 보장되었고 현실적인 의의까지 갖추었다.

로바체프스키 기하학처럼 리만 기하학의 몇 가지 정리는 유클리드 기하학과 일치한다. 예를 들면 직각삼각형의 합동 조건(빗변의 길이와 다른 한 변의 길이가 같은 두 삼각형은 합동이다), 이등변삼각형의 성질(두 밑각이 같으면 두 밑각이 마주하는 변의 길이도 같다-역주)이 있다.

리만 기하학의 몇몇 정리는 사람들이 오래전부터 알고 있던 상식에 전혀 부합하지 않았다. 예를 들어 "직선에서 내린 모든 수선은 한 점에서 만난다", "두 직선은 하나의 폐쇄된 구역을 에워쌀 수 있다", "구면에서 두 점을 잇는 가장 짧은 경로가 형성하는 곡선은 이 두 점을 통과하고 또한 구의 중심을 원심으로 하는 대원의 호이다" 등이 있다. 만약 유클리드 기하학 공리의 직선을 대원으로 해석한다면 이 직선은 길이는 유한하지만 한없이 계속 확장할 수 있다. 게다가 이 구면에는 평행한 두 직선이 없다. 왜냐하면 모든 두 개의 대원은 교차하기 때문이다.

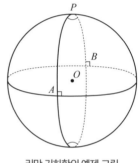

리만 기하학의 예제 그림

이렇게 되면, 구면에 있는 삼각형은 세 개의 대원의 호가 에워싼 도형이 된다. 이 삼각형의 내각은 180°보다 크다. 실제로 삼각형의 두 변을 동시에 다른 하나의 변에 수직으로 내릴 수 있는데 그 결과 두 개의 직각이 만들어진다. 재미있는 점은 로바체프스키 기하학에서는 모든 삼각형의 내각의 합이 180°보다 작다는 것이다. 이뿐만 아니라, 삼각형의 넓이가 넓어질수록 세 내각의 크기의 합은 작아진다(리만 기하학은 이와는 반대이다). 로바체프스키 기하학에서는 모양이 닮은 삼각형은 반드시 합동이지만, 두 평행선 사이의 거리는 한쪽으로는 영에 가까이 가고 다른 한 쪽으로는 무한대로 나아간다.

1826년, 리만은 하노버^{Hanover} 부근의 작은 마을에서 태어났다. 그곳은 라이프니츠가 말년에 살았던 곳이자 가우스의 고향과도 가깝다. 리만의 부친은 루터교 목사였고 모친은 법정평의원의 딸이다. 모친은 가난 때문에 영양실조에 걸려서 젊은 나이에 세상을 떠났고 리만은 부친으로부터 교육을 받았다. 그는 산술에 매료되었고 어려운 문제를 고안해서 형제자매를 놀리기 좋아했다. 14세 때, 고향의 김나지움(독일의 중등 교육 기관)에서 공부했고 부친의 뜻에 따라 나중에 전도사가 되기로 마음먹었다. 그런데 리만의 재능을 아끼던 교장이 그에게 수업을 빼지고 자신의 장서를 읽어도 좋다고 허락했다. 이때 르장드르^{A. Legendre}의 유명한 저작 『정수론^{Théorie des nombres}』과 오일러의 미적분학을 통달했다.

19세 되던 해, 리만은 괴팅겐 대학에서 신학과 철학을 공부했다. 그러나 가우스 등 수학자들의 수학 강의를 듣고 싶어서 그는 전공을 바꿀 결심을 했고 그의 부친도 선뜻 허락했다. 후에 리만은 이것만으로는 부족하다고 생각해서 2학년 때에 베를린 대학으로 전학했다. 당시 베를린 대학에는 수학자 야코비와 디리클레^{P. Dirichlet}가 있었다. 리만은 그들에게서 각각 역학과 대수, 수론과 해석학을 배웠다. 2년 후, 리만은 괴팅겐 대학으로 되돌아와서 학업을 마쳤다. 리만이 23세기 되었을 때, 가우스가 그의 지도교수가 되었다. 리만은 가우스의 제자 중 가장 뛰어난 학생이었다. 그의 박사 논문 〈가변복소함수 일반론의 기초^{Grundlagen für eine allgemeine Theorie der Functionen einer veränderlichen complexen Grösse}〉는 가우스로부터 좀처럼 듣기 힘든 극찬을 받았다.

리만은 디리클레 다음으로 가우스의 직위를 물려받았고 교수로 승진한 뒤 결혼해서 아이도 낳았다. 하지만 얼마 지나지 않아 늑막염과 폐

병에 걸려서 이탈리아 북부 마지오레Maggiore 호수 근처의 요양지에서 40세도 안 되어 세상을 떠났다. 짧은 인생에도 불구하고 리만은 수학의 다양한 영역에서 개척자가 되었고 훗날의 기하학과 해석학에 영향을 주었다. 공간기하학에 관한 그의 대담한 발상은 근대 이론 물리학이 발전하는 데 큰 영향을 주었으며, 20세기의 상대성 이론에도 상당한 정도의 수학적 기초를 제공했다.

리만이 명명한 여러 가지 수학개념 또는 명제 중에서 가장 유명하고 도전적인 것을 꼽으라고 한다면 단연 '리만 가설'이다. 그는 이 가설을 1859년에 제기했고 제타(ζ) 함수의 연구를 복소평면까지 확장해서 영점nontrivial zero의 분포를 알아내고자 했다.

$$\zeta(s) = \sum_{n=1}^{\infty} \frac{1}{n^s}$$

그는 제타 함수가 -2, -4, -6,…처럼 모두 음의 짝수인 경우에 0이 된다는 것을 알았다. 이 경우를 '자명한 영점'이라고 한다. 한편 모든 자명하지 않은 영점은 임계선 $x = \frac{1}{2}$ 위에 있다고 추측했다. 이것이 바로 '리만 가설'이다. 이 함수와 가설은 수론(오일러가 세운 항등식ζ(s)를 통해 소수의 정리와 관련되었다)과 함수론 두 영역을 관통했고, 수학 사상 가장 위대한 가설로 인정받는다. 지금까지 어느 누구도 리만의 성과를 따라잡은 사람이 없다. 독일수학자 힐베르트는 임종 즈음에 "만약 500년 후에 다시 부활한다면 가장 알고 싶은 것은 리만 가설이 증명되었는지의 여부"라고 말했다고 한다.

현대 예술의 문을 열다

앨런 포의 전위적 발상

1809년 1월, 이제 막 세 살이 된 신동 해밀턴은 책을 읽고 산술을 할 줄 알았으며 라틴어, 그리스어, 히브리어 학습을 준비했다. 만 6세가 된 야노슈 보요이와 아벨은 처음 수학적 재능을 보였다. 그런데 이때 대서양 건너 미국의 보스턴에서 에드거 앨런 포$^{Edgar\,Allan\,Poe}$라는 남자아이가 태어났다. 당시 이민자의 나라 미국에는 수학자는 한 명도 나오지 않았지만 시인은 여러 명 배출했다. 에머슨$^{R.\,W.\,Emerson}$과 롱펠로우$^{H.\,W.\,Longfellow}$가 대표적인 시인이다. 앨런 포의 부모는 모두 배우였다. 부친 데이비

19세기 미국의 문학가 앨런 포

드 포는 술과 도박에 빠져서 앨런 포가 태어난 뒤 집을 나갔는데 그 뒤로 돌아오지 않았고 모친도 그가 3세 때 세상을 떠났다. 고아가 된 앨런 포는 버지니아에 있는 자식이 없는 숙부 존 앨런에게 입양됐다. 이 때문에 그는 두 개의 성을 가지게 되었다. 이 점은 해밀턴과 비슷하다. 왜냐하면 그도 어려서부터 삼촌의 집에서 컸기

때문이다.

그가 6세 되던 해, 앨런 부부는 앨런 포를 데리고 고향 영국으로 돌아갔다. 그리고 그곳에서 4년 동안 초등학교에 다녔다. 버지니아에 돌아온 뒤 그의 양부모는 자주 다퉜고 그 영향으로 앨런 포는 우울하게 지냈다. 하지만 학교 성적은 나쁘지 않았다고 한다. 14세 때 그는 학교 친구의 어머니에게 반하고 말았다. 그녀에게서 영감을 받은 그는 〈헬런에게 To Helen〉라는 시를 썼다.

헬렌, 그대의 아름다움은 내게
먼 옛날 니케아의 돛단배 같아라.
향기로운 바다를 유유히 항해하다
방랑으로 지친 나그네를 태우고
고향의 항구로 돌아오네.

이 시는 앨런 포의 최고의 작품은 아니지만 그의 이후 작품의 주제인 이상적인 여성상을 보여준다. 그는 『글쓰기의 철학 The Philosophy of Composition』에서 이렇게 썼다.

'인간에 대한 보편적 인식에 근거할 때 슬픔에 관한 소재 중에서 무엇이 가장 슬픈 것일까?'라고 자문해보면 그 답은 당연히 죽음이다. '그렇다면, 어떤 상황에서 가장 슬픈 소재가 가장 시적일 수 있을까?' 답은 '죽음과 아름다움이 내밀한 결합을 이룰 때이다.' 즉 세상에서 가장 풍부한 시의를 담을 수 있는 재료는 아름다운 여인의 죽음이다.

이와 같은 생각은 20세기 수많은 영화감독과 제작자들이 따르던 원칙이었으나 1820년대에는 대단히 전위적인 발상이었다.

앨런 포보다 몇 년 일찍 태어난 미국 시인 랠프 월도 에머슨^{Ralph Waldo Emerson}, 롱펠로우^{Longfellow}와 비교하면, 에머슨의 초월주의 사상은 소극적이지만 그 안에는 적극적인 부분도 있다. 그는 '자신에게 충실하라'라는 기본 원칙을 시종일관 실천했다. 롱펠로우의 경우 서사적인 장문의 시로 유명한 시인이다. 한때는 명성을 떨쳐서 보스턴의 찰스 강 위의 다리에도 그의 이름이 붙여졌다. 그의 작품은 신화와 '아름다움'으로 대표되는 전통적인 세계를 향한 동경을 담았다는 평가를 받았다. 그런데 후대의 비평가들은 유행가요를 부르고 낭만적인 이야기를 지어내는 감상적인 도덕가로 그를 폄하했다.

앨런 포는 에머슨과 같은 초월주의자들은 결코 좋은 시를 쓸 수 없다고 보았다. 그들은 열악한 환경을 그저 참고 견디려고만 했기 때문이다. 또한 장문의 시란 존재하지 않는다고 보았기 때문에 좋은 시는 결코 50행을 넘어서는 안 된다고 주장했다. 시란 도덕성을 배양하거나 이야기를 리듬 있게 구술하는 도구가 아니라는 것이다. 그는 진정한 예술작품이란 모름지기 독립적으로 존재해야 한다고 주장했다. 그는 36세 되던 해에 발표한 시 〈갈가마귀^{The Raven}〉로 단번에 명성을 얻었다. 이 시는 신성한 아름다움을 창조함으로써 즐거움과 희열을 얻고자 하는 상징주의 시의 매력을 유감없이 보여주었다. 갈가마귀, 조각상, 문지기 등 다

인상주의 화가 마네가 〈갈가마귀〉에 그린 삽화

양한 소재로 슬픔을 표현했고 이로써 '아름다운 여인의 죽음'에 담긴 신성한 아름다움의 주제를 드러냈다. 불행히도 앨런 포는 롱펠로우를 공격해서 대중의 비웃음을 샀다. 그 사건으로 자신의 명예와 지위를 떨어뜨렸고 나중에는 건강까지 해치고 말았다.

앨런 포는 17세 되던 해에 새어러라는 이름의 아가씨를 보고 한눈에 반했다. 두 사람은 연인이 되었지만 그가 버지니아 대학에 들어간 뒤 새어러의 부모는 그녀를 다른 사람에게 시집보냈다. 1990년대에 필자가 버지니아 대학을 방문했을 때, 앨런 포는 이 학교에서 11개월을 수학한 뒤 퇴학했다는 이야기를 들었다. 후에 그는 웨스트포인트 사관학교에 입학했지만 거기서도 학업을 마치지 못했다. 실연의 상처 때문이었는지 아니면 행실이 불량해서였는지는 정확한 이유는 알 수 없었다. 그러나 학교에서는 그가 지냈던 기숙사(13호)를 보존해서 그를 기념하고 있다. 앨런 포가 39세 때 새어러의 남편이 세상을 떠났다. 이에 앨런 포가 새어러에게 청혼했지만 그녀는 다시금 그를 거절했다. 이듬해 앨런 포는 볼티모어 거리에서 갑자기 쓰러졌고 병원으로 옮겼지만 곧바로 사망했다.

앨런 포가 세상을 떠난 뒤 그의 시, 단편소설(그는 탐정소설의 창시자로도 불린다)과 문학평론은 프랑스 작가들에게 커다란 영향을 끼쳤다. 보들레르와 말라르메^{Mallarmé} 모두 그를 추앙했다. 그와 같은 시대를 살았던 수학자로는 아벨, 야노슈 보요이, 갈루아가 있다. 수학과 문학의 다른 점은 수학은 발견이고 시는 창작이라는 것이다. 시인들은 지난 시대 사람이 쌓은 것을 무너뜨리고, 누군가 세워놓은 것을 다른 사람이 파괴한다. 그러나 수학자들은 지난 시대의 건축물 위에 새로이 한 층을 쌓

아울린다. 이것이 아마도 시인들 중 대다수가 비평가이기도 한 이유인 것이다. 한편 수학자들이 가장 꺼리는 일은 연구 발표의 시기가 비슷하게 겹치거나 우선권 다툼에 휘말리는 경우다.

최초의 현대주의 시인 보들레르

1821년 봄, 앨런 포와 그의 양부모가 영국에서 미국으로 돌아온 이듬해 샤를 피에르 보들레르가 파리에서 태어났다. 그때 아벨은 오슬로에서 대학에 다니고 있었고 앨런 포는 책상에 기대어 친구의 엄마에게 연애편지를 쓰고 있었을지도 모른다. 당시 보들레르의 부친은 62세였는데 농촌에서 태어났지만 부유한 환경에서 자랐기 때문에 우수한 교육을 받을 수 있었다. 졸업 후 학교에서 교사로 일하는 한편 공작의 저택에서 가정교사로 일했다. 그는 문학과 예술을 사랑했고 그림도 잘 그렸다. 프랑스 대혁명과 나폴레옹 집정 시기에 상의원에서 일한 적이 있어서 코시의 부친과 동료 관계였거나 라그랑주와 라플라스와도 알고 지냈을 것이다.

보들레르의 모친은 관료 집안 출신이었는데 부르봉 왕조 시기 영국으로 도피했다. 그녀는 런던에서 태어나서 21세가 되어서야 파리로 돌아온 뒤 친척집에 기거했다. 5년 후 지참금이 없었던 그녀는 보들레르의 부친에게 후처로 시집을 갔다. 그런데 보들레르가 6세 되던 해에 그의 부친이 세상을 떠나고 말았다. 부친은 생전에 보들레르에게 선과 형태의 아름다움을 감상하는 법을 가르쳤다. 프랑스 철학자이자 작가인 사르트르^{J.P.Sartre}는 어머니를 향한 연모의 정이 보들레르가 평생 창작하는 데에 동기가 되었으며, 그의 내적 분열이 모친의 재가 때문에 생긴 것이라고 분석했다. 그의 계부는 계급이 높은 장교였다. 보들레르는 모친을 따라 계부와 함께 생활했지만 성을 바꾸거나 더하지 않았다. 계부는 계속해서 진급해서 장군, 대사, 의원까지 지냈기 때문에 보들레르는 안정적인 환경에서 교육을 받을 수 있었다. 하지만 그는 점차 우울증 증세를 보였고 괴팍하고 반항적인 성격으로 변해갔다.

15세 되던 해에 보들레르는 빅토르 위고[V. Hugo], 생트뵈브[Sainte-Beuve], 고티에[T. Gautier] 등의 프랑스 시인과 비평가들의 작품을 읽었다. 고티에는 가장 먼저 '예술을 위한 예술[l'art pour l'art]'을 발표했다. 보들레르는 그들에게서 시 쓰는 법을 배웠지만 앨런 포처럼 선배들의 흠집을 들추지 않았다. 이듬해 그는 학교에서 열린 우등생 시험에서 라틴어로 쓴 시로 2등상을 받았다. 19세 때 보들레르는 창녀 사라를 알게 되었다. 이후 그녀를 위해 많은 시를 썼으며 아울러 방탕한 생활에 빠졌다. 이렇게 되자 계부는 그를 방탕한 친구들로부터 떼어놓기 위해 인도로 보냈다. 그때가 1841년 여름이었고 당시 중국은 아편전쟁을 치르고 있었다. 보들레르가 탄 배는 보르도[Bordeaux]에서 출발하여 콜카타[Kolkata]를 향해 항해했다.

아프리카 남단의 희망봉을 지난 뒤, 배는 모잠비크 해협을 바로 지나지 않고 동쪽으로 돌아서 아프리카 최대의 섬 마다가스카르[Madagascar]를 지나, 인도양의 섬나라 모리셔스[Mauritius]로 향했다. 보들레르는 여행의 즐거움을 전혀 느끼지 못했고 오히려 이것을 유배라고 여겼다. 그가 바다 위에서 쓴 유명한 시 〈신천옹〉에서 자신을 이해하지 못하는 세상에 대해 느끼는 고독감을 읽을 수 있다. 시는 다음과 같이 끝난다.

구름 속의 왕이여, 시인도 당신과 같은 처지라네.

당신은 폭풍우 속에 출몰하며 궁수를 비웃었지만

지상으로 추방되어 조롱과 비난 속에 빠지니

거대한 날개는 오히려 걸음을 방해하는구나.

쿠르베, <청년 보들레르의 초상화>(1849)

시인과 미술가들의 사랑을 받는 이 시를 겨우 20세의 청년이 썼다는 사실에 사람들은 놀라움을 표시했다. 보들레르가 탄 배는 모리셔스의 수도 포트루이스에서 3주 동안 정박한 후 근처에 있는 프랑스령 레위니옹섬^{La} Réunion Island으로 향했다. 보들레르는 그곳에서 26일을 배회했고 결국 다른 배를 타고 귀국하기로 결심했다. 시인이 되기로 마음을 먹었기 때문에 자신의 조국으로 하루라도 빨리 돌아가야 했던 것이다.

파리로 돌아오고 2주가 지난 뒤 만 21세가 된 보들레르는 죽은 계부가 남긴 거액의 유산을 물려받았다. 이어지는 6년 동안 그는 예전처럼 방탕하게 살았다. 하지만 이렇게 되리란 것을 예측한 듯 그의 계부가 공증인에게 보들레르의 재산을 관리하도록 위탁했기 때문에 그는 매월 200프랑만 받을 수 있었다. 그러다 27세 되던 해 보들레르는 우연히 앨런 포의 작품을 읽었다(당시는 앨런 포가 세상을 떠나기 1년 전이었다). 이후의 17년 동안 그는 앨런 포가 쓴 시와 소설을 프랑스어로 번역하고 그에 대한 평론을 썼다. 앨런 포가 보들레르에게 끼친 영향은 보들레르가 쓴 <에드거 앨런 포에 대해 다시 논함>이라는 글에서 찾아볼 수 있다.

그에게 상상력이란 온갖 재능을 가진 여왕이다. 그러나 상상은 환상이 아니다…… 상상은 감응도 아니다. 상상력은 철학적 방법의 범위 밖에 있다. 그것은 사물의 깊이 감춰진 비밀스런 관계, 감응적 관계 그리고 유사한 관계를 가장 먼저 관찰하는 것으로, 말하자면 신에 가까운 능력이다.

1857년, 리만이 위상수학^{topology}(위치와 형상에 대한 공간의 성질을 이용해 풀이하는 것으로 기하학에서 파생되었다-편집자 주)을 복소함수에 도입한 해에, 보들레르의 시집 『악의 꽃$^{Les\ Fleurs\ du\ Mal}$』이 출판되었다. 같은 나이의 소설가 플로베르$^{G.Flaubert}$는 보들레르에게 찬사의 편지를 보내기도 했다. 그러나 이 시집은 법원으로부터 '미풍양속을 해친다'라는 판결을 받았다. 작가와 출판사는 벌금을 내야 했고 책에 실린 6편의 시는 아예 삭제하라는 판결을 받았는데 1949년에서야 해금되었다. 이러한 판결로 보들레르의 평판은 나빠졌지만 한편으로는 세상에 이름을 알리게 되었다. 시간이 지나면서 보들레르는 프랑스 상징주의 시의 시조이자 현대주의 시의 선구자로 인정받았다.

『악의 꽃』의 수정판에 쓴 서문에서 보들레르는 이렇게 적었다. "시란 무엇인가? 시의 목적은 무엇인가? 그것은 선과 미를 구분지어 악에 있는 미를 끄집어내는 것이다." 그리고 이렇게 덧붙였다. "악에서부터 미를 끄집어내는 것이 내게는 즐거운 일이다. 게다가 그 일이 어려울수록 즐거움은 더 커진다." 보들레르가 말한 미^{美}란 당연히 형식적인 미가 아닌 내재적인 미이다. 그의 시는 현대인의 우울함과 고뇌를 표현했으며, 그 현대성은 형식이 아닌 내용에 드러난다. 보들레르는 시의 신시대를 열었고, 마음속 은밀한 비밀과 진실한 감정을 가장 잘 보여주는 예술 수법을 사용해서 자신의 사상과 정신을 독특하면서도 충분히 표현했다.

다음 4행시(20세기의 대시인 T. S. 엘리엇은 이 시를 높이 평가했고 인용했다)에서 보들레르가 당시 생활 속에서 어떻게 신선한 소재를 취했는지 알 수 있다.

교외의 한 버려진 땅, 더러운 자국으로 얼룩진 미궁 속
사람들은 마치 발효된 누룩처럼 쉼 없이 꿈틀거린다.
폐지 줍는 늙은이가 걸어온다, 머리를 갸우뚱거리며
발이 걸려 넘어지더니, 벽에 부딪히고 말았다, 마치 시인처럼

영국 시인 엘리엇

여기에는 무언가 보편적인 정서가 느껴지는데 이런 수법은 시에 새로운 가능성을 제시했다. 엘리엇^{T.S.Eliot}의 시에서도 이런 점을 발견할 수 있다. 예를 들어 그의 10행의 짧은 시 〈창 앞의 아침〉에 다음의 구절이 있다. "거리의 끝에서 갈색 안개의 파도는 / 처참히 일그러진 얼굴을 내게로 던진다."

보들레르는 다음과 같은 명언을 남겼다. "내게 진흙을 주면 그것을 황금으로 바꾸겠다." 이를 보면 수학자 야노슈 보요이가 비유클리드 기하학을 수립한 뒤 했던 말이 떠오른다. "나는 허무에서 새로운 세계를 창조했다." 보들레르는 『악의 꽃』을 비평가 생트뵈브^{Augustin Sainte Beuve}에게 바쳤다. 그는 보들레르를 변호하는 글에서 이렇게 썼다. "시의 모든 영역은 이미 다른 시인들이 차지해버렸다. 라마르틴^{Lamartine}이 '천국'을 가

져갔고, 위고는 '인간 세상'을 차지했다. 아니, '인간 세상'보다 더 많은 것을 가져갔다. 비니 Alfred de Vigny는 '숲'을 가져갔고, 뮈세 Alfred de Musset는 '열정과 화려한 성연盛宴'을 가져갔다. 다른 사람은 '가정', '전원생활'을 가져갔다… 보들레르에게 달리 무슨 선택의 여지가 있었겠는가?"

보들레르의 묘

시의 현대성 혹은 현대주의의 시작은 현대 수학, 특히 비유클리드 기하학의 시작과 매우 유사하다. 유클리드 기하학은 탄생한 후 2천 여 년 동안 기하학이라는 통일된 왕국을 지배해왔다. 그런데 가우스, 야노슈 보요이, 로바체프스키, 리만 등의 수학자가 새로운 세상을 열고자 했다. 수학에서 일어난 이 혁신은 훗날의 이론 물리학과 공간 개념의 혁신을 촉진했다. 보들레르의 시는 말라르메 S. Mallarme, 베를렌 P. Verlaine, 람보드 A. Rambaud 등 훗날의 상징주의 시인들에게 영향을 주었다. 이외에도 모런 G. Morean(마티스 H. Matisse 와 루오 Georges Rouault의 스승)과 롭스 F. Rops (벨기에 상징주의 화가)의 회화, 로댕 A. Rodin의 조각을 통해 다른 예술 장르에도 영향을 끼쳤다. 엘리엇은 1948년 노벨 문학상을 받았을 뿐만 아니라 21세기에 BBC에서 진행한 여론 조사에서 영국 독자에게 가장 인기 있는 영국 시인으로 선정되었다.

모방을 넘어 위트의 시대로, 현대 회화

모방은 이미 있는 것을 본떠서 만드는 것이다. 아리스토텔레스는 모방을 예술의 기원이자 인간과 다른 동물의 차이점 중 하나라고 보았다. 그는 인간이 모방한 작품에서 즐거움을 얻는다고 주장했는데 우리의 경험이 이를 증명한다. 어떤 사물들은 보기만 해도 고통이 느껴지지만 실물처럼 생생하게 묘사된 그림 역시 우리의 쾌감을 자극한다. 왜냐하면 앎을 추구하는 것이 우리를 즐겁게 만들기 때문이다. 우리는 사물을 관찰하면서 지식을 탐구하고 사물과 사물을 구분 짓는다. 현대예술이 탄생하기 이전, 모든 창작은 모방에서 벗어날 수 없었다. 달리 말하면, 모방은 인간의 보편적인 경험을 복제한 것이다. 단지 복제하는 기술과 대상이 끊임없이 새롭게 바뀔 뿐이다.

회화에서는 3차원 공간 속의 물체를 2차원의 평면에 어떻게 표현할 것인가가 문제였다. 고대 이집트의 초기 벽화 중 하나인 〈물가의 사냥〉은 평면에 단면을 투영했는데 인물의 머리와 어깨의 위치에 주목해서 화면에 그려 넣었다. 이것이 그림을 그리는 최초의 방법이었다. 15세기 초 등장한 '소실점' 개념은 회화 역사의 전환점이 되었다. 그 후 '선 원근법Linear perspective'과 '대기 원근법aerial perspective'이 유럽을 4세기 넘게 지배했다.

19세기 말까지 화가들은 여전히 어두운 색으로 그림자를 표현하고 구부러진 나무와 나부끼는 머리카락으로 바람을 표현했으며 불안정한 자세로 인체의 움직임을 나타내는 등의 기법을 즐겨 사용했다. 인상파 화가라 해도 대상의 윤곽을 헝클어트려서 색채의 변환 속에 섞이게 만들 뿐이었지 여전히 현실을 그대로 재현한 것이었다.

소재를 놓고 살펴보면, 고전주의는 고대에 치우쳤고, 낭만주의는 중세 혹은 이국적인 정서가 풍부한 동양에 치우쳤다. 문학에서는 사실주의이든 낭만주의이든 모두 인류가 살아온 경험을 모방하는 데서 벗어나지 못했다. 스코틀랜드 작가 스코트W. Scott는 여성작가 제인 오스틴J.

Austen의 소설 『엠마』를 비평할 때 이렇게 말했다. "자연을 그대로 모방하는 예술이 독자에게 보여주고자 하는 것은 상상 속 세계의 장엄하고 아름다운 경관이 아니라, 그들이 일상생활에서 경험하는 삶을 놀랍도록 정확히 재현하는 것이다."

그러나 모방에는 본연적인 한계가 있다. 파스칼은 『팡세』에서 비슷하게 생긴 두 사람의 사진을 따로 보여주면 누구도 웃지 않지만 이 사진을 함께 놓으면 그들의 닮은 얼굴 때문에 사람들은 웃음을 터뜨린다고 지적했다. 여기서 알 수 있듯, 모방은 비교적 초보적인 예술 창작 형식이다. 그런데 우리가 아름다움을 느끼려면 끊임없이 새로운 형식이 필요하다. 현대의 예술가가 공통의 경험을 그린 작품으로 대중과 직접 소통하려 시도한다면 별다른 주목을 받지 못할 것이다. 그렇다보니 모방을 수준 높은 형식인 위트wit로 승화해야 했다. 이에 관해 프랑스 시인 아폴리네르G. Apollinaire는 이렇게 말했다. "걷는 것을 모방하기 위해 사람들은 다리와 전혀 닮지 않은 바퀴를 만들어냈다."

시인 아폴리네르 기념 우표

위트는 사물 사이의 비슷한 점을 순간적으로 연상하게 만드는 것이다. 그래서 의외의 예리함이 위트를 구성한다. 인간의 지적 능력이 높은 단계까지 발전한 산물이 바로 위트이다. 스페인 철학자 산타야나G. Santayana는 위트란 사물의 은밀한 내면 깊은 곳까지 파악해서 두드러진 특징 또는 관계를 끄집어내는 것으로, 이를 통해 전체 대상을 새롭고 더욱 분명하게 드러낼 수 있다고 말했다. 위트의 매력은 바로 사물에 대해 사색한 뒤 얻는 체험에 있다. 위트는 높은 수준의 정신적 활동이어서 상상의 쾌감을 통해 '매력적'이고 '재기발랄'하며 '영감을 풍부'하는 효과를 만든다. 미국의 철학자 수잔 랭거$^{\text{Susan K. Langer}}$에 따르면, 감정을 간접적인 방식으로 전달하는 것은 예술 표현을 한 단계 높이 올리는 것이다.

1943년, 스페인 화가 피카소$^{\text{P. Picasso}}$는 자전거 안장을 세우고 손잡이를

피카소의 조소 <수소의 머리>

거꾸로 달아서 '수소 머리'로 탈바꿈시켰다. 프랑스 화가 샤갈$^{\text{M. Chagall}}$이 그린 〈첼로 연주자〉를 보면, 첼로는 연주자의 몸과 혼연일체 되어 있고 얼굴은 정면과 옆모습을 한꺼번에 그려 표현했다. 그리고 벨기에 초현실주의 화가 마그리트$^{\text{R. Magritte}}$의 작품 〈유클리드의 산책〉에

샤갈, 〈첼로 연주자〉(1939)

마그리트, 〈유클리드의 산책〉
(1955)

는 창문을 통해 보이는 도시 풍경이 그려져 있다. 그림 속에는 투시법에 의해 변형된 대로가 곧게 뻗어 있는데 마치 그 옆의 원뿔형 탑의 형상을 중복한 것처럼 보인다.

고전예술에서 현대예술로의 변화가 시가^{詩歌}문학에서부터 시작되었듯, 과학 혁명을 일으킨 최초 동력은 수학, 특히 기하학의 변혁에서 기원한다. 그들의 공통된 특징은 모방에서 위트로, 구체적인 형상에서 추상으로 변화한 것이다. 그들이 같은 시대에 이러한 경지에 이를 수 있었던 것은 사회가 발달하고 인간의 사고방식에 변화 및 진화가 일어났기 때문이다. 그러나 그 과정은 결코 쉽지 않았다. 기하학의 새로운 세계를 연 비유클리드 기하학은 코페르니쿠스의 지동설, 뉴턴의 만유인력의 법칙, 다윈$^{C.Darwin}$의 진화론처럼 강렬한 반대와 비난에 부딪혔지만 현대 과학, 철학, 종교 등의 영역에서 혁명적인 영향을 끼쳤다.

아리스토텔레스 이래로 문학과 예술은 모방을 그 기준으로 삼았고, 과학 특히 수학을 절대적 진리의 표준으로 여겼다. 고대 수학은 서양 사상에서 종교와 같은 신성불가침의 지위를 차지했다. 유클리드는 신전에서 지위가 가장 높은 사람은 '제사장'이었다. 1804년 세상을 떠난 독일 철학자 칸트는 의심의 여지가 없는 유클리드 기하학의 진리관 위에 심오하고 난해한 철학 체계를 세웠다. 그러나 1830년 전후로 부동의 진리로 믿었던 수학에서 갑자기 상호 모순적인 여러 기하학이 출현했을 뿐만 아니라 이 새로운 기하학 모두 거의 정확했다.

사실, 지난 수천 년 동안 비유클리드 기하학은 줄곧 우리 곁에 있었다(현대주의 시인이 쓴 작품 속의 소재 역시 일찍부터 존재했다). 그런데 위대한 수학자들마저도 구^{球}의 기하학적 특징을 이용해서 평행선 공준을 뒤집

'수학의 황제' 가우스

을 수 있으리라고는 생각지 못했다. 몇몇 수학자들은 사각형으로 평행선 공준을 증명하려고 시도한 바 있다. 그런데 인류는 비유클리드 기하학 모형이라 부를 수 있는 지구에서 지금까지도 살고 있다. 바로 이 점이, 우리 인간이 얼마나 고정관념과 전통에 얽매어 있는지 보여준다. 바로 이런 이유로 당시 높은 명성을 누리던 가우스도 자신이 발견한 비유클리드 기하학을 세상에 공개하지 않았다. 그는 괜한 분란을 일으키고 싶지 않았던 것이다. 오히려 그 덕분에 러시아와 헝가리의 두 젊은 수학자가 수학의 역사를 새로 쓸 기회를 선점할 수 있었다.

결국 유클리드 기하학은 절대적인 통치권을 내놓고 말았다. 이것은 절대적인 진리가 지배하는 시대가 끝이 났음을 의미한다. 이는 문학에서 앨런 포와 보들레르의 출현으로 낭만주의 시인의 절대 통치가 끝난 것과 같다. 그러나 수학은 절대적인 진리와 권위를 잃었지만 한편 자유롭게 발전할 기회를 새롭게 얻었다. 이를 두고 칸토어$^{G.Cantor}$는 이렇게 말했다. "수학의 본질은 충분한 자유에 있다. 1830년 이전의 수학자는 순수 예술을 사랑하지만 잡지 표지를 그려야만 하는 화가로 비유할 수 있다." 이러한 변혁을 가져온 것은 의심의 여지없이 비유클리드 기하학이다. 이것은 인류가 창조해 낼 수 있는 가장 높은 지혜의 결정체이다. 비유클리드 기하학의 탄생과 대수학의 혁명은 미적분학이 탄생한 원인과는 다르다. 과학과 사회 경제 발전에 쓰이기 위해 생겨난 것이 아니라 수학 내부의 발전에 필요했기 때문에 탄생했기 때문이다.

일반적으로 일상생활에서는 유클리드 기하학이 더 많이 쓰인다. 하지만 우주 공간 또는 원자핵 세계에서는 로바체프스키 기하학이 적합하고, 지구 표면에서 항해, 항공과 관련된 문제를 연구할 때는 리만 기하학이 좀 더 정확하다. 그런데 공간과 물리학 사이에는 규명하기 어려운 관계가 언제나 존재한다. 어떤 물리적 공간에서 유클리드 기하학을 적용할 것인지 혹은 비유클리드 기하학을 적용할 것인지 정하기가 쉽지 않다. 왜냐하면 가상의 공간과 물리적 공간 사이를 적절히 보충하고 수정하기만 하면, 하나의 관찰 결과는 다양한 방법으로 해석이 가능하기 때문이다.

비유클리드 기하학의 탄생과 대수학의 해방에 따라 수학은 과학에서 분리되어 나왔다. 이는 과학이 철학에서 분리되어 나왔고, 철학이 신학에서 분리된 것과 같다. 마침내 수학자는 어떤 가능한 문제와 체계도 자유롭게 연구할 수 있게 되었다. 그 결과 새롭게 탄생한 수학 분야는 점차적인 보완을 거친 후 피드백을 내놓으며 인류가 좀 더 정확한 우주의 청사진을 그리도록 바로잡아 주고 있다. 다음 장에서 아인슈타인의 광의의 상대성 이론이 비유클리드 기하학을 응용해서 탄생했음을 보게 될 것이다.

마지막으로 어느 수학자의 일화를 소개하고 이 장을 마치겠다. 1830년, 즉 로바체프스키가 멀리 카잔에서 러시아어로 자신의 새로운 기하학을 발표한 다음 해에, 케임브리지 대학의 영국 수학자 피콕$^{G.Peacock}$이 『대수통론$^{Treatise Algebra}$』를 발표했다. 그는 유클리드의 『원론』과 같이 대수를 논리적으로 정리하고자 시도했다. 그 결과로 대수의 연산에 다섯 가지 기본 법칙이 있음을 발견했다. 덧셈과 곱셈의 교환법칙, 덧셈과 곱셈의 결합법칙, 덧셈에 대한 곱셈의 분배법칙이다. 이 법칙은 양의 정수를 대표로 하는 특수한 유형의 대수 구조의 공준을 구성했다. 그러나 피콕의 후계자가 공준의 개념을 대수학의 현대적 개념으로 확장하려 할 때, 해밀턴과 라그랑주가 '사원수 이론'을 발표함으로써 그들의 연구는 실패로 끝나고 말았다. 이후 피콕은 1939년 케임브리지 대학을 떠나 이리^{Erie} 교구의 주교가 되었다고 한다.

제8장

추상화와
응용수학으로 가는
현대수학

수는 모든 장르의 예술이 추구하는 최종적인 추상적 표현이다.

- 바실리 칸딘스키

20세기 미국·유럽·러시아 수학에 영향을 끼친 인물 연표

1860 영국 철학자·수학자 알프레드 노스 화이트헤드(Alfred North Whitehead, 1861~1947)
    미국-스페인 철학자 조지 산타야나(G. Santayana, 1863~1952)
1880 미국-영국 수학자 에릭 템플 벨(E. T. Bell, 1883~1960)
    미국-벨기에 화학자 조지 사턴(G. Sarton, 1884~1956)
1890 미국 수학자 노버트 위너(Norbert Wiener, 1894~1964)
    미국 철학자 수잔 랭거(Susan K. Langer, 1895~1985)
1900 영국 과학사회학자 조지프 니덤(Joseph Needham, 1900~1995)
    미국의 수학자 하워드 에이컨(H. H. Aiken, 1900~1973)
    프랑스 철학자 자크 라캉(J. Lacan, 1901~1981)
    영국 이론물리학자 폴 디랙(Paul Adrien Maurice Dirac, 1902~1984)
    오스트리아 수학자 오스카르 모르겐슈타인(Oskar Morgenstern, 1902~1977)
    영국 철학자·수학자 프랭크 플럼프턴 램지(Frank Plumpton Ramsey,1903~1930)
    미국 수학자 존 폰 노이만(John Von Neumann, 1903~1957)
    미국 수학자 알론조 처치(A. Church, 1903~1995)
    미국 화가 빌럼 데 쿠닝(Willem de Kooning, 1904~1997)
    프랑스 수학자 앙드레 베유(A. Weil, 1906~1998)
    미국 수학자 쿠르트 괴델(Kurt Gödel, 1906~1978)
    프랑스 인류학자 클로드 레비스트로스(Levi-Strauss, 1908~2009)
    미국 수학자 모리스 클레인(Morris Klein, 1908~1992)
    영국-오스트리아 미술사학자 에른스트 곰브리치(sir E. H. Gombrich, 1909~2001)
1910 미국 수학자 찰링 코프만스(T .C. Koopmans, 1910~1985)
    미국 수학사학자 이브스(H. W. Eves, 1911~2004)
    러시아 수학자 레오니트 칸토로비치(Leonid V. Kantorovich, 1912~1986)
    영국 수학자 앨런 튜링(Alan Turing, 1912~1954)
    미국 화가 잭슨 폴록(Jackson Pollock, 1912~1956)
    헝가리 수학자 폴 에르도슈(Paul Erdös, 1913~1996)
    영국 생리학·세포생물학자 앨런 로이드 호지킨(Alan Lloyd Hodgkin, 1914~1987)
    프랑스 철학자 롤랑 바르트(R. Barthes, 1915~1980)
    미국 수학자 클로드 섀넌(Claude E. Shannon, 1916~2001)
    영국 생물학자 프랜시스 크릭(Francis H. Crick, 1916~2004)
    노르웨이 수학자 아틀레 셀베르그(Atle Selberg, 1917~2007)
    영국 전기생기학 생물생리학자 앤드류 헉슬리(Andrew Huxley, 1917~2012)
    프랑스 철학자 루이 알튀세르(L. Althusser, 1918~1990)
    영국 공학자 고드프리 하운스필드(Godfrey N. Hounsfield, 1919~2004)

1920 — 프랑스 수학자·경제학자 제라르 드브뢰(Gerard Debreu, 1921~2004)
　　　　미국 경제학자 케네스 애로우(K. Arrow, 1921~2017)
　　　　미국 수학자 로트피 자데(Lotfi A. Zadeh, 1921~2017)
　　　　미국 수학자 스트라우스(E. Straus, 1922~1983)
　　　　프랑스 수학자 르네 톰(René Thom, 1923~2002)
　　　　미국-폴란드-프랑스 수학자 브누아 망델브로(Benoit B. Mandelbrot, 1924~2010)
　　　　미국 물리학자 앨런 코맥(Allan McLeod Cormack, 1924~1998)
　　　　폴란드계 미국 수학자 이저도어 싱어(Isadore Manuel Singer, 1924~)
　　　　프랑스 철학자 미셸 푸코(M. Foucault, 1926~1984)
　　　　미국 물리학자 로버트 밀스(R.Mills, 1927~1997)
　　　　미국 수학자 존 포브스 내시(John F. Nash, 1928~2015)
　　　　미국 생물화학자 제임스 D. 왓슨(James Dewey Watson, 1928~)
　　　　독일 수학자 볼프강 하켄(W. Haken, 1928~)
　　　　영국 수학자 마이클 아티야(Michael Atiyah, 1929~)
1930 — 프랑스 철학자 쟈크 데리다(J. Derrida, 1930~2004)
　　　　독일 경제학자 라인하트르 젤텐(Reinhard Selten, 1930~2016)
　　　　프랑스 물리학자 장 몰렛(J. Morlet, 1931~2007)
　　　　미국 수학자 케네스 아펠(K. Appel, 1932~2013)
　　　　미국 수학자 폴 코언(Paul Joseph Cohen, 1934~2007)
　　　　캐나다 수학자 로버트 필런 랭글랜즈(Robert Phelan Langlands, 1936~)
　　　　미국 경제학자 피셔 블랙(Fischer Black, 1938~1995)
1940 — 미국 경제학자 마이런 숄즈(Myron Scholes, 1941~)
　　　　미국 경제학자 로버트 머턴(Robert C. Merton, 1944~)
　　　　영국 수학자 데이비드 매서(David Masser, 1948~)
1950 — 뉴질랜드 수학자 본 존스(Vaughan Frederick Randal Jones, 1952~)
　　　　영국 수학자 앤드루 와일스(Andrew Wiles, 1953~)
　　　　독일 수학자 게르트 팔팅스(Gerd Faltings, 1954~1978)
　　　　프랑스 수학자 조제프 외스트를레(Joseph Oesterlé, 1954~)

집합과 기하학에 더한 무한의 연속성

19세기에 일어난 기하학과 대수학의 변혁은 20세기의 수학에 놀랍도록 빠른 발전과 전에 없던 번영을 안겨주었다. 현대 수학은 더 이상 기하학, 대수학, 해석학 이 몇 가지 전통 학과에 국한되지 않고 더 많은 분야로 나눠졌다. 또한 복잡한 구조의 지식 체계가 되었고 여전히 끊임없이 발전하고 변화하고 있다.

수학의 특징에 엄밀한 논리성 외에도 고도의 추상성과 광범위한 응용성이 더해졌다. 바로 이런 이유로 현대 수학 연구는 순수수학과 응용수학으로 나뉘어졌다. 응용수학의 일부분이 컴퓨터공학으로 발전했는데, 그 중요성은 차치하고 이 분야가 인류에게 제공한 일자리만을 논한다면 다른 모든 수학 분야에서 창출한 일자리를 합친 것보다도 더 많다.

순수수학은 '집합론'의 등장과 '공리화 방법의 응용'이라는 두 가지요인에 의해 발전할 수 있었다. 집합론은 본래 칸토어가 19세기 말에 창안한 것으로 처음에는 크로네커^{Leopold Kronecker}를 비롯한 수많은 수학자들의 반대에 부딪혔다. 그러나 이후 수학에서 이 이론의 가치가 점점 분명해지자 마침내 승인을 얻었다. 집합론은 수의 집합 또는 점의 집합에서 출발했으나 오래지 않아 이것이 정의하는 범위가 확대되면서 함수의 집합, 도형의 집합 등 모든 원소의 집합이 되었다. 이렇게 되자 집합론은 보편적인 언어로써 수학의 여러 영역에 진입했고 그 결과 적분, 함수, 공간 등의 기본 개념에 커다란 변화를 일으켰다. 동시에 이번 장에서 다룰 수리논리의 직관주의와 형식주의가 발전할 수 있는 계기가 되었다.

칸토어는 상트페테르부르크에서 태어난 덴마크인이다. 그의 유태인 부모는 젊은 시절 러시아에서 상인으로 일하면서 독일 함부르크, 영국 런던 그리고 미국 뉴욕과도 거래했다. 외국에서 사업하는 사람들의 자녀가 재주가 많다고들 하는데 그와 케일리[A. Cayley]가 대표적인 예이다. 칸토어의 집안은 그의 할아버지대로부터 시작해서 상트페테르부르크에서 살았다. 11세가 되던 해, 칸토어는 부모를 따라 독일로 건너가서 그곳에서 생의 대부분의 시간을 보냈다. 그는 네덜란드 암스테르담에서 중학교를 졸업했고, 후에 스위스 취리히와 독일의 몇몇 대학에 다니면서 차츰 수학에 흥미를 느껴 수학 연구를 직업으로 삼기로 결심했다. 게다가 미술에도 재능이 있어서 온 가족이 그를 무척 대견해했다고 한다.

칸토어에게 집합이란 사물들의 모임이며 그것이 유한하든 무한하든 상관이 없었다. 그는 '일대일 대응'의 방법으로 집합을 연구했는데 이때 놀라운 사실을 발견했다. 유리수는 무한하지만 셀 수 있다는 것이었다. 자연수와

집합론의 창시자 칸토어

일대일 대응이 가능하기 때문이다. 이 증명은 매우 흥미롭다.

$$\frac{1}{1} \rightarrow \frac{2}{1} \qquad \frac{3}{1} \rightarrow \frac{4}{1} \cdots$$
$$\swarrow \qquad \nearrow \qquad \swarrow$$
$$\frac{1}{2} \qquad \frac{2}{2} \qquad \frac{3}{2} \qquad \frac{4}{2} \cdots$$
$$\downarrow \nearrow \qquad \swarrow$$
$$\frac{1}{3} \qquad \frac{2}{3} \qquad \frac{3}{3} \qquad \frac{4}{3} \cdots$$
$$\swarrow$$
$$\frac{1}{4} \qquad \frac{2}{4} \qquad \frac{3}{4} \qquad \frac{4}{4} \cdots$$
$$\vdots$$

그림에서 보듯 모든 행은 크기에 따라 순서대로 배열되었고 모든 양의 유리수가 그 안에 있다. 그중 분모가 n인 수는 제n행에 있다. 또한 그는 실수 집합은 무한이며 셀 수 없는 집합임을 증명했다.

이 뿐만 아니라 그는 초월수의 존재성이 갖는 비구조성을 증명했다. 실제로 대수적 수가 유리수처럼 셀 수 있음도 증명했고 실수는 셀 수 없음을 밝혀냈다. 대수적 수와 초월수의 전체가 실수를 구성하기 때문에 초월수는 존재할 뿐만 아니라 그 수가 대수적 수보다 더 많다. 초월수의 연구는 후에 20세기 수론 연구의 한 분야가 되었다. 칸토어는 무한은 실제로 존재한다고 믿었는데 이 때문에 수학자들로부터 오랫동안 반대와 공격을 받았다. 특히 베를린 대학의 유태인 교수 크로네커의 반대가 심했다. 뛰어난 수학자였고 성공한 사업가였던 크로네커는 과학 논쟁에서도 용맹한 전사처럼 자신의 주장을 강하게 밀어붙였다. 반면 칸토어는 연약하고 무능했다. 진리가 그의 편에 있었지만 이런 성격 때문에 평생 삼류대학의 교수로 일해야 했다.

칸토어는 집합론에 기수基數(집합의 크기를 나타내는 데 쓰는 수-편집자 주)

개념을 도입했다. 전체 정수의 기수를 알레프널Aleph-null이라 부르고, 이

보다 더 큰 기수를 알레프-1, 알레프-2 등으로 불렀다(유태인인 칸토어

는 히브리어 첫 번째 글자인 알레프 'ℵ'로 표기했다). 다시 말해 무한을 분류한

것이다. 그는 전체 실수집합의 기수가 알레프-0보다 크다는 사실을 증

명했다. 여기서 알레프널과 전체 실수의 기수 사이에 다른 기수가 존재

하지 않는다는 '칸토어 연속체 가설continuum hypothesis'을 유도했다. 20세기

초, 독일 수학자 힐베르트는 파리국제수학자대회에서 '수학의 문제들

The Problems of Mathematics'이라는 제목으로 강연할 때, 이 가설 또는 추론을 20

세기에 남겨주는 23개의 연구 과제 중 첫 번째 문제로 정했다(초월수 문

제는 일곱 번째 문제이다).

칸토어는 고대 그리스의 제논이 던진 역설이라는 병에 걸린 '수학'이

제대로 치료도 받지 못하고 있을 때 자신이 그 병을 치료하겠다고 뛰어

들었다. 그는 무한에 관해 자신의 의견을 강력하게 주장했지만, 대부분

의 권위 있는 수학자들로부터 반격을 받았고 결국 정신 분열을 일으켰

다. 그때 그의 나이 겨우 40세였다. 오랜 시간이 흐른 뒤, 그는 독일 중

부의 한 정신병원에서 죽었다. 힐베르트가 강연한 다음 해, 러셀은 이렇

게 말했다.

제논이 관심을 가졌던 세 가지 문제는 무한소, 무한 그리고 연속이다. 모든

세대마다 가장 지혜로운 사람들이 이 문제들을 해결하고자 시도했다. 엄밀히

말하자면 그들은 아무것도 이루지 못했다. 그런데 바이어슈트라스Weierstrass, 데

데킨트Dedekind, 칸토어가 이 문제들을 철저히 해결했다. 그들의 답은 너무나 분

명해서 의문의 여지를 두지 않는다. 이는 아마도 이 시대의 가장 위대한 성취일 것이다. 무한소 문제는 바이어슈트라스가 해결했고, 다른 두 문제는 데데킨트가 시작해서 칸토어에 의해 완성되었다.

공리화의 방법은 일찍이 고대 그리스 시대에 유클리드가 발견한 것이다. 아울러 그는 자신의 유명한 『원론』에 공리화 방법을 적용했다. 널리 알려진 대로 『원론』은 공준과 공리를 각각 다섯 개씩 내세웠다. 그러나 유클리드가 세운 공리 체계는 완전하지 못했기 때문에 독일 수학자 힐베르트가 현대적인 공리화 방법을 새롭게 정의했다. 그는 "점, 선, 면이든 아니면 탁자, 의자, 맥주잔, 무엇이든 관계없이 기하학의 대상이 될 수 있다. 이것들에 대해 공리가 설명하는 관계는 모두 성립한다"라고 말했다.

유클리드는 점, 선, 면을 정의했다. 그러나 힐베르트는 이것들이 순수한 추상적 대상일 뿐 특정하고 구체적인 내용은 없다고 보았다. 힐베르트는 각 공리 사이의 관계를 고찰하고 공리가 갖추어야 할 기본적인 논리적 조건을 제시했다. 그것은 무모순성, 독립성, 완비성이다. 물론 공리화는 하나의 방법일 뿐이어서 집합론처럼 풍부한 내용이 없다. 그렇더라도 힐베르트의 공리화 방법은 기하학에 엄밀한 논리적 기초를 부여했다. 뿐만 아니라 수학의 다른 영역에도 영향을 주어 수학 지식을 종합하고 다듬어 구체적인 수학 연구를 촉진하는 강력한 도구가

콩고 우표에 등장한 힐베르트

되었다.

힐베르트는 1861년 프로이센 쾨니히스베르크 교외에서 태어났다. 이곳은 폴란드, 리투아니아, 발트해에 둘러싸여 있으며 지금은 러시아에 속하고, 오래전에 칼리닌그라드^{Kaliningrad}로 이름을 바꾸었다. 이 도시에서 태어난 위인 중 가장 유명한 사람은 철학자 칸트이다(그는 평생을 이 외떨어진 도시에서 지냈다).

힐베르트는 이곳에서 수학과 떼려야 뗄 수 없는 인연을 맺었다. 쾨니히스베르크 시내를 흐르는 프레겔 강$^{Pregel River}$은 두 개의 지류로 나뉘어 흐르고 그 위로 7개의 다리가 놓여 있다. 그중에서 5개의 다리가 강둑과 강 가운데에 있는 크네이포프^{Kneiphof} 섬을 연결한다. 여기서 수학 문제 하나가 생겨났다. '모든 다리를 한 번만 건널 수 있다면 7개의 다리를 모두 지날 수 있을까?'

간단한 것 같은 이 문제는 후에 '위상수학'의 출발점이 되었고 스위스 수학자 오일러가 이를 해결했다. 오일러와 오랫동안 편지를 교환했던 수학자 골드바흐$^{Christian Goldbach}$ 역시 쾨니히스베르크에서 태어났다. 그는 6보다 크거나 같은 짝수는 반드시 두 홀수 소수의 합으로 표시할 수 있다는 추측으로 세상에 이름을 알렸다. 이 추측과 가장 근접한 결과를 중국 수학자 천징룬^{陳景潤}이 내놓았다.

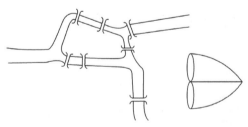

쾨니히스베르크의 7개의 다리 건너기 문제. 프레겔 강을 둘러싼 크네이포프 섬을 본딴 것이다.

힐베르트가 수학자의 길을 걸을 수 있었던 것은 같은 도시에 살던 그보다 두 살 어린 헤르만 민코프스키^{Hermann Minkowski} 때문이었다. 헤르만은 러시아 알렉소타스^{Aleksotas}(지금의 리투아니아)에서 태어나서 8세 때 가족과 함께 쾨니히스베르크로 이주했으며, 힐베르트와는 강 하나를 사이에 두고 살았다. 이 천재적인 유태인 소년은 만 18세 때 이미 프랑스 과학원이 주최하는 수학 대상을 수상했다. 힐베르트보다 6세 많은 그의 형, 오스카 민코프스키^{Oscar Minkowski}는 '인슐린의 아버지'로 불린다. 그가 인슐린과 당뇨병의 관계를 발견했기 때문이다.

헤르만 민코프스키와 같은 대단한 천재와 같은 시대를 살았지만 힐베르트의 재능은 결코 퇴색되지 않았다. 그는 자신의 연구에 더욱 정진했고 기초를 더욱 튼튼히 닦았다. 후에 같은 스승을 사사해서 선후배가 된 두 사람의 우정은 쾨니히스베르크에서 괴팅겐까지 이어져 25년 넘게 지속되었다. 하지만 헤르만 민코프스키는 급성 맹장염에 걸려 젊은 나이에 세상을 떠났다. 반면 힐베르트는 80세가 넘도록 장수했으며 한 세대를 대표하는 위업을 이루었다. 또한 그는 1900년 파리 국제수학자 대회에서 23개의 수학 문제를 발표하며 20세기 수학이 발전해야 할 방향을 제시하기도 했다.

추상 수학의 4대 분야

집합론적 관점과 공리화의 방법은 20세기로 들어서면서 점차 수학이 추상화되는 패러다임을 형성했다. 이들은 상호 결합된 뒤에 역량이 더 강해져서 수학이 더욱 추상적으로 발전하는 동력이 되었다. 20세기 초에 대두한 '실변수 함수론^{theory of real functions}', '함수 해석학^{Functional Analysis}', '위상수학'과 '추상대수학抽象代數學, abstract algebra' 이 4개의 분야는 추상 수학의 네 송이 꽃이라 불린다. 재미있는 것은 앞 절에서 언급한 크로네커를 비롯한 다섯 명의 수학자 모두 독일인이라는 점이다. 이로 보건대 독일은 추상적인 사고에 뛰어난 재능을 보이는 민족임에 틀림없다. 과학에서 가장 추상적인 분과가 수학이고, 예술 분야에서 가장 추상적인 장르를 꼽으라고 한다면 음악이다. 또 가장 추상적인 인문과학은 철학인데 독일은 이들 분야에서 뛰어난 인재를 많이 배출했다.

집합론적 관점은 우선 적분학의 변혁을 일으켰고 그 결과 실변수 함수론이 등장했다. 19세기 말, 해석의 엄격화는 수많은 수학자들로 하여금 '비정상 함수pathological function'에 대해 진지하게 고찰하게 만들었다. 바이어슈트라스가 정의했던 연속이지만 어떤 점에서도 미분이 불가능한 함수가 그 예이다. 또 다른 예는 다음과 같다.

$$f(x) = \begin{cases} 1, x가 \ 유리수일 \ 때 \\ 0, x가 \ 무리수일 \ 때 \end{cases}$$

이것은 가우스의 제자 디리클레가 정의한 것으로, 이 함수는 연속하지 않는다. 이러한 기초 위에서 수학자들은 어떻게 적분 개념을 더 넓은 함수에 적용할 수 있을지 고민했다.

이 문제에 대해 처음 성공을 거둔 사람은 프랑스 수학자 앙리 르베그Henri Léon Lebesgue이다. 그는 집합론의 방법으로 측도를 도입해서 르베그 측도(n차원 유클리드 공간에서 르베그 측도는

현대 해석학의 아버지 르베그

$n=1$이면 길이, $n=2$이면 넓이, $n=3$이면 부피를 설명하는데 일반적으로 n차원 부피를 설명한다-역주)를 정의했고 처음의 길이 개념의 확장을 통해 '르베그 적분'을 창시했다. 이로써 정적분의 개념이 확대되었다.

이 기초 위에 그는 미분 연산과 적분 연산의 호환성을 이용해서, 뉴턴과 라이프니츠의 미적분 기본 정리를 새로 내렸다. 그 결과 새로운 수학 분야인 '실변수 함수론(미적분학이 실수를 변수로 하는 함수를 연구하는 학문-편집자 주)'이 등장했다. 늘 그래왔듯 이 새로운 학문도 처음에는 다른 수학자들의 배척을 받았다. 그래서 자신의 연구 성과를 발표한 뒤에도 거의 10년 동안 일자리를 찾지 못했다. 오늘날 사람들은 르베그 이전의 해석학을 '고전 해석학'이라 부르고, 그 이후의 해석학을 '현대 해석학'이라고 부른다.

실변수 함수론 외에 현대 해석학의 또 다른 중요한 분야는 '함수해석학'이다. 함수해석학은 '범함수泛涵數해석학'이라고도 하는데 이때 '범함수'란 '함수의 함수'라고 볼 수 있다. 이 단어는 프랑스 수학자 자크 아다마르[Jacques Hadamard](수론에서 소수 정리를 증명한 것으로 유명하다)가 도입한 것이다. 이에 대해서는 앞에서 변분법을 소개할 때 이미 예를 들어 설명했다. 많은 수학자들이 분야에서 중요한 역할을 담당했다. 그중 힐베르트는 실수 무한집합 $\{a_1, a_2, \cdots, a_n, \cdots\}$으로 구성된 집합을 도입했는데 여기서 $\sum_{i=1}^{\infty} a_i^2$는 반드시 유한수이다. 그는 '내적' 등의 개념과 연산 법칙을 정의한 뒤 무한차원 공간, 즉 '힐베르트 공간[Hilbert space](적분방정식의 이론에 응용하기 위해 도입한 새로운 개념으로, n차원(복소)벡터공간을 무한차원 공간으로 확장한 것-역주)'을 제시했다.

10년 후, 폴란드 수학자 바나흐[S. Banach]는 더 큰 '노름 선형 공간[normed

linear space(바나흐 공간으로 알려졌다)'이라는 개념을 제시했다. 원소들의 크기인 '노름norm'으로 내적을 대체해서 거리와 수렴성 등을 정의했는데, 함수해석학의 연구 영역을 최대로 개척하였으며 공간이론의 진정한 추상화를 이루었다. 이에 따라 함수 개념도 확충되고 추상화되었다. 가장 대표적인 예가 초함수distribution론의 탄생이다. 이에 대에 한 가지 예만 들어 보자. 영국 물리학자 폴 디랙Paul Adrien Maurice Dirac*은 다음과 같이 디랙 델타 함수를 정의했다.

$$\delta(x) = 0\,(x \neq 0),\ \int_{-\infty}^{\cdot\,\infty} \delta(x)dx = 1$$

이러한 함수는 전통에 위배되지만 물리학에서는 그것이 너무나 자연스러운 현상이다. 바로 이러한 이유로 함수해석학의 관점과 방법은 후에 다른 과학 심지어 공학기술 분야에까지 광범위하게 응용되었다.

집합론적 관점은 실변수 함수론과 함수해석학이 수립되는 것을 도왔을 뿐만 아니라 공리화 방법도 수학 영역에 침투되도록 도왔다. 그중 가장 대표적인 성과는 바로 '추상대수학'의 형성이다. 갈루아가 제시한 '군'의 개념 이후 군의 유형은 유한군, 이산군discrete Group에서부터 무한군, 연속군으로 발전했다. 대수 대상도 확대되어 다른 대수적 체계, 즉 환ring, 체field, 격자lattice, 이데알ideal 등이 생겨났다. 이후, 대수학 연구의 중심은 대수적 구조로 옮겨졌다. 이 구조는 집합원소 사이의 이항관계Binary Relation의 합성 연산으로 구성되었으며 다음의 특징을 갖는다. 첫째, 집합의 원소는 반드시 추상적이어야 한다. 둘째, 연산 법칙은 공리로써

---

* 1928년, 디랙은 상대성 이론을 양자역학에 도입해서 상대성 이론 형식의 슈뢰딩거 방정식, 즉 디랙방정식을 세웠다. 그해 그와 슈뢰딩거(E. Schrödinger)는 노벨 물리학상을 공동 수상했다.

규정된다.

추상대수의 창시자 뇌터

추상 대수학의 시초는 독일 여성수학자 에미 뇌터[Amalie Emmy Noether]가 1921년 발표한 〈가환환의 이데알 이론[Theory of Ideals in Rings]〉이라고 알려져 있다. 뇌터는 이 분야에서 가장 공헌을 많이 한 수학자 중 한 명이며 그녀의 제자들 역시 세계에 두루 퍼져 활약했다. 뇌터는 그녀보다 앞서 등장한 4명의 유명한 여성 수학자를 뛰어넘은 위대한 여성 수학자로 평가 받는다. 그 여성들은 앞서 소개했던 고대 그리스의 히파티아, 서양에서 수학자로 명성을 얻은 최초의 여성 아녜시[Maria Gaetana Agnesi]*, 프랑스의 소피 제르맹[Sophie Germain]** 그

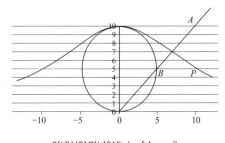

아녜시의 마녀(Witch of Agnesi)

리고 러시아의 코발레프스카야이다. 성별에 따른 편견 때문에 뇌터는 괴팅겐 대학에서 오랫동안 일했지만 강사의 자리에 오르지 못했다. 나치 정부 시절에도 이미 반백이 넘은 그녀는 여전히 교수가 되지 못했고, 미국으로 건너가서도 브린모어 대학 수학과의 객원교수로 만족해야 했다.

다음으로 논할 것은 위상수학[topology]이다. 독일계 미국 수학자 바일[H. Weyl]은 "이를 위상 천사와 대수 마귀가 수학의 영토를 차지하기 위해 펼

---

* 미분학과 적분학을 함께 다룬 책을 최초로 출간하였다.
** 음향학 · 탄성학 · 정수론 연구에 크게 이바지했고 페르마의 마지막 정리를 일부 증명했다.

치는 불꽃 튀는 투쟁"이라고 표현했다. 그의 말에서 우리는 이 두 학과
의 중요성을 알 수 있다. 위상수학에는 추상 대수보다 앞서 나온 흥미로
운 예제가 있다. 쾨니히스베르크 다리 건너기 문제(1736), 4색정리(1852),
뫼비우스의 띠(1858) 등이 그 대표적인 예이다. 위상수학은 도형의 연속
된 성질을 연구한다. 즉 연속된 변형(늘이기, 뒤틀리기 그러나 절단하거나 붙
여서는 안 된다)에서도 변하지 않는 성질을 말한다. 위상수학이라는 단어
는 1847년에 가우스의 제자가 고안한 것인데 그리스어 'topos'는 원래
'위치'를 뜻한다. 처음에는 기하학에 속했지만 '대수적 위상수학algebraic
topology'과 '점집합적 위상수학Point Set Topology' 두 갈래로 나뉘었다.

점집합적 위상수학은 '일반 위상수학'이라고도 하는데 도형을 점의
집합으로 보고, 전체 집합을 하나의 공간으로 본다. 수학자들은 '근방
neighborhood'이라는 개념에서 출발해서 연속, 연결, 위수 등의 개념을 도입
했고 다시 콤팩트성, 분리가능성, 연결성 등의 성질을 더해서 이 학과를
만들었다. 재미있는 예를 하나 들자면, 지구의 북극은 모든 방향이 남쪽
을 향한다는 것이다. 이것은 본래 경도와 위도의 오류에서 기인한다. 또
다른 예는 지구상에서는 어떤 순간이든 적어
도 한 곳(태풍의 눈)은 태풍이 불지 않는다는 점
이다. 완전히 다른 이 두 가지 사실은 위상수학
에서 '부동점 정리fixed-point theorem'에 해당한다. 부
동점이란 함수나 변환 등에서 옮겨지지 않는
점을 가리킨다.

대수적 위상수학의 창시자는 프랑스 수학
자 푸앵카레이다. 그는 담장을 이루는 벽돌처

정복자이지만 식민지배자는
아니었던 푸앵카레. '푸앵카
레의 추측'을 증명함으로써
2006년 필즈상을 수상했다.

럼 도형을 분할해서 상호 연결된 작은 도형으로 만들었다. 미적분에 등
장하는 곡선과 곡면 등의 개념을 높은 차원으로 일반화한 고차원 다양
체$^{High\text{-}dimensional\ manifold}$, 기하학적 물체를 찢거나 붙이지 않고 구부리거나
늘이는 것으로 다른 형태로 변형하는 '위상동형^{homeomorphism}', 수학적 대
상에 아벨 군이나 모듈의 열을 대응시키는 일반적인 과정인 '호몰로지
^{homology}'에 대해 정의했다. 훗날의 수학자들은 이를 '호몰로지론^{homology}
^{theory}'과 '호모토피론$^{homotopy\ theory}$'으로 발전시켰고, 위상수학의 문제를 추
상 대수 문제로 전환시켰다. 이 영역에서 가장 먼저 알려진 유명한 정
리는 데카르트가 1635년에 제기했고 오일러 역시 1752년에 이를 발견
했다. 즉 구멍이 없는 다면체에서 꼭짓점의 수와 면의 수를 더하고 모
서리의 수를 빼면 항상 2가 된다. 또 다른 정리는 1904년에 발표한 '푸
앵카레의 추측$^{Poincare\ Conjecture}$'인데, 단일 연결인 3차원의 닫힌 다양체는 3
차원 구면과 위상동형이라는 것이다. 이 추측을 증명하면 100만 달러의
상금을 주겠다는 사람도 있었다.

　1854년, 리만이 비유클리드 기하학을 개척하던 해에 푸앵카레는 프
랑스 북동지역 낭시^{Nancy}의 한 명문 가문에서 태어났다. 그는 머리가 비
상하게 좋았는데 5세 때 디프테리아를 심하게 앓았다. 이때부터 몸이
허약해졌고 병치레가 잦았으며 자신의 생각을 말로 유창하게 표현할
수 없게 되었다. 그렇지만 그는 다양한 놀이를 좋아했고 특히 춤추는
것을 좋아했다. 그는 책을 읽는 속도가 놀랄 정도로 빨랐고 읽은 내용
을 시간이 지나도 정확하게 기억했다. 뿐만 아니라 문학, 역사, 지리, 자
연사 등에도 재능을 보였다. 그가 수학에 흥미를 느낀 것은 비교적 늦
은 편인 대략 15세 때였다. 하지만 그는 곧바로 비범한 재능을 드러냈

다. 그리고 19세 되던 해에 파리 이공대학에 입학했다.

푸앵카레는 하나의 분야에서 오랫동안 연구하지 않았다. 이를 두고 그의 동료들은 "정복자이지, 식민지배자는 아니다"라며 놀렸다. 어떤 의미에서 보면, 수학의 모든 영역이 푸앵카레의 '식민지'였다(수학 이외 분야에서 이룬 업적도 셀 수 없이 많다). 그러나 그가 남긴 업적 중에서 가장 중요한 것을 꼽는다면 단연 '위상수학'일 것이다. 푸앵카레 추측의 증명과 그 확장, 즉 4차원과 4차원 이상 공간으로의 확장에 관한 연구로 3명의 수학자가 각각 20년의 간격을 두고 필즈상(1966년, 1986년, 2006년)을 수상했다. 특히 푸앵카레는 수학을 대중에게 보급시킨 공이 크다. 보통의 페이퍼백으로 쉽게 쓰인 그의 책은 다양한 언어로 번역되어 여러 나라와 계층에 널리 전파되었다. 이론 물리학자이자 『짧고 쉽게 쓴 시간의 역사A Briefer History of Time』를 쓴 스티븐 호킹Stephen Hawking처럼 말이다.

다른 점을 꼽자면 푸앵카레는 철학자이기도 했다. 그의 『과학과 가설La Science et l'hypothése』, 『과학의 가치La Valeur de la science』, 『과학과 방법Science et méthode』 모두 현대 철학에 큰 영향을 끼쳤다. 과학의 개념이나 정의·공리·법칙·가설·이론 등을 과학자들이 일정한 관점에서 임의로 결정한 창작이라고 보는 입장규약주의conventionalism의 대표적인 인물이다. 그는 공리는 모든 가능한 개념이나 이론에서 선택할 수 있으며 다만 실험이 뒷받침되어야만 어떠한 모순도 피할 수 있다고 보았다. 그는 무한집단의 개념을 부정했고 자연수를 집합론으로 귀결시키는 것을 반대했다. 왜냐하면 수학의 가장 기본적인 직관적 개념이 자연수라고 보았기 때문이다. 이러한 관점 때문에 그는 직관주의의 선구자 중 한 명이 되었다. 또한 푸앵카레는 예술가와 과학자의 공통점을 창의성이라고 보왔다. '과학과 예술을 통해서만 문명이 그 가치를 구현한다'고 믿었다.

4차원 공간은 비유클리드 기하학에서 일종의 특수한 형식이다. 사람들이 여전히 비유클리드 기하학과 유클리드 제5 공준을 위배한 결과에 대해 논쟁할 때, 푸앵카레는 우리로 하여금 4차원 세계를 상상하도록 이끌었다. "외부에 있는 물체의 형상이 망막에 그려지는데, 이것은 2차원의 그림이다. 그리고 물체의 형상은 투시도이다……" 그의 설명에 따르면, 2차원의 형상은 3차원에서 투영된 것이므로 3차원의 형상은 4차원에서 투영된 것으로 볼 수 있다. 푸앵카레에 따르면 4차원을 화폭에

피카소, <아비뇽의 여인들>(1907)

서 연이어 나오는 다양한 투시도라고 설명할 수 있다는 것이다. 스페인 화가 피카소는 시각적인 천재성을 발휘해서 다양한 투시도를 시간의 동시성 안에서 드러냈다. 그리하여 〈아비뇽의 여인들〉(1907)이라는 첫 입체주의 작품이 탄생했다.

1902년에 출판된 『과학과 가설』의 여러 독자 중에 모리스 프랭세Maurice Princet라는 파리 금융감독원의 손해사정사가 있었다. 당시 몽마르트르 언덕에 자리 잡은 낡은 스튜디오가 피카소를 비롯한 예술가들의 집합지였다. 이 스튜디오는 마치 센 강가의 빨래터로 쓰이는 배를 연상시킨다고 해서 '세탁선Le Bateau-Lavoir'이라는 이름이 붙었다. 모리스 프랭세도 이 세탁선 예술가 그룹의 일원이었고, 그곳에 모인 입체파 예술가들에게 푸앵카레의 4차원 기하학을 소개했다고 한다. 피카소의 친한 친구이자 입체주의의 해설가인 기욤 아폴리네르Guillaume Apollinaire는 이런 말을 했

다. "4차원은 수학적 개념이 아니라 은유이며 새로운 미술을 품고 있는 씨앗이다." 또한 "입체주의는 무한한 우주로써 인간 중심의 유한한 우주를 대신한다"라고 설명했다. 그리고 "도형은 회화에서 빼놓을 수 없으며, 기하학이 조형미술에서 차지하는 역할은 작문에서 문법의 역할만큼 중요하다"라고 강조했다. 결론적으로 입체주의는 르네상스 이래로 회화와 기하의 또 한 번의 절묘한 해후라고 이해할 수 있을 것이다.

한편 지금까지 소개한 추상 수학의 네 분야는 상호작용을 통해 새로운 분야를 끊임없이 만들어냈다. 대수기하학, 미분위상수학 등이 그 예이다.

회화 속의 추상

'추상abstract'이란 명사는 서양 언어에서 '적요摘要'를 의미한다. 주로 논문의 첫머리에서 제목과 저자의 성명, 소속기관 아래에 놓는다. 예술 영역에서는 자연에서 취한 무언가로 이해된다. 집합론과 같은 추상 수학이 출현하자 한때 한바탕 논쟁이 일어났듯이, 추상이라는 단어는 예술 분야에서 오랜 기간 폄하되었고 논쟁도 끊이지 않았다. 아리스토텔레스 이후 회화와 조소는 줄곧 모방의 예술로 여겼는데, 이에 대해 제7장에서 비교적 상세하게 다루었다.

19세기 중엽에 이르러서야 화가들은 새로운 예술 관념, 즉 회화는 독립해서 존재하는 실체이지 결코 다른 무언가의 모방이 아님을 받아들이기 시작했다. 그 후 조형과 표현 수단을 강조하기 위해 주제가 부각되지 않고 형상이 뒤틀리며 변형된 미술 작품이 나오기 시작했다. 이제 회화는 더 이상 자연을 표현하는 수단이 아니었다. 이러한 예술의 선구자로 프랑스 화가 세잔을 꼽는다. 그는 우리의 눈이 하나의 대상을 연속적이고 동시적으로 바라본다는 점에 주목했다. 그는 자연, 인간 그리고 회화에 대한 생각을 자신의 고향인 엑상프로방스Aix-en-Provence를 그린 풍경화, 정물화, 초상화 속에 모두 담았다. 세잔에게 추상은 하나의 방법이며 그 목적은 독립적인 회화의 위상을 새롭게 세우는 데에 있었다.

세잔P.Cezanne은 '현대 미술의 아버지'로 불린다. 그를 위시해서 19세기

폴 세잔, <자화상>(1875)

폴 세잔, <카드놀이 하는 사람들>(1893)

말과 20세기 초의 예술가들은 현대주의 물결을 일으켰다. 프랑스 화가 마티스를 대표로 하는 야수파와 스페인 화가 피카소를 대표로 하는 입체주의가 그 전형이다. 그러나 이들 화가의 작품에서 여전히 주제를 읽을 수 있었다. 이 때문에 그들을 '추상적' 또는 '반추상적' 예술이라고 부른다. 여기서 추상은 단지 평범한 형용사일 뿐 고유명사가 아니다.

진정으로 '추상 대수'라는 수학의 전문용어와 대응하는 것은 '추상 예술'이다. 이것은 주제를 전혀 분별할 수 없는 예술을 가리킨다. 러시아 화가 바실리 칸딘스키Wassily Kandinsky를 순수 '추상 회화'의 선구자라고 부른다. 18세기 이래로, 표트르 대제와 예카테리나 2세Ekaterina II가 통치하던 러시아는 오랜 기간 베르누이 형제와 오일러와 같은 위대한 과학자들을 초빙하는 동시에 예술가를 찬조하는 전통을 수립했고 유럽 국가들과 꾸준히 긴밀하게 교류했다. 이 시기에

러시아인들은 프랑스, 이탈리아, 독일 등지를 자주 여행했다. 19세기 후, 러시아의 문학과 음악은 높은 수준에 올랐고 연극과 발레도 장족의 발전을 보였다.

반 고흐, <별이 빛나는 밤에>(1889)

1866년, 리만이 세상을 떠난 해에 칸딘스키가 모스크바에서 태어났다. 그로부터 몇 개월 뒤 보들레르도 파리에서 세상을 떠났다. 칸딘스키 가족은 시베리아에서 찻잎을 거래하는 상인이었다. 그의 할머니가 중국의 몽골족 공주이라는 설도 있는데 그의

칸딘스키, <무르나우 마을 거리>(1908)

어머니는 모스크바에서 나고 자란 토박이였다. 칸딘스키는 어렸을 때 부모와 이모를 따라 이탈리아를 여행했고 얼마 지나지 않아 흑해 연안의 오데사^{Odessa}(지금의 우크라이나)에 정착했다. 부모가 이혼하자 그는 이모와 함께 생활했다. 오데사에서 중학교를 졸업한 뒤 피아노와 첼로 연주자가 되었고 취미로 그림도 그렸다.

20세 되던 해, 칸딘스키는 모스크바 대학에서 법률과 경제학을 전공했고 박사학위를 받았다. 그동안에도 그는 회화에 지대한 관심을 가지고 있었다. 한번은 북부 볼로그다^{Vologda} 주에서 법률과 관련된 민족학 조사를 진행한 적이 있었다. 이때 그는 현지 민간 회화에 나타난 색채의 아름다움과 비구상적인 풍격에 매력을 느꼈다. 1896년, 30세의 칸딘스키는 결국 화가가 되기로 결심하고 모스크바 대학의 법학 강사 자리

칸딘스키, <위로 향하다>(1929)

칸딘스키, 『예술에서 정신적인 것에 관하여』 독일어판

를 과감히 포기했다. 그는 독일 남부 뮌헨의 한 미술대학에서 공부했고 4년 뒤 졸업했다. 함께 공부한 사람 중에는 그보다 13세 어린 스위스의 클리P. Klee가 있었다. 후에 이 두 사람은 20세기 회화의 대표 화가가 되었다.

뮌헨에서 지내는 동안 칸딘스키는 비구상적 회화, 실제적인 주제가 없는 회화 풍격을 형성하기 시작했다. 예술적 탐색의 과정을 거친 뒤 그는 자신의 예술적 목표를 찾아내고 수립했다. 즉 눈에 보이는 자연물체를 그대로 옮기지 않고 선과 색, 공간과 운동을 통해서 정신적인 반응 또는 결단을 표현하는 것이다. 젊었을 때 공부한 법학 덕분에 그는 높은 수준의 회화 이론을 제시했다. 『예술에서 정신적인 것에 관하여Uber das Geistige in der Kunst』에서 그는 프랑스 인상주의 화가 마네Manet를 논했다. 마네의 작품을 통해 처음으로 사물의 비물질화 문제에 주목한 것이다. 자연과학에서 일어난 혁명적인 발전 역시 감각 기관을 통해 인식하는 물리적 세계에 대한 신념을 산산이 부서뜨렸다.

칸딘스키에게서 우리는 신비스런 내재적 에너지를 느낄 수 있다. 이것은 정신적 산물이지 결코 외부 물체 또는 손재주로 만들어낸 상품이 아니다. 그는 생전에 이렇게 말했다. "색채와 형식의 조화를 이루려면, 엄밀히 말해 반드시 영혼의 울림을 만들 수 있는 원칙을 세워야 한다." 그리고 중년에 『칸딘스키 회고록』을 출판하면서 다음과 같이 적었다.

내가 처음으로 깊은 인상을 받았던 색은 밝게 빛나는 청록색, 흰색, 마젠타, 검정색 그리고 황갈색이었다. 이 기억은 내가 세 살 때로 거슬러 올라간다. 나는 여러 가지 물체에서 이 색들을 관찰했다. 그렇지만 지금 내게 물체들의 형상은 이미 그 색만큼 뚜렷하지 않다.

나이가 들면서 칸딘스키의 작품은 추상기하학의 스타일로 바뀌어갔다. 원과 삼각형을 주된 형식으로 삼았는데 작품의 이름에서도 이 사실을 알 수 있다. 예를 들어 〈여러 개의 원〉, 〈하나의 중심〉, 〈황·적·청〉, 〈여러 가지 소리〉 등이다. 그가 말년에 출판한 이론서 『점, 선, 면』에서 그는 그림의 추상적 요소에 담긴 상상의 효과를 분석했고, 가로선은 차가움을, 세로선은 뜨거움을 나타낸다고 보았다. 이를 반영하듯 모든 작품이 선명한 형상과 화려한 색을 특징으로 하기 때문에 사람들은 그림을 본 순간 그의 작품임을 알아본다. 또한 그의 작품은 보는 이에게 쾌감을 선사하거나 깊은 사색을 이끈다. 이는 마치 비유클리드 기하학처럼 추상 예술이 더 넓은 표현의 가능성을 갖고 있음을 시사하는 듯하다.

칸딘스키 외에 추상예술의 대표로

구상에서 추상으로 변화는 과정을 표현한 몬드리안의 〈나무〉시리즈

는 러시아의 카지미르 말레비치^{Kazimir Malevich}, 네덜란드의 피에트 몬드리안^{Piet Mondrian}, 미국의 잭슨 폴록^{Jackson Pollock}이 있다. 말레비치는 단순하게 변형한 기하학적 도형으로 추상을 표현했다. 그

는 〈검은 사각형〉에서 흰색 바탕 안에 검은색 사각형을 그려 넣었다. 이렇듯 말레비치와 칸딘스키는 추상 예술의 두 가지 방향을 대표한다. 그와 동시대 인물인 몬드리안도 입체주의에서 직접적인 영감을 얻었다. 폴록은 초현실주의의 무

말레비치, 〈노란 셔츠의 상반신〉(1932)

의식적 액션 페인팅 방식을 선택해서 캔버스는

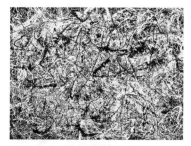

물론이고 자동차 엔진 덮개에까지 물감을 떨어뜨리거나 쏟아 붓는 기법을 실험했다. 그와 네덜란드에서 몰래 미국으로 건너 온 빌럼 데 쿠닝^{Willem de Kooning}은 가장 먼저 세계에

폴록의 액션페인팅

이름을 떨친 신대륙의 예술가이다.

순수 수학과 이론 물리학의 만남

이제 인류 문명의 또 다른 결정체인 과학 영역에서 수학이 어떤 영향을 끼쳤는지, 우선 물리학부터 들여다보자. 18세기는 수학이 역학과 결합한 황금시대이다. 19세기에 수학은 주로 전자학에 응용되었고 그 결과 케임브리지 대학 수학물리학과가 생겼다. 그 중 가장 대표적인 성과는 맥스웰[J.C.Maxwell]이 세운 '전자학방정식'으로 이것은 4개의 간결한 편미분 방정식으로 이루어졌다. 그가 처음 구한 방정식은 다소 복잡했다고 한다. 하지만 그는 물리학의 세계에서 수학은 아름다워야 한다고 믿었기 때문에 처음의 방정식을 버리고 새롭게 방정식을 구했다.

케임브리지 대학에서 공부할 당시의 맥스웰

맥스웰은 스코틀랜드인이다. 남자들이 체크무늬 치마를 입는 이 민족이 배출한 위대한 발명가 수의 비율은 인구 대비 세계에서 가장 높다. 맥스웰 이전에는 실용 증기기관을 발명한 와트[J.Watt]가 있고, 그 이후로는 전화를 발명한 알렉산더 벨[A.G.Bell], 인슐린을 발명한 매클라우드[J. Macleod], 페니실린을 발명한 플레밍[A.Fleming], TV를 발명한 베어드[J.L.Baird]가 있다. 이 외에도 처음으로 경제 이론을 정리하고 체계화한 애덤 스미스[Adam Smith]가 있다. 스미스의 대표작 『국부론[The Wealth of Nations]』의 중심 사상은 자유시장이 혼란해보이지만 실제로는 그 내부에 자동적으로 통제하는 기제가 있으며, 이것은 사회에서 가장 인기 있고 수요가 높은 상품을 최적의 수량으로 생산하는 경향이 있다는 것이다.

20세기로 들어서자 수학은 상대성 이론, 양자역학, 입자 등의 이론 물리학 영역에 응용되었다. 1908년 독일 수학자 민코프스키는 공간과 시간의 4차원 시공[four-dimensional spacetime] 구조 R을 발표했다.

$$ds^2 = c^2 dt^2 - dx^2 - dy^2 - dz^2 \qquad \cdot c = \text{진공에서 빛의 속도}$$

그는 이 공식을 통해 아인슈타인이 1905년 제시한 '특수 상대성 이론'의 수학적 모형을 제공했다. 이러한 구조를 후에 '민코프스키 공간'이라고 불렀다. 흥미롭게도 민코프스키는 자신의 제자 아인슈타인의 수학적 재능을 알아보지 못했다.

아인슈타인의 수학 교사 민코프스키

이 모형이 생긴 뒤 아인슈타인은 한 걸음 더 나아가 중력장 이론[gravitational field theory]을 연구했다. 1912년 여름 그는 이미 이론의 기본 원리를 세웠지만 가장 간단한 수학적 방법을 사용할 줄 몰랐고 심지어는 미적분도 못했기 때문에(그는 이런 자신에 대해 알게 되면 독자들이 소스라치게 놀랄 것이라고 말했다) 방정식을 제시하지 못했다. 이때 아인슈타인은 취리히에서 한 수학자를 만났는데 그의 도움으로 리만 기하학을 기초로 한 미분학을 배웠고 후에 이것을 '텐서 분석$^{tensor\ calculus}$'이라고 불렀다. 3년여의 노력 끝에 1915년 11월 25일 발표한 논문에서 아인슈타인은 중력장 방정식을 제시했다.

$$R_{\mu v} = kT_{\mu v} + \frac{1}{2}Rg_{\mu v}$$

여기서 $R_{\mu v}$는 부피의 왜곡을 나타내는 리치 텐서, $T_{\mu v}$는 에너지와 운동량의 밀도 유량을 나타내는 에너지-운동량 텐서, R은 곡률 스칼라, $g_{\mu v}$는 미분 다양체 상에서 거리와 각도를 잴 수 있는 개념인 계량 텐서, k는 상수이며 중력 상수 및 광속과 관계가 있다. 아인슈타인은 "이 방정식으로 일반 상대성 이론의 논리 구조를 마침내 완성했다"고 주장했다.

아인슈타인은 1915년 일반 상대성 이론을 완성했지만 연구 결과는 1916년에 발표했다. 이와 거의 동시에 또 다른 독일인 수학자 힐베르트도 상술한 중력장 방정식을 완성했다. 힐베르트는 공리화 방법을 채택하는 동시에 연속군에 관한 '뇌터의 불변량 이론$^{Noether's\ theorem}$'을 이용했다. 그가 괴팅겐 과학원에 이 논문을 제출

아인슈타인의, 그는 상대성 이론을 완성했다.

한 시기는 1915년 11월 20일이며, 논문을 발표한 시기도 아인슈타인보다 5일 앞섰다.

아인슈타인의 일반 상대성 이론에 따르면 시공간은 전반적으로 균일하지 않다. 다만 극소한 구역에서만 예외이다. 수학에서 이러한 비균일한 시공간은 다음의 '리만 계량'으로 기술할 수 있다.

$$ds^2 = \sum_{\mu, \nu=1}^{2} g_{\mu\nu} dx_\mu dx_\nu$$

일반 상대성 이론의 수학적 기술은 처음으로 비유클리드 기하학이 현실적인 의의가 있음을 증명한 것이고 역사적으로 수학이 응용된 가장 위대한 예가 되었다. 그러나 만유인력 법칙을 세운 뉴턴과 비교할 때 아인슈타인은 다소 미흡하다고 할 수 있다. 왜냐하면 뉴턴 역학의 수학적 기초인 미적분을 뉴턴 자신이 만들었기 때문이다.

상대성 이론과 달리 양자역학에는 여러 명의 물리학자가 관련되어 있다. 플랑크[M. Planck], 아인슈타인, 보어[N. Bohr]가 양자역학의 개척자이고 슈뢰딩거[E. Schrödinger], 하이젠베르크[W. Heisenberg], 디랙 등은 파동역학, 행렬역학, 변환이론의 형식으로 '양자역학'을 만들어냈다. 이 이론들을 융합해서 통일된 체계를 만들려면 새로운 수학 이론이 필요했다. 힐베르트는 '적분방정식' 등의 해석학 도구를 사용했고 존 폰 노이만[John von Neumann]은 힐베르트의 공간 이론을 가져다 양자역학의 고윳값 문제를 해결했으며 아울러 힐베르트의 '스펙트럼 이론[spectral theory]'을 양자역학에서 자주 출현하는 무한정 연산자[unbounded operator] 영역으로 확대함으로써 이 학과의 수학적 기초를 엄격하게 다졌다.

20세기 후반에 물리학의 여러 연구에서 추상을 응용한 순수수학의 도움이 필요했다. 유명한 '게이지 이론[gauge theory]'과 '끈 이론[string theory]'이 그 예이다. 1954년, '양-밀스 이론*'은 게이지 불변성[gauge invariance]이 자연계의 4대 힘(전자기력, 중력, 강력과 약력)에 상호작용하는 보편적 성질일

---

* 양은 중국 물리학자이자 노벨상 수상자인 양전닝(楊振寧), 밀스는 미국 물리학자 로버트 밀스(R. Mills)를 가리킨다.

수 있음을 보여주었다. 이에 수학자들은 기존의 게이지 이론을 새롭게 주목했고 이 이론을 이용해서 자연계 4대 힘의 상호작용을 통일하고자 시도했다. 그 결과 '통일장 이론$^{unified field theory}$'에 필요한 수학적 도구인 올다발$^{fiber bundle}$ 미분기하학이 이미 존재한다는 사실을 곧 발견했다. 양-밀스 방정식은 실제로는 편미분방정식인데 이것의 심화연구 또한 수학의 발전을 이끌었다. 1963년 증명된 '아티야-싱어지표 정리'도 양-밀스이론에서 중요한 응용을 얻었고, 순수수학과 이론 물리학을 연결하는 또다른 다리가 되었다. 그 연구 방법은 해석학, 위상수학, 대수기하학, 편미분방정식과 다복소변수함수 등 수많은 핵심적인 수학 분야와 연결되어 있어서 현대 수학의 통일성을 논증하는데 자주 쓰인다.

초끈 이론 또는 끈 이론은 1980년대에 발전하기 시작했다. 이것은 자연계의 기본 입자를 하나의 자유도를 갖는 1차원 끈과 같은 질량이 없는 실체로 보았다(그 길이는 약 10^{-33}cm, 플랑크 길이$^{Planck length}$라고 부른다). 이것은 다른 이론에서 사용하는 시공간 속의 점을 대체하기 위해 제안된 이론이다. 중력이론, 양자역학과 입자의 상호 작용을 수학적으로 기술하는 것을 목적으로 하는데 수학자와 물리학자가 공동으로 가장 활발히 연구하는 영역이다. 여기에 사용된 수학은 미분위상수학, 대수기하학, 미분기하학, 군론, 무한차원 대수, 복소해석학과 리만 곡면 등이다. 여기에 관련된 물리학자와 수학자의 수가 헤아릴 수 없이 많음은 굳이 언급할 필요가 없을 것이다.

생물학과 경제학으로 진출하다

수학은 물리학 이외에의 다른 자연과학과 사회과학 분야에서도 중요한 역할을 담당했다. 특히 활발하게 연구된 분야인 생물학과 수리경제학을 예로 들어보자. 생물학은 17세기에 현미경이 발명된 이후에야 정식으로 학문적인 궤도에 올랐기 때문에 물리학과 비교할 때 역사가 매우 짧다. 그럼에도 물리학과 함께 자연과학에서 가장 중요한 분과를 이룬다. 생물학 연구에서 수학적 방법이 도입된 시기도 상대적으로 늦어서 20세기 초부터 시작되었다. 다재다능한 영국 수학자 피어슨$^{Karl\ Pearson}$이 가장 먼저 통계학을 유전과 진화 문제에 적용했다. 아울러 1899년 〈생물통계^{Biometrika}〉라는 잡지를 창간했는데 이는 최초의 생물수학 잡지이다.

1926년, 이탈리아 수학자 비토 볼테라$^{Vito\ Volterra}$는 아래의 미분방정식을 발표했고 지중해 속 여러 어종이 주기적으로 증감하는 현상을 해석하는 데 성공했다. 여기서 x는 피포식자인 작은 물고기의 수이고, y는 포식자인 큰 물고기의 수이다. 이 방정식은 '볼테라 방정식'이라고도 불린다. 그는 미분방정식을 이용해서 최초로 생물 모형을 만들었다.

$$\begin{cases} \dfrac{dx}{dt} = ax - bxy \\ \dfrac{dy}{dt} = cxy - dy \end{cases}$$

수학을 응용한 생물학 연구 중에서 1950년대에 영국과 미국에서 두

가지 놀라운 성과가 나타났다. 하나는 신경의 흥분과 전도를 수학적 모형으로 제시한 '호지킨-헉슬리 방정식$^{Hodgkin-Huxley\ equation}$'이다. 또 다른 하나는 망막의 측면억제 작용을 설명하는 '하틀라인-라틀리프 방정식$^{Hartline-Ratlif\ equationsf}$'이다. 이것들은 복잡한 비선형방정식으로, 수학자

생리학자 앤드류 헉슬리

와 생물학자의 비상한 관심을 끌었다. 앞의 세 사람은 각각 1963년과 1967년 노벨 생리·의학상을 수상했다. 앤드류 헉슬리는 다윈의 진화론을 지지한 토마스 헉슬리$^{Thomas Huxley}$의 손자이며 소설가 올더스 헉슬리$^{Aldous Huxley}$의 동생이기도 하다. 한편 라틀리프$^{F. Ratliff}$는 이 방정식과 더불어 하틀라인$^{Halden Keffer Hartline}$과 동료였다는 사실로 주목받기도 했다.

1953년, 즉 호지킨-헉슬리 방정식이 탄생한 이듬해에 미국의 생물화학자 왓슨$^{James Dewey Watson}$과 영국 물리학자 크릭 $^{Francis H. Crick}$은 DNA가 이중 나선$^{二重螺旋:}$ $^{double helix}$ 구조임을 밝혔다. 이는 분자생물학의 탄생을 알렸을 뿐만 아니라 생물학에 추상적인 위상수학이 도입된 첫 번

왓슨, 크릭 그리고 DNA 모형

째 사례이기도 하다. 전자현미경을 통해 DNA의 분자가 뉴클레오티드라는 기다란 사슬 두 가닥으로 새끼줄처럼 꼬여 있는 것을 확인했는데 이로써 대수적 위상수학의 매듭이론$^{knot theory}$이 활용될 분야를 찾았다. 1984년 뉴질랜드에서 태어난 미국 수학자 본 존스$^{Vaughan Frederick Randal Jones}$는 매듭의 불변량에 관한 존스 다항식$^{Jones Polynomial}$을 만들었다. 이것은 생물학자가 DNA 구조에서 발견한 매듭을 분류하는 데 도움을 주었다. 이 공로를 인정받아 1990년에 필즈상을 수상했다.

왓슨과 크릭은 1962년에 노벨 생리·의학상을 수상했다. 하지만 그들의 발견이 갖는 의의가 아직 충분히 인정을 받지 못했기 때문에 여기서 설명을 보충하고자 한다. 우선 물리학은 거시적인 세계(원자 내부 구조가 갖는 중요성 역시 핵융합과 핵분열이 만들어내는 거대한 에너지에 있다)를 탐구

하는 학문이다. 이에 반해 생물학은 미시적인 세계(세포와 유전자)를 집중적으로 연구한다. 다윈의 진화론은 갈릴레이의 자유낙하운동법칙처럼 생명과 물체 운동의 외재적 법칙을 밝혔고, 뉴턴의 만유인력의 법칙은 물체와 우주 운동의 내재적 규칙과 원인을 발견했다. 생물학에서 이에 필적할 만한 성과가 바로 생명의 신비를 담고 있는 DNA의 구조인 것이다. 왓슨과 크릭은 평소 동료들과 자주 다니던 케임브리지 대학 근처의 펍^{Pub}에서 인류 역사의 이정표가 될 이 연구 성과를 발표했다.

1979년의 노벨 생리·의학상은 두 명의 비전공자가 공동으로 수상했다. 남아프리카에서 태어난 미국 의료물리학자 앨런 코맥^{Allan McLeod Cormack}과 영국 전기공학자 하운스필드^{Godfrey N. Hounsfield}가 그 주인공이다. 케이프타운에 있는 한 병원의 방사선과에서 일하던 물리학 강사 코맥은 인체의 연조직과 밀도가 다른 조직층에서 X선이 만들어낸 형상에 흥미를 느꼈다. 후에 미국으로 간 그는 컴퓨터 제어에 의한 X선 단층촬영의 이론적 기초를 세웠다. 이것은 인체의 조직별로 X선이 흡수하는 양을 계산하는 공식이다. 이 공식은 적분기하학을 기초로 해서 만들어졌으며 컴퓨터 단층촬영^{computed tomography}의 이론적 문제를 해결했다. 이 연구는 하운스필드가 최초로 컴퓨터 단층촬영기 즉 CT 스캐너를 발명하는 촉진제가 되었으며 임상실험에서도 성공을 거두었다.

다음에서 소개할 분야는 수리경제학이다. 이 학과의 창시자는 헝가리 수학자 요한 폰 노이만^{Johann Von Neumann}이다. 그는 1944년 모르겐슈타인^{Oskar Morgenstern}과 공동으로 집필한 『게임이론과 경제행동^{Theory of Games and Economic Behavior}』에서 경쟁의 수학적 모형을 제시하고 경제문제에서의 응용을 논함으로써 수리경제학의 문을 열었다. 그로부터 꼬박 반세기가

지난 후에 미국 수학자 존 내시^{John F.Nash}와 독일 경
제학자 라인하르트 젤텐^{Reinhard Selten}이 게임이론 연
구로 노벨 경제학상을 수상했다. 내시는 불안한
정신 상태를 보이다가 조현병 진단을 받았는데 그
를 주인공으로 한 소설 『뷰티풀 마인드^{A Beautiful Mind}』
는 영화로도 만들어졌다. 그는 게임 이론의 한 형

영화 <뷰티풀 마인드>의
실제 주인공인 존 내시

태인 '내시 균형^{Nash Equilibrium}'을 정립해서 게임에 참여하는 두 참여자의
전략과 행동을 설명했다. 2015년, 내시는 비선형 편미분방정식에서 이
룬 공으로 수학계에서 가장 권위 있는 상인 아벨상^{Abel Prize}을 수상했는
데 그때가 그의 생애 마지막 해였다.

옛 소련의 수학자 칸토로비치^{Leonid V. Kantorovich}의 선형계획 모형과 네덜
란드에서 태어난 미국 경제학자 코프만스^{T.C. Koopmans}의 생산함수에 쓰인
수학 이론을 단순하다고 표현한다면(그들은 자원을 최적으로 배치하는 이
론 분야에서 쌓은 공적으로 1975년 노벨경제학상을 수상했다), 프랑스에서 태어
난 미국 경제학자 제라르 드브뢰^{Gerard Debreu}와 또 다른 미국 경제학자 애
로우^{K. Arrow}가 사용한 볼록 집합^{convex set}(주어진 집합의 임의의 두 점에 대하여,
그 두 점을 잇는 선분이 그 집합 안에 포함될 때 그 집합을 볼록집합이라고 한다-역
주)과 부동점 정리(공간과 함수 사이에 적당한 공간이 주어지면 그 함수에 부동
점이 존재한다는 이론-편집자 주)는 비교적 심오하다고 할 수 있다. 그들이
세운 균형가격 이론의 후속 연구는 미분 위상, 대수 위상, 동적 시스템
등 추상적인 수학 도구를 사용했다. 애로우와 드브뢰는 각각 1972년과
1983년에 노벨 경제학상을 받았다.

1970년대 이래로 추계학^{Stochastic Analysis}이 경제학 영역에 들어옴에 따라

특히 미국 경제학자 피셔 블랙$^{Fischer\ Black}$과 캐나다 태생의 미국 경제학자 마이런 숄즈$^{Myron\ Scholes}$는 선물옵션의 가격결정 문제를 확률미분방정식$^{Stochastic\ Differential\ Equation}$의 해로 보고, 실제와 상당히 부합하는 옵션 가격 결정모형을 도출했다. 이것이 바로 '블랙-숄즈 옵션가격모델'이다. 그전에는 투자자가 선물옵션 가격을 정확히 결정할 수 없었다. 그런데 이 모델은 리스크 프리미엄을 옵션 가격에 넣음으로써 투자자의 리스크를 낮출 수 있게 되었다. 후에 미국 경제학자 로버트 머턴$^{Robert\ C.\ Merton}$은 수많은 제한을 제거해서 이 공식이 주택 저당 등 금융거래의 다른 영역에도 적용할 수 있게 했다. 1997년 머턴과 숄즈는 노벨 경제학상을 공동으로 수상했다.

그러나 21세기에 들어오면서 미국에서 서브프라임 모기지 사태가 일어나 세계 경제에 큰 타격을 주었다. 정상적인 상황이라면 은행은 일부 신용 등급이 낮은 고객에게 대출을 제공하지 않을 것이다. 그런데 어떤 대출기관은 신용요구조건을 낮추는 대신 이자를 높여서 대출을 제공한다. 서브프라임 모기지론은 부도 리스크가 비교적 큰 편인데, 주된 원인은 파생상품 때문이다. 관련 금융기관에서 리스크를 독자적으로 떠맡으려 하지 않기 때문에 투자은행, 보험회사 또는 헤지펀드 등에 이런 파생상품을 끼워서 판매한다. 파생상품은 눈에 보이지도 않고 만질 수도 없는 것이어서 그 가격과 결합방식을 간단히 판단할 수 없다. 이런 이유로 수학의 새로운 분야인 '금융수학'이 탄생했다.

파생상품의 가격 결정 과정에 두 가지 매우 중요한 매개변수로 할인율과 부도율이 있다. 할인율은 확률미분방정식에 기초하고 부도율은 '푸아송 분포$^{Poisson\ distribution}$'를 따른다. 세계적인 금융 위기를 겪고 나서 사람들은 이 두 가지 수학적 방법과 다른 평가 모델의 정확성을 높여야 함을 깨달았다. 1947년 같은 해 태어난 중국 수학자 펑스거彭實戈와 프랑스 수학자 파두Etienne Pardoux가 함께 '후방확률미분방정식backward stochastic differential equation'을 만들었다. 이 방정식은 지금은 이미 고급 금융상품의 리스크 측정과 안정적인 가격을 결정하는 수학적 방법이 되었다. 18세기 초, 야코프 베르누이는 물리학 연구에 종사하되 수학을 모른다면 그 사람은 중요한 일을 맡지 못한다고 말했다. 21세기에 이르러, 금융업 또는 은행업에서도 이러한 상황이 일어났다. 200여 년 역사를 가진 미국 시티그룹은 자신들의 업무 중 70%를 수학에 의존한다고 밝히며 만약 수학이 없다면 시티그룹은 존속할 수 없다고 강조했다.

마지막으로 주목할 것은 칸토로비치의 '선형계획모형'이다. 이 모형은 운용과학operations research에서 가장 먼저 성장한 연구 중 하나이다. 운용과학이란, 시스템을 관리하는 사람이 시스템을 최적으로 운영하기 위해 반드시 사용해야 하는 과학적 방법으로 주로 수학적 방법과 논리적 판단에 따른다. 운용과학과 함께 2차 세계 대전 시기의 응용수학에서 벗어난 학과에는 인공두뇌학을 말하는 사이버네틱스Cybernetics, 정보 이론information theory이 있다. 그 창시자는 각각 미국 수학자 위너Norbert Wiener와 섀넌Claude E. Shannon이다. 두 사람은 모두 MIT에서 교수로 일하다 퇴임했고 대중에게도 매우 친숙한 학자이다. 위너는 18세에 하버드 대학 박사학위를 받았으며 두 권의 자서전『나의 유년기와 청년기My Childhood and Youth』, 『나는 수학자이다I Am a Mathematician』를 썼다. 섀넌은 디지털 통신시대의 선구자로 불린다.

위너는 사이버네틱스를 기계, 동물의 제어와 통신에 관한 일반 규칙을 연구하는 과학으로 보았다. 이것은 동태적 시스템이 변화하는 환경 조건에서 어떻게 평형 또는 안정된 상태를 유지하는지를 연구하는 과학이다. 그는 'cybernetics'라는 단어를 만들었는데 그리스어에서 유래한 이 단어의 원래 의미는 '조타술操舵術', 즉 배의 키를 조종하는 방법과 기술이다. 플라톤의 저술 중에서 조타술을 사람을 관리하는 예술로 비유하는 표현이 자주 나온다. 한편 정보 이론은 정보의 측정, 전달, 변환 규칙을 수학적 방법으로 연구하는 과학이다. 주의해야 할 것은 여기서 정보란 우리가 전통적인 개념의 소식을 가리키는 정보가 아니라 표준 통신 매체를 통해 전달되는 것들을 뜻하며, 측정 또는 수학적 처리가 가능해서 마치 질량, 에너지 또는 기타 물리량과도 같다.

컴퓨터와 카오스 이론

컴퓨터란 데이터를 입력받은 뒤 프로그램의 명령에 따라 연산하고 그 결과를 제공하는 자동전자기기이다. 컴퓨터의 역사에서 혁신을 일으킨 사람들은 대부분 수학자였다. 칸트 시대에 수학이 철학에 속했던 것처럼 1970년대까지 중국 대학에서 컴퓨터공학은 대부분 수학과에 개설되었다. 그러나 지금은 대다수의 대학에서 컴퓨터공학과를 별도로 개설하고 있다. 그동안 사람 대신 기계로 계산하는 것은 인류의 꿈이었다. 사람이 만든 최초의 계산기라 할 수 있는 주판은 오랜 기간 다양한 분야에서 사용되어왔다. 1317년 명나라 때 출판된 책에는 10줄 주판의 삽화가 있다. 그러나 주판이 실제로 발명된 시기는 그보다 훨씬 이전이다. 수학자 정대위程大位의 『산법통종算法統宗』(1592)에는 주산의 규칙, 구결(한자의 뜻이 명확하도록 토시를 다는 것-편집자 주)과 방법을 소개하는데 이를 통해 당시 중국 사회에 주판이 널리 보급되었음을 알 수 있다. 이 책은 조선과 일본에 전해졌고 이 두 나라에서도 주산이 크게 유행했다.

　기계식 계산기를 처음 생각해낸 사람은 독일인 빌헬름 시카드[Whilhelm Schickard]였다. 그는 케플러에게 보낸 편지에 이 기계에 대한 구상을 밝혔다. 덧셈과 뺄셈을 계산한 첫 번째 기계식 계산기는 1642년에 파스칼이 발명했다. 30년 뒤에 라이프니츠가 곱셈과 나눗셈, 제곱까지 가능한 계산기를 만들었다. 계산기에 데이터를 연산할 수 있는 장치를 더하는 것은 현대적인 디지털 계산기로 넘어가는 전환점이 되었다. 바로 영국 수학자 찰스 배비지[Charles Babbage]가 이 전환점을 돌았고, 수론에서 이항식 계수와 관련된 합동식을 그의 이름으로 명명했다. 배비지가 1834년에 설계한 '분석기'는 연산실과 저장실로 나뉘어 있고, 연산 프로그램을 제어하는 장치를 따로 추가했다. 그는 천공 카드를 이용해서 디지털 데이터인 '0'과 '1'로 연산 순서를 제어하고자 했는데 이것이 바로 현대 컴퓨터의 원형이다.

　배비지는 전 재산을 계산기 제작에 쏟았고 심지어 케임브리지 대학의 루카스 석좌교수직까지 놓쳤지만 그의 아이디어를 이해하는 사람은 얼마 되지 않았다. 그를 진정으로 이해하고 지지한 사람은 단지 세 사람이었다고 한다. 그중 한 사람이 바로 그의 아들 배비지 헨리였다. 그는 부친이 세상을 떠난 후에도 수년 동안 분석기 제작에 매달렸다. 다른 두 사람은 미래 이탈리아 총리, 그리고 시인 바이런[L. Byron]의 딸 에이다[Ada Lovelace]였다. 바이런의 외동딸인 그녀는 몇몇 함수를 처리하기 위

배비지

해 계산 과정을 편집했는데 이것은 현대적인 프로그래밍의 효시라고 할 수 있다. 그러나 시대적인 한계 때문에 배비지가 설계한 분석기는 기술적으로 커다란 장애에 부딪혔다. 프로그램을 이용해서 디지털계산기를 제어하려는 그의 천재적인 발상은 100년이 넘어서야 실현되었다.

20세기로 들어서면서 과학기술이 급속하게 발전함에 따라 넘치는 데이터를 처리해야 하는 문제가 생겼다. 특히 2차 세계 대전 기간에 군사와 관련해서 계산하고 처리해야 할 문제가 많아지자 계산 속도를 개선하는 것이 시급했다. 처음에는 전자 부품으로 톱니바퀴를 대체했다. 1944년, 미국 하버드 대학 수학자 에이컨$^{H.H.Aiken}$은 IBM의 후원 아래 세계 최초로 실제 조작이 가능한 자동 순서 제어 계산기 마크 1^{MARK-I}(170m^2의 공간을 차지한다)을 설계 및 제작했다. 그는 일부 부품에만 계전기(전압을 가한 회로의 전류 변동을 이용하여 다른 회로의 전류를 원격 조정하거나 자동 제어하는 전자기 장치-역주)를 사용했으나 얼마 지나지 않아 전체에 계전기를 사용한 계산기를 만들어냈다. 한편 펜실베이니아 대학에서는 계전기 대신 유리관 속에 2개 또는 3개의 전극을 넣은 전자 부품인 진공관을 사용했다. 이를 통해 1946년 최초의 대형 전자식 디지털 컴퓨터^{ENIAC}를 제작하는데 성공했고, 이전에 비해 그 효율을 천 배 가량 높일 수 있게 됐다.

1947년, 수학자 폰 노이만$^{John\ Von\ Neumann}$은 에니악^{ENIAC}에 사용된 외부 프로그램 방식 대신 프로그램을 내장하는 방식을 제안했다. 이 방법에 따르면 컴퓨터는 기억 장치에서 명령을 수행하기 때문에 연산 속도를 대폭으로 높일 수 있었다. 그는 1946년 다른 연구자와 공동으로 발표한 논문에서 병렬 처리, 데이터 저장 장치 등 컴퓨터의 종합적인 구조에 대한 아이디어를 발표했다. 오늘날 우리가 사용하는 컴퓨터는 아직도 기본적으로 노이만이 설계한 구조이다. 폰 노이만은 부다페스트에서 태어났고 다양한 분야에서 재능을 발휘했는데 수학, 물리학, 경제학, 기상학, 폭탄이론과 컴퓨터 영역에서 뛰어난 업적을 남겼다. 그는 기차역에서 기차를 기다리는 동안 에니악을 설계한 엔지니어를 만났다. 이 엔지니어는 컴퓨터의 기술적 문제에 대해 노이만에게 조언을 구했는데 이 일을 계기로 노이만도 컴퓨터에 관심을 갖게 되었다고 한다.

폰 노이만과 그의 컴퓨터

컴퓨터 설계 이론에서 탁월한 공헌을 한 또 다른 사람은 영국 수학자 앨런 튜링^{Alan Turing}이다. 그는 수리논리학의 기본적인 이론 문제인 무모순성을 해결하고 기계가 수학 문제를 계산할 수 있는지를 확인하기 위해 '튜링 기계^{Turing machine}'를 고안했다. 입력 · 출력 장치(테이프와 판독기), 메모리, 제어기로 이뤄져있는데, 현재까지도 디지털컴퓨터는 이 튜링 기계의 범주를 넘어서지 못하고 있다.

인공지능의 기초를 세운 튜링

튜링은 독자적으로 사고하는 컴퓨터를 만드는 이론을 연구했다. 이에 관한 구상은 이미 인공지능 연구의 기초가 되었다. 또한 그는 사고하는 기계의 기준을 제시했다. 즉 시험자 30% 이상이 피시험자가 사람인지 기계인지 판정할 수 없는 것으로 '튜링 검사'라고 부른다. 그런데 훗날 튜링은 성적 취향 때문에 당시의 법률에 따라 강제로 여성호르몬

주사를 맞아야 했다. 이를 견디지 못한 그는 청산가리에 담근 사과를 먹고 자살했다. 1966년 인텔사는 그를 기념하기 위해 컴퓨터 분야에서 최고의 권위를 자랑하는 '튜링상'을 제정하기도 했다.

디지털 컴퓨터가 이미 4세대의 발전을 거쳤지만 진공관, 트랜지스터에서 집적회로, 초대규모집적회로Very Large Scale Integration Circuit, VLSI까지 모두 2진수 딥 스위치DIP switch를 채용했다. 이것은 바뀌지 않을 것이어서 미래에 그런 날이 온다면 컴퓨터가 대체될 것이다(예를 들면 양자컴퓨터). 이것은 19세기 영국 수학자 조지 불George Boole이 만든 '불 대수Boolean algebra'의 기호 논리 체계와 밀접하게 연관되어 있다. 그는 200여 년 전 라이프니츠가 끝내지 못한 일을 완성했는데 그것은 '표의기호表意記號'를 만드는 것이었다. 이는 모든 기호가 하나의 간단한 개념을 나타내고 기호의 조합으로 복잡한 의미를 전달하는 것이다.

불은 가난한 가정에서 태어났다. 그의 부친은 신발 수선공이었다. 이런 어려운 환경에서도 독학으로 학문의 높은 경지에 이르렀다. 후에 아일랜드 퀸스 대학교(지금은 아일랜드 코크 대학University College Cork)의 수학 교수가 되었고 영국 학술원 회원으로 선출되었다. 그러나 49세 되던 해에 폐렴에 걸려 세상을 떠났다. 그해 초에 그의 작은 딸이 세상에 태어났는데 그녀는 소설 『등에The Gadfly』의 작가 보이니치E. L. Voynich이다.

추상 수학이 응용된 최고의 사례가 된 컴퓨터 역시 이미 수학 연구에 사용되는 강력한 도구이자 문제의 원천이 되었다. 이는 새로운 분야인 전산수학Computational Mathematics을 탄생시켰다. 전산수학은 각종 수치 계산 방법의 설계와 개선뿐만 아니라 계산과 관련된 오차 분석, 수렴성과 안정성 등의 문제까지 연구한다. 폰 노이만이 이 학과의 창시자 중 한 사람이다. 그는 다른 연구자와 함께 전혀 새로운 수치계산법인 몬테카를로법$^{Monte\ Carlo\ method}$을 고안했고, 팀을 구성한 뒤 ENIAC을 이용하여 처음으로 '수치 예보$^{numerical\ weather\ prediction}$'를 실현했다. 기후 예보의 핵심 문제는 관련 유체역학 방정식의 해를 구하는 것이다. 1960년대, 중국 수학자 펑캉^{馮康}은 수치분석 방법인 유한요소법$^{finite\ element\ method}$을 독자적으로 고안했다. 이것은 오늘날 항공, 전자기장과 교량 건설 등의 공학계산에 사용된다.

1976년 가을, 일리노이 대학의 두 수학자 아펠$^{K.\ Appel}$과 하켄$^{W.\ Haken}$은 컴퓨터를 이용해서 100여 년의 역사를 가진 '4색 정리'를 증명했다. 이것은 컴퓨터를 이용해서 수학의 난제를 해결한 쾌거이기도 하다. 4색 정리란 영국인이 제시한 유명한 추론이다. 1852년 런던대학에서 두 개

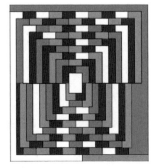

4색 정리의 범례

의 학사학위를 받은 프란시스 거스리$^{Francis\ Guthrie}$는 과학연구기관에서 지도 착색 작업을 했다. 그때 그는 4가지 색만으로도 지도를 채울 수 있으며 아울러 인접한 어떠한 두 나라도 같은 색으로 표시되지 않음을 발견했다. 그는 당시 아직 학생인 자신의 동생과 이 추론을 증명하려고 노력했다. 이 두 사람뿐만 아니라 그의 스승인 모건과 해밀턴도 여기에 매달렸지만 결국 성공하지 못했다. 이 문제를 연구한 케일리는 런던 수학회에 이를 보고했고 이후로 세상에 알려지게 되었다.

이때부터 수학자들은 컴퓨터를 이용해서 순수수학을 연구하기 시작했다. 이 분야에서 일군 눈부신 성과로는 고립자^{soliton}와 카오스^{chaos}의 발

견이 있다. 이것들은 비선형과학의 핵심 문제인데 이를 가리켜 수학물리의 아름다운 두 송이 꽃이라고 한다. 고립자는 4색 정리보다 일찍 알려졌다. 1834년 영국의 엔지니어 존 러셀[J.S.Russell]은 운하에서 선박이 갑자기 멈출 때 일어나는 파도를 추적 관찰했다. 그는 파도가 수면 위를 진행할 때 모양과 속도에 뚜렷한 변화가 없음을 발견하고 이것을 '고립파[solitary wave]'라고 불렀다. 이 파는 퍼지지 않고 안정된 성질을 가지고 있다. 1세기가 지나서 수학자들은 두 개의 고립파가 충돌해도 여전히 고립파임을 발견했고 이를 고립자라고 불렀다. 고립자는 광섬유 통신, 목성의 대적점[Jupiter Red Spot], 신경의 흥분과 전도 등의 영역에 대량으로 존재한다. 카오스 이론은 자연계의 불규칙현상을 설명하는 강력한 도구이며 상대성 이론과 양자역학 이후 현대물리학의 또 다른 혁명으로 불린다.

컴퓨터공학의 비약적인 발전은 수리논리와 밀접하게 관련되어 있고 그와 관련된 다른 수학 분야의 변혁과 탄생을 촉진했다. 조합론[combinatorics]과 퍼지이론[fuzzy theory]이 그 대표적인 예이다. 조합론의 기원은 중국의 고서『역경』속의 '낙서'로 거슬러 올라간다. 라이프니츠는『조합의 예술에 관하여[De Arte Combinatoria]』에서 '조합'이라는 개념을 처음으로 제시했다. 후에 수학자들이 게임에서 이 새로운 문제를 정리했는데 여기에는 '쾨니히스베르크 다리건너기 문제(그래프 이론[Graph Theory]이라는 조합론의 주요 분야를 파생시킴)', '오일러의 36명의 장교 문제', '커크먼[Thomas P. Kirkman]의 여학생 문제'와 '해밀턴의 세계일주 게임' 등이 여기에 해당된다. 컴퓨터 시스템의 설계와 데이터 저장, 복원에 관한 문제는 조합론 연구에 새롭고 강력한 동력을 제공했다.

역사가 오래된 조합론과 비교할 때, 1965년 탄생한 퍼지이론은 젊은 학문이다. 고전 집합의 개념에 따르면 모든 집합은 특정한 원소로 구성되며, 원소가 집합에 소속된 관계는 명확하다. 이러한 성질을 특성함수 $\mu_A(x)$로 표시할 수 있다.

$$\mu_A(x) = \begin{cases} 1, \, x \in A \\ 0, \, x \notin A \end{cases}$$

퍼지이론의 창시자는 아제르바이잔에서 태어난 이란계 미국 수학자, 전기엔지니어 자데[Lotfi A. Zadeh]이다. 그는 특성함수를 소속함수$\mu_A(x) : 0 \leq \mu_A(x) \leq 1$로 수정했는데 여기서 A는 퍼지집합, $\mu_A(x)$는 소속도이다. 고전 집합론에서 $\mu_A(x)$는 0 또는 1 두 개의 값을 취해야 하지만, 퍼지집합은 이러한 한계를 깼다. $\mu_A(x) = 1$은 100퍼센트 A에 소속되며, $\mu_A(x) = 0$은 A에 완전히 소속되지 않는다. 또 A에 20% 소속될 수 있고, 80% 소속될 수도 있다. 인간의 두뇌의 사고활동은 정확함과 모호함 두 가지를 모두 포함하기 때문에 퍼지이론은 인공지능 시스템이 인류의 사고 과정을 시뮬레이션하는 과정에서 중요한 역할을 했다. 이것은 새로운 컴퓨터 설계와도 밀접한 관련이 있다. 그러나 퍼지이론은 아직은 미성숙한 상태이다.

이제 컴퓨터공학의 한 분야인 인공지능[Artificial Intelligence, AI]에 대해 살펴보자. 인공지능의 개념은 1956년 미국 뉴잉글랜드의 다트모스 대학에서 처음으로 제시되었다. 인공지능의 주요 목표는 컴퓨터가 인간이 일반적으로 원하는 지능 수준을 넘어서 복잡한 작업을 완성하게 만드는 것이다. 여기에는 로봇, 언어와 이미지의 식별 및 처리 등이 포함되며 기계학습, 컴퓨터 비전[Computer Vision]의 영역이 관련되어 있다. 그중 기계학습의 수학적 기초는 통계학, 정보 이론과 사이버네틱스이고, 컴퓨터 비전의 수학적 방법은 촬영기하학, 행렬, 텐서, 모형예측이다. 1970년대 이래로 인공지능과 우주 기술, 에너지 기술을 가리켜서 3대 첨단 기술이라고 불렀다. 과거 반세기 동안 인공지능은 비약적으로 발전했고 수많은 영역에서 광범위하게 응용되었으며 놀라운 성과를 거두었다. 현재 인공지능은 유전공학, 나노과학과 함께 21세기 3대 첨단 기술로 불린다.

2016년 이세돌과 알파고의 바둑시합

인공지능은 인간의 지능은 아니지만 인간처럼 사고하고 또 인간의 지능을 뛰어넘을 수 있다. 1997년, 미국 IBM사에서 개발한 딥블루Deep Blue는 아제르바이잔에서 태어난 러시아의 세계적인 체스 대가 카스파로프G. Kasparov를 이겼다. 2016년과 2017년 구글의 인공지능개발회사 딥마인드DeepMind가 개발한 '알파고AlphaGo'는 바둑 세계 챔피언인 한국의 이세돌과 중국의 커제柯潔를 이겼다. 이 분야에서의 진보는 클라우드 컴퓨팅, 빅데이터, 신경망네트워크 기술의 발전과 무어의 법칙Moore's Law(마이크로칩에 저장할 수 있는 데이터양이 매년 또는 적어도 18개월마다 두 배씩 증가한다는 법칙-역주)이 바탕이 된 것이다. 현재 인공지능은 논리추리 분야에서 이미 인간을 초월했다. 그러나 인지와 정서, 의사결정 등의 분야에서는 할 수 있는 일이 제한되어 있다. 전문가들은 인공지능이 풀어야 할 문제는 대부분 수학 문제이며 복제기술처럼 윤리 문제에 대한 토론이 필요한 단계에는 아직 이르지 않았다고 보고 있다.

컴퓨터가 지나온 매 단계의 도약은 수학자들의 연구와 밀접하게 관련되어 있지만 컴퓨터 성능의 향상 또한 수학 연구의 발전을 이끌어왔다.

이제 기하학과 컴퓨터의 기묘한 결합에 대해 살펴보자. 20세기에 기하학은 유한 차원에서 무한 차원(상반세기), 정수 차원에서 분수 차원(하반세기)으로 두 차례 도약했다. 정수 차원에서 분수 차원으로의 도약을 '프랙털 기하학Fractal Geometry'이라고 하는데 이것은 새로운 과학 분야인 '카오스 이'의 수학적 기초가 되었다. 프랑스와 미국 두 나라의 국적을 가진 폴란드 출신의 수학자 브누아 망델브로Benoit B. Mandelbrot는 자기유사성self-similarity을 특징으로 하는 완전히 새로운 기하학을 수립했다. 이것은 얼룩, 패인 자국, 부서짐, 뒤틀림, 꼬임, 매듭과 관련된 기하학이며 이들의 차원수Dimensionality는 정수가 아닐수도 있다.

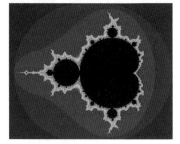

망델브로 집합의 예

1967년 그는 〈영국의 해안선은 얼마나 길까?〉라는 논문을 발표했다. 스페인과 포르투갈, 벨기에와 네덜란드의 백과사전을 조사해보니 이들 국가들이 공통으로 접하는 국경선의 길이가 20%나 서로 차이가 났다. 실제로 해안선 또는 국경선의 길이는 측정하는 자의 눈금 크기에 따라 달라진다. 인공위성에서 해안선의 길이를 측정하면 해만과 해변에서 직접 측정할 때에 비해 그 수치가 상대적으로 작게 나온다. 해만과 해변을 직접 측정한 값은 달팽이가 무수히 깔린 자갈들을 하나하나 넘으며 측정한 값보다 작게 나올 것이다.

상식적으로 이 측정값들을 하나씩 비교하면 커지지만 그것들은 특정한 값, 즉 해안선의 정확한 길이로 향하고 있다. 망델브로는 어떠한 해안선도 일정한 의미에서는 모두 무한히 길어진다는 것을 증명했다. 왜냐하면 해만과 반도에는 더욱더 작은 해만과 작은 반도가 나오기 때문이다. 이것을 가리켜서 자기유사성이라고 하는데 척도를 초월한 특수한 대칭성이며, 순환성^{recursiveness}을 의미한다. 즉 무늬 속에 무늬가 반복적으로 들어있는 것이다. 서양에서는 오래 전부터 이 개념이 있었다. 일찍이 17세기 라이프니츠는 물방울 하나에 다양한 우주가 들어있다고 생각했다. 그 후 영국 시인인자 화가인 블레이크$^{W. Blake}$는 시에서 이렇게 노래했다. "모래알 하나에 세계가 들어있고, 들꽃 한 송이에 천국이 있네."

망델브로는 간단한 함수 $f(x) = x^2 + c$를 설정했다. 여기서 x와 c는 복소수이다. 초기값 x_0에서 시작해서 $x_{n+1} = f(x_n)$이 되면, 점집합 $\{x_i, i = 0, 1, 2\cdots\}$이 생긴다. 1980년에는 복소수 c 값에 따라 x가 여러 값 사이를 순환적으로 맴도는 경우가 있고 또 때로는 아무런 규칙 없이 아주 큰 값으로 발산한다는 사실을 발견했다.

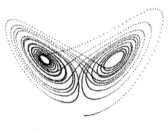

로렌츠 끌개(Lorenz attractor)

첫 번째 경우의 c를 끌개^{attractor}라고 하고, 두 번째 경우의 c를 카오스라고 부른다. 복소평면 위 끌개들의 집합인 '망델브로 집합'은 프랙털 특유의 속성을 갖는다.

위의 함수는 복소수에 대한 점화식이어서 보기에는 간단하지만 계산이 복잡하다. 그래서 프랙털 기하학과 카오스 이론의 연구는 고성능 컴퓨터를 이용해야만 진행할 수 있다. 그 결과로 수많은 정밀하고 기묘한 프랙털 도안이 만들어져서 서적의 삽화나 달력의 그림 등으로 쓰인다. 프랙털 기하학과 카오스 이론은 실생활에서 나타나는 수많은 불규칙한 현상(해안선의 형상, 대기의 운동, 해양의 급류, 야생생물군, 주식, 펀드의 가격 등

락 등)을 묘사하고 탐색하는 데에 쓰인다.

미학적 관점에서 이 새로운 기하학은 자연과학에 야성, 미개척, 길들여지지 않음과 같은 원초적인 느낌을 더했다. 이것은 1970년대 이래 포스트모더니즘 예술가들이 추구한 목표와 기막히게 일치한다. 망델브로는 예술을 평가하는 특정한 척도는 없다고 보았다. 어쩌면 모든 척도의 요소가 예술 안에 포함되어 있다고도 할 수 있다. 그는 파리 루브르 궁전을 고층 빌딩의 대립면으로 보았다. 아름다운 조각상과 흉측한 괴수, 돌출한 모서리와 매끄러운 기둥, 소용돌이무늬로 가득 채워진 아치형 벽과 물받이가 치아 모양으로 장식된 처마는 어떤 위치에서 보아도 그 디테일에서 즐거움을 선사한다. 만약 가까이 다가가서 본다면 그 조형은 다시금 변화를 일으켜서 새로운 구조를 드러낼 것이다.

수학과 논리학이 만나다

빈틈 없는 수학, 러셀의 패러독스

20세기 이래로 수학이 추상화되면서 과학, 예술과 가까워졌을 뿐만 아니라 철학과의 협업도 가능해졌다. 수학과 철학의 협업은 고대 그리스와 17세기 이래로 세 번째 일어났다. 묘하게도 수학 자체의 위기도 하필이면 세 번 일어났는데 이 두 상황이 그 시간상 거의 일치한다. 첫 번째 위기는 고대 그리스 시기 무리수의 발견이었다. 이것은 모든 수가 정수 또는 정수의 비로 표시할 수 있다는 명제와 모순된다. 두 번째 위기는 17세기 미적분의 이론에서 생긴 모순으로 무한소는 영인가 영이 아닌가의 문제였다. 만약 영이라면 그것으로 어떻게 나눌 수 있을까? 영이 아니라면 무한소를 포함한 항을 어떻게 제거할 수 있을까?

피타고라스 학파는 길이가 1인 정사각형의 변과 이 정사각형의 대각선을 정수로도 또 정수의 비로도 표시할 수 없음을 발견했다. 이것이 첫 번째 수학의 위기를 초래했다. 낭설이지만 히파소스^Hippasus라는 제자가 이 비밀을 누설하자 이 학파의 사람들이 그를 지중해에 빠뜨렸다는 이야기가 있을 정도였다. 2세기가 지난 뒤 에우독소스^Eudoxus는 기하학에서 통약이 불가능한 양의 개념을 들여와서 이 위기를 해소했다. 즉 두 선분이 있는데 그 길이가 모두 제3의 선분의 정수배가 되면 이 두 선분의 길이는 '통약가능^{commensurable}'이라고 하고, 그렇지 않으면 '통약불가능'이라고 한다. 길이가 1인 정사각형의 변과 그 대각선은 두 길이를 정수배로 표시할 수 있는 제3의 선분이 없다. 이것은 이 두 길이가 통약이 불가능함을 의미한다. 따라서 수학의 위기는 통약불가능한 양, 즉 무리수가 존재한다는 사실을 인정함으로써 사라졌다.

2천여 년이 흐른 뒤 미적분이 탄생하면서 수학은 다시금 위기를 맞았다. 수학의 기반이 흔들린 것이다. 그 위기는 미적분의 기초 개념 중 하나인 무한소에서 시작됐다. 뉴턴은 미적분의 계산 과정에서 우선 무한소를 분모로 삼아 나눗셈을 했다. 그러고 난 뒤 무한소를 영으로 보고 이것을 포함한 항을 제거함으로써 원하는 공식을 얻었다. 이 공식은 역학과 기하학 영역에 응용될 때 그 정확성을 증명했다. 하지만 수학적인 계산 과정은 논리적으로 모순이다. 19세기 상반기에 이르러서 코시가 '극한이론'을 발전시켰고 이로써 이 모순이 해결되었다. 코시는 무한소란 얼마든지 작아지는 것으로 본질적으로 영을 극한으로 하는 변량이라고 정의했다.

19세기 말 해석의 엄격화를 실현한 집합론이 탄생하자 수학자들은 수학 기초에서 더 이상 위기를 겪지 않으리라는 희망을 갖게 되었다. 1900년 프랑스 수학자 푸앵카레는 파리국제수학자 대회에서 "이제 우리는 수학의 완전한 엄격화를 실현했다고 말할 수 있다!"라고 선언했다. 그러나 그의 말이 채 끝나기도 전에, 영국 수학자 겸 철학자 러셀이 그 이듬해에 집합에 대한 촌철살인과 같은 역설을 제기했다. 이로써 수학 기초에 관한 새로운 논쟁이 시작됐고 수학의 세 번째 위기가 찾아왔다. 이 위기를 해결하기 위해 사람들은 수학 기초에 대해 더욱 깊이 궁리했다. 이는 수리논리의 발전을 촉진했으며 20세기 순수수학의 또 다른 중요한 흐름이 되었다.

수학에서 철학으로 전향한 버트런드 러셀

러셀의 스승 화이트헤드, 그는 17세기를 '천재의 세기'라고 불렀다.

1872년 러셀은 잉글랜드의 귀족 가정에서 태어났다. 그의 할아버지는 두 번이나 영국의 수상을 맡았다. 러셀은 3세 때 부모를 잃었고, 엄격한 청교도식 교육의 영향으로 11세 때 종교에 대해 회의를 느꼈다. 그는 회의주의적 시선으로 '우리가 얼마나 알 수 있고, 그것은 얼마나 정확하고 또 부정확한가?'에 대해 고민했다. 사춘기가 되자 고독과 절망에 사로잡힌 나머지 자살하려는 충동도 느꼈다. 다행히도 수학에 빠지면서 자살의 충동에서 벗어날 수 있었다. 18세 되던 해 케임브리지 대학에 입학하기 전까지 러셀이 받은 교육은 모두 가정에서 이루어졌다. 그는 수학에서 확실하고 완벽한 목표를 찾고자 했다. 하지만 대학에 다니던 마지막 해에 독일 철학자 헤겔의 사상에 매료되어 철학으로 전향했다.

러셀이 연구하기 가장 적합한 영역은 수리논리였는데 케임브리지 대학에서 그는 뜻이 맞는 연구자를 만났다. 그의 스승이자 친구인 알프레드 화이트헤드, 그보다 한 살 어린 무어George E. Moore, 후에 그의 제자가 된 비트겐슈타인이 그들이다. 수학에 통달한 러셀은 과학적 세계관은 대부분 정확하다고 보았다. 이러한 기초에서 그는 철학의 3대 목표를 설정했다. 첫째, 인간의 지식 속의 겉치레와 가식을 최소화하고 가장 단순한 표현 방식을 사용한다. 둘째, 논리와 수학을 연결하는 것이다. 셋째, 세계를 정확하게 기술하는 언어로부터 그것이 묘사하는 세계를 추론하고 판단하는 것이다. 이 목표를 러셀과 그의 동료들은 후에 어느 정도 이루었고 이를 통해 '분석철학'의 기초를 다졌다.

다른 철학자들과 달리 러셀의 영향이 심원할 수 있었던 부분적 이유로는 자신의 사상을 널리 알렸기 때문이다. 그의 철학 저술은 아름답고 이해하기 쉬운 언어로 쓰였다. 『서양철학사History of Western Philosophy』, 『서양의 지혜Wisdom of the West』, 『인간의 지식, 그 범위와 한계Human Knowledge, Its Scope and Limits』를 읽고 철학에 입문한 사람들이 많았다. 러셀의 일부 저술은 철학의 범주를 벗어나 사회, 정치, 도덕까지 다루었고 민감한 문제에 대해서도 열정을 가지고 지적했다. 이 때문에 그는 두 번이나 감금되고 벌금을 물어내는가 하면 케임브리지 대학에서 강의할 자격마저 박탈당했다. 그럼에도 1950년에 러셀은 노벨문학상을 수상했다. 그 후 대학에서 수학을 전공한 러시아 작가 솔제니친A. Solzhenitsyn과 남아프리카 태생의 오스트레일리아 작가 쿠체John Maxwell Coetzee도 1970년과 2003년 노벨 문학상을 수상했다.

'러셀의 역설'은 다음과 같다. 두 종류의 집합이 있다. 첫 번째 집합은 자기 자신을 원소로 포함하지 않는다. 대부분의 집합이 이러하다. 두 번째 집합은 자기 자신이 원소 중 하나이다($A \in A$). 예를 들면 집합을 원소로 갖는, 집합의 집합이다. 그렇다면 임의의 집합 B는 첫 번째 집합이거나 두 번째 집합이다. 첫 번째 집합 전체가 집합 M의 원소라면,

M은 어느 경우에 속하는가? M이 첫 번째 집합에 속한다면, M은 M의 원소 중 하나이다. 즉 $M \in M$이다. 그러나 $M \in M$을 만족하는 관계의 집합은 마땅히 두 번째 집합에 속해야 하므로 여기서 모순이 발생한다. 만약 M이 두 번째 집합에 속한다면 M은 $M \in M$의 관계를 만족시켜야 한다. 이렇게 되면 M은 첫 번째 집합에 속하게 되어 다시금 모순이 생긴다. 1919년, 러셀은 이것을 쉽게 풀어서 '이발사의 역설'로 만들었다.

한 시골마을의 이발사가 마을 사람 중에서 스스로 수염을 깎지 않은 사람의 수염만 깎아주기로 했다. 그렇다면 이발사는 자신의 수염을 깎아야 할까 아니면 깎지 말아야 할까?

어떤 상황에서도 모순되는 결론이 나온다. 이로써 집합론 자체에 있는 모순이 드러났다. 수학의 두 번째 위기는 엄격한 극한이론을 세운 덕분에 해결했다. 그런데 극한이론은 실수의 정의를 기초로 한 것이고 또 실수의 정의는 집합론을 기초로 한 것이다. 이제 집합론이 러셀의 역설로 공격을 받자 수학은 세 번째 위기에 처했다.

수학자들은 역설을 해결하기 위해 집합론을 공리화하기 시작했다.

독일 수학자 체르멜로

이를 가장 먼저 시도한 사람은 독일 수학자 체르멜로$^{E.\,Zermelo}$였다. 그는 7가지 공리를 발표했고, 역설이 생기지 않는 집합론을 세웠다. 후에 독일 수학자 프랭켈$^{A.A.Fraenkel}$의 수정을 거쳐 모순 없는 공리화된 집합론을 제시했는데, 이것이 바로 'ZF 집합론'이다. 세 번째 수학의 위기는 이쯤에서 진정이 되었다. 하지만 'ZF 집합론 자체에서 모순이 생기지 않을까?' 하는 물음에 누구도 장담할 수 없었다. 미국 수학자 폴 코언Paul Joseph Cohen은 ZF 집합론에서 칸토어 연속체 가설의 진위를 판별할 수 없음을 발견했다. 이는 힐베르트가 1900년 파리국제수학자대회에서 제기한 첫 번째 문제를 부정하는 것이다. 코언은 이 공로로 1966년 필즈상을 수상했다. 이로 보건대 예상치 못한 일은 앞으로도 계속 나타날 것이다.

집합론의 역설을 한층 더 엄밀하게 해결하기 위해 사람들은 논리 측면에서 문제의 핵심을 찾고자 했다. 수학자들마다 관점이 다르기 때문에 수학 기초에 관한 3대 학파가 형성되었다. 즉 러셀을 대표로 하는 논리주의학파, 브로우베르Luitzen E. J. Brouwer를 대표로 하는 직관주의학파, 힐베르트를 대표로 하는 형식주의학파이다. 이들 학파가 형성된 뒤 이들의 연구를 통해 사람들은 수학 기초를 그 어느 때보다 더 잘 이해하게 되었다. 이들의 노력은 최종적으로 만족할 만한 결과를 얻지 못했지만 라이프니치가 시작한 수리논리학의 형성과 발전에 힘을 실어주었다. 지면상의 제약으로 3대 학파의 부분적인 논점만 소개하겠다.

우선 논리주의를 살펴보자. 러셀의 관점에 따르면 수학은 곧 논리이고, 수학 전체가 논리를 통해 그 결과를 도출할 수 있다. 따라서 수학만이 갖는 고유한 공리는 불필요하다. 수학적 개념은 논리적 개념으로써 정의내릴 수 있고, 수학적 정리는 논리적 공리에 의해 논리적 규칙에 따라 도출할 수 있다. 논리의 전개는 공리화의 방법을 따른다. 수학을 재건하기 위해, 그들은 명제 함수propositional function(변수를 포함하는 문장에서 변수에 값을 주었을 때 명제가 되는 경우를 명제함수라고 한다-역주)와 유형론^{theory of types}(집합론의 모순을 피하기 위해 원소와 집합 간에 계층 차이를 도입하는 것-역주)을 제시한 뒤 다시 기본수와 자연수를 정의했다. 아울러 이를 기초로 해서 실수계, 복소수계, 함수와 모든 해석 체계를 세웠고 수를 통해 기하학 도출했다. 이렇게 되자 수학은 내용은 없고 오로지 형식만 있는 철학자의 수학이 되었다.

논리주의와 상반된 직관주의는 수학을 논리와는 독립적인 학문으로 보았다. 수학 대상의 '구조성^{construction}'을 정의하는 것이 직관주의의 핵심이다. 브로우베르의 관점에 따르면 어떤 대상의 존재를 증명하려면 반드시 그것이 유한한 단계를 거쳐 구조화되었음을 증명해야 한다. 직관주의는 집합론에서 구조 가능한 유한집합만 인정한다. 이것은 '모든 집합의 집합'과 같이 쉽게 모순을 일으키는 집합을 배제한다. 그러나 유한한 구조 가능성을 주장하다보니 '배중률'(참이 아니면 곧 거짓이다)을 부정해야 했다. 이에 따라 무리수의 일반적인 개념과 한 자연수가 어떤 성질 P를 가지고 있으면, 그러한 성질을 가지는 가장 작은 자연수가 존재한다는 '최소수 원리'도 포기해야 했다.

힐베르트는 "수학자에게 배중률을 금지하는 것은 천문학자에게서 망원경을 빼앗는 것과 같다"고 지적했다. 그는 직관주의를 비판하는 동시에 오랫동안 준비해 온 '힐베르트 강령'을 발표했다. 후인들은 이것을 '형식주의 강령'이라고 불렀다. 힐베르트는 수학적 사유의 기본대상은 수학 기호 자체이지 수학 기호들에 부여된 의미가 아니라고 주장했다. 그는 모든 수학은 공식을 처리하는 법칙으로 귀결되며 공식의 의미를 고려할 필요가 없다고 보았다. 형식주의는 직관주의의 일부 관점을 수용했지만 배중률은 남겨두었고, 메타수학^{metamathematics}(수학 그 자체를 연구의 대상으로 하는 이론-역주)을 제창했다. 또한 약간의 제약을 가한 자연수론의 무모순성을 증명했다. 세 학파의 연구를 통해 사람들이 수학의 엄격화가 실현되리라는 희망에 한껏 부풀어 있을 때, 괴델이 '불완전성 정리^{Gödel's incompleteness theorem}'를 발표했다.

논리학을 통한 철학적 사고, 비트겐슈타인

괴델의 불완전성 정리를 설명하기에 앞서, 러셀의 제자이자 동료인 비트겐슈타인을 소개하겠다. 그가 바로 논리학을 순수철학의 위상으로 높인 장본인이다. 1889년, 비트겐슈타인은 비엔나의 부유한 유태인 기업가 가정에서 8명의 형제 중 막내로 태어났다. 그는 14세 이전까지 집에서 교육을 받았다. 베를린에서 공학을 공부한 뒤 1908년 맨체스터 대학에 입학해서 항공학을 전공했다. 그는 평생의 대부분의 시간을 영국에서 보냈다. 그는 비행기의 제트 엔진 설계에 몰두했는데 이를 계기로 응용수학에 흥미를 느꼈다고 한다. 후에 그는 순수수학에 반했고 수학의 기초를 깊이 이해하기 위해 수리철학으로 전공을 바꿨다.

1912년 23세의 공과대학생 비트겐슈타인은 케임브리지대학 트리니티 칼리지에서 다섯 학기를 보냈다. 그는 철학자 러셀과 무어의 인정을 받았는데 이 두 명의 대가 모두 비트겐슈타인의 재능이 자신들과 비교해도 손색이 없다고 보았다. 1차 세계대전이 일어나자 비트겐슈타인은 오스트리아 군대에 자원입대했다. 처음 그는 동부전선에서 포병으로 싸

수학자의 느낌이 강한 철학자 비트겐슈타인

웠고 후에 터키로 갔으나 1918년 겨울 이탈리아군에 포로로 잡혔다. 그 후 비트겐슈타인은 케임브리지 대학과 연락이 끊겼다. 러셀은 이듬 해 출판한 『수리철학 입문Introduction to Mathematical Philosophy』에서 비트겐슈타인 의 연구에 대해 언급하며 "그가 지금 살아있는지도 알지 못한다"라고 적었다.

1919년 비트겐슈타인은 포로수용소에서 러셀에게 편지 한 통을 썼 다. 알고 보니 그는 수용소에서 스승의 책을 읽고 거기서 제기된 몇 가 지 문제를 풀고 있었던 것이다. 비트겐슈타인이 석방된 뒤 스승과 제자 는 하루 속히 만나서 철학 문제를 토론할 수 있기를 기대했다. 당시 비 트겐슈타인은 러시아 대문호 톨스토이의 영향을 받아서 물질적인 부를 누려서는 안 된다는 생각에 개인 재산을 다른 가족들에게 나누어준 뒤 라서 무일푼이었다. 어쩔 수 없이 러셀이 비트겐슈타인을 대신해서 그 가 케임브리지에 남긴 몇 가지 가구를 처분했고 그것으로 그의 경비를 마련한 뒤에야 두 사람은 암스테르담에서 재회할 수 있었다.

강한 의지와 책임감을 가진 천재 철학자 비트겐슈타인은 오랜 기간 의 노력을 통해서 각기 다른 시기에 두 가지 극도의 독창성을 갖는 사 상 체계를 수립했다. 정교하면서도 강한 품격이 있는 그의 사상은 당대

철학에 심오한 영향을 끼쳤다. 그가 남긴 두 편의 위대한 철학 저작 중 하나는 『논리철학논고Tractatus LogicoPhilosophicus)』(1921)이고 나머지 하나가 『철학적 탐구Philosophische Untersuchungen』(1953)이다. '논리 형식에 관한 몇 가지 관점Some Remarks on Logical Form'이라는 제목 의 짧은 논문을 제외하면 『논리철학논고』는 비트

『논리철학논고』 표지

겐슈타인이 생전에 출판한 유일한
저작이다.

비트겐슈타인의 묘지에 있는 철학자의 동전

『논리철학논고』는 철학서 중에
서도 위대한 저작이다. 이 책이 다
루는 중심 문제는 '언어는 어떻게
그것을 언어라고 부를 수 있는가?'
이다. 비트겐슈타인은 우리가 아무렇지 않게 여기는 한 가지 사실, 즉
한 사람이 이전까지 전혀 들어보지 못했던 문장을 어떻게 이해하는지
에 대해 놀라워했다. 그는 이 문제를 이렇게 해석했다. 무언가를 말하는
문장 혹은 명제는 실재의 그림이어야 한다. 명제는 그 의미를 보여주고
세계의 어떤 상황도 보여준다. 비겐슈타인은 모든 그림과 세계의 모든
가능한 상황에는 동일한 논리적 형식이 있어야 한다고 여겼다. 그것은
'표상의 형식'인 동시에 '실재의 형식'이다.

사실 이러한 논리적 형식 자체는 말해질 수 없거나 혹은 그렇게 하는
것이 무의미하다. 이에 대해 비겐슈타인은 하나의 예를 들었다. 이것은
마치 사다리와 같아서 독자가 이 사다리를 타고 올라가고 나면 이것을
버려야만 세계를 정확히 볼 수 있다는 것이다. 말해질 수 없는 다른 몇
가지가 있는데 예를 들면 실재의 단순 요소들의 필연적 존재, 사고하고
의지하는 자아의 존재, 절대적 가치의 존재이다. 이 책의 마지막 구절은
비트겐슈타인이 우리에게 던지는 잠언이다. "우리는 말할 수 없는 것에
대해서는 침묵해야 한다."

비트겐슈타인은 "철학은 이론체계가 아니라 활동이다, 자연과학의
명제를 분명히 밝히고, 형이상학을 드러내는 무위의 활동이다"라고 역

설했다. 사실 그도 이러한 활동을 몸소 실천한 사람이다.『논리철학논고』를 완성함으로써 이미 철학 분야에서 할 일을 다 했다고 생각하고 이후의 몇 년 동안 오스트리아 남부의 여러 작은 도시에서 초등학교 교사로 지냈다. 예전에도 그는 혼자서 노르웨이 시골에서 오두막을 짓고 살았던 적이 있었다. 영국으로 돌아온 뒤, 그는『논리철학논고』를 케임브리지 대학교에 제출했고 이것으로 박사학위를 얻었으며, 트리니티 칼리지의 펠로fellow로 임명되었다.

이후 6년 동안 비트겐슈타인은 케임브리지 대학에서 학생들을 가르쳤다. 그 동안『논리철학론』에 조금씩 불만을 느낀 그는 두 학생에게 자신의 새로운 사상을 구술했다(그렇다고 해서 그가 펜을 잡지 못할 정도로 늙은 것은 아니었다). 그는 구 소련(원래는 그곳에 정착할 계획이었다)을 방문한 뒤 다시 노르웨이의 오두막에서 1년을 지냈다. 케임브리지 대학에 돌아온 뒤 그는 무어의 철학교수 직위를 물려받았는데 얼마 지나지 않아 2차 세계 대전이 터졌다. 이후 그는 런던의 한 병원에서 조수로 일했고 후에 뉴캐슬의 한 연구소에서 실험실 보조원가 되었다. 그 기간에 그는『철학적 탐구』의 주요 부분을 집필했다. 2차 세계 대전이 끝나자 그는 케임브리지 대학에 돌아와서 2년간 교수로 일한 뒤 사직하고 아일랜드로 가서 2년 동안『철학적 탐구』를 완성했다.

『철학적 탐구』는 논리학과 필연적인 관련은 없지만 수학과도 완전히 벗어나지 않았다. 이 책에서 그는 처음의 생각을 버리고 무궁무진한 언어 배후에 통일된 본성이 없다고 보았다. 그는 게임을 예로 들면서 모든 게임에는 공통의 성질이 존재하지 않으며, '가족'의 유사성만 있을 뿐이라고 지적했다. 그는 "우리가 게임으로 부르는 각종 구체적인 행동을 하나로 모아보면 서로 겹쳐있고 교차하는 유사성으로 구성된 복잡한 망을 발견하게 되는데 때로는 전체가 유사하고 때로는 세밀한 부분이 유사하다"고 설명했다.

이를 위해 비트겐슈타인은 몇 가지 예를 들었다. 그는 숫자 역시 이러한 '가족'을 구성한다고 보았다. 그는 하나의 수학 규칙의 함의를 깨닫고 따르는 것이란 무엇인가에 관심을 가졌다. 예를 들어 어떤 사람이 아래에 적은 것을 보고 나면, "다음에 무슨 숫자가 올지 나도 알겠어"라고 말할 것이다.

$$1, \ 5, \ 11, \ 19, \ 29, \ \cdots$$

이것은 여러 상황이 있을 수 있는데 그중 하나는, 이 사람이 각종 공식을 이 수열에 대입해서 $a_n = n^2 + n - 1$이란 공식을 발견하고, 19 다음에 나오는 29로 이 공식을 검증하는 것이다. 또 다른 상황은, 이런 공식을 떠올리지 못하더라도 앞뒤 두 숫자의 차이가 등차수열 4, 6, 8, 10이라는 사실에 착안해서 다음에 나올 숫자는 29 + 12 = 41임을 아는 것이다. 어떤 상황이든 그는 어려움 없이 다음 숫자를 써나갈 것이다.

비트겐슈타인이 증명하고자 하는 것은, 한 사람이 수열의 법칙을 이해한다고 해서 그가 공식을 찾아냈음을 의미하지 않는다는 것이다. 그에게는 공식이 굳이 필요 없기 때문이다. 마찬가지로 그가 다음에 오는 숫자를 알 수 있는 것은 배열을 보고 영감이 떠올랐거나 아니면 다른 특수한 경험을 통해서가 아니라 오로지 공식 때문이라고 생각할 수도 있다. 여기서 얻은 교훈은, 규칙을 받아들이는 것은 몸에 꼭 맞는 정장을 입는 것과 같지 않다는 것이다. 어떤 상황에서도 규칙을 받아들이거나 거부하는 것은 모두 우리의 자유이다. 비트겐슈타인은 수학 연산 과정의 결과는 미리 정해진 것이 아니라고 보았다. 우리가 보기에 분명하고 확실한 단계를 따른다고 하더라도 이것이 우리를 어디로 이끌지 예측할 수 없기 때문이다.

괴델의 두 가지 불완전성 정리

20세기 초, 미국 『타임』지는 지난 100년 동안 가장 큰 영향력을 발휘한 100명을 선정했다. 그중 과학기술과 학술 분야의 엘리트가 전체의 1/5를 차지했다. 이 20인 중에서 철학자, 수학자가 각각 1명이었는데 철학자는 비트겐슈타인, 수학자는 이제 소개할 괴델이었다. 두 사람의 공통점은 수학과 철학의 양대 영역을 넘나들었다는 것이고 모두 오스트리아인이지만 모국어가 아닌 영어로 글을 썼다는 점이다. 이들의 다른 점은 한 사람은 영국으로 이주해서 케임브리지 대학에서 생을 마쳤고, 다른 한 사람은 미국으로 이주한 뒤 프리스턴 대학에서 생을 마감했다는 것이다. 물론 그들 모두 세상을 떠날 때의 국적은 오스트리아가 아니었다.

1906년, 괴델은 모라비아^{Moravia}(현재의 체코공화국-역주)의 브륀^{Brune}에서

태어났다. 오늘날 브르노^{Brno}로 이름이 바뀐 이 도시와 인연이 깊은 역사적 인물이 상당히 많다. 19세기의 오스트리아 유전학자 멘델^{G.J.Mendel}은 이 도시의 한 수도원에서 유전학의 기본 원리를 발견했다. 후에 체코의 작곡가 야나체크^{Leos}

철학적으로 문제를 해결하는 수학자 괴델

^{Janacek}는 평생 이곳에서 살았다. 중유럽의 유서

깊은 지방 모라비아에서 태어난 유명한 인물로는 정신분석학자 프로이드Sigmund Freud와 '현상학의 아버지'로 불리는 에드문트 후설 Edmund Husserl이 있다. 후설은 비엔나 대학 수학과에서 변수 계산 이론으로 박사학위를 받았다.

후설과 아인슈타인

괴델은 고향에서 성장했고 비엔나 대학에서 이론 물리학을 공부했는데 그전까지 수학과 철학에 깊은 흥미를 느껴서 혼자서 고등수학을 공부했다. 본격적으로 수학에 매료된 것은 대학 3학년 때였다. 대학시절 그의 도서 대출 카드를 보면 그가 수론 분야의 책을 많이 읽었음을 알 수 있다. 그는 수학 교사의 소개로 저명한 '비엔나 서클Vienna Circle(빈 대학에서 정기적으로 만나는 자연과학, 사회과학, 논리학, 수학 분야의 철학자와 과학자 모임이다-편집자 주)'에 가입했다. 이 서클은 철학자, 수학자, 과학자로 구성된 학술단체인데 주로 언어와 방법론을 탐구했고 20세기 철학사에서 매우 중요한 위치를 차지하고 있어서 '비엔나 학파'라고 부른다. 이 학파의 선언서 〈과학적 세계관 : 비엔나 학파〉에 서명한 명단에는 14명의 회원 중 가장 어린 23세의 괴델의 이름도 있다. 1930년, 그는 〈논리술어연산공리의 완전성〉으로 철학박사 학위를 받았고 그 후 세계를 깜짝 놀라게 한 괴델의 제1, 제2 불완전성 정리를 발표했다.

1931년 1월, 괴델은 화이트헤드와 러셀이 쓴 『수학 원리Principia Mathematica』에 나타난 확정할 수 없는 명제들에 관한 자신의 정리를 비엔나의 월간지 〈수학과 물리학Monatshefte für Mathematik und Physik〉에 발표했다. 몇 년이 지난 뒤 이것은 수학사에서 중대한 의미를 가진 이정표로 받아들여졌다. 놀랍게도 이때 그의 나이는 25세였다. 이 논문의 결론은 일단 부정적이다. 수학의 모든 영역에서 공리화된 신념과 노력을 모두 뒤집었고 힐베르트가 가정한 수학의 내부적 무모순성에 관한 모든 희망을 무너뜨렸다. 이러한 부정은 결국 수학기초론에 획기적인 변혁을 가져왔다. 즉 수학에서 '참'과 '검증 가능'의 개념을 분명히 했으며 해석의 기술을 수학기초론에 도입한 계기가 됐다.

괴델의 제1 불완전성 정리 : 자연수계를 포함한 형식체계 F가 무모순적인 한, F에는 확정할 수 없는 명제 S가 하나 이상 존재한다. 따라서 F에서 S와 S의 부정을 모두 증명할 수 없다.

달리 말하자면, 자연수계의 어떤 공준이 무모순적이라면, 이것은 불완전하다는 것이다. 이로써 다음과 같은 결론을 얻는다. 어떠한 형식체계도 수학 이론을 완전히 형상화할 수 없고 형식체계의 공리에서 출발해서 풀 수 없는 문제들이 있기 마련이다. 몇 년 후 미국 수학자 처치[A. Church]는 '자연수계를 포함한 어떠한 무모순적 형식체계에서도, 어떤 명제가 그 안에서 증명할 수 있는지 효과적으로 판정할 방법은 존재하지 않음'을 증명했다. 괴델은 제1 불완전성 정리의 기초 위에 제2 불완전성 정리를 제시했다.

괴델의 제2 불완전성 정리 : 자연수계를 포함한 형식체계 F가 무모순적인 한, F의 무모순성은 그 체계 안에서 증명할 수 없다.

여기에는 참이지만 단지 공리로 증명할 수 없는 명제 중에서 이 공리들이 무모순적이라는 판단도 포함된다. 이것은 힐베르트의 희망을 송두리째 깨뜨렸다. 복잡한 추론의 원칙을 쓰지 않는다면 고전 수학의 내부 무모순성은 확정할 수 없다. 그러나 이러한 원칙의 내부 무모순성에 대해서도 고전 수학의 내부 무모순성과 마찬가지로 완전히 신뢰할 수 없다.

괴델의 이 두 가지 불완전성 정리는 어떤 분야의 수학도 완전한 공리로 추론하여 연역할 수 없음을 보여준다. 또한 어떤 분야의 수학도 그 내부에 모순이 존재하지 않는다고 보장할 수 없다. 이것들 모두 공리화 방법의 한계였다. 이는 수학의 증명 절차가 형식적 공리화의 절차에 부합되지 않는다고 확정할 수 없다는 것이고 또한 인간의 지혜를 완전한 공식으로 대신할 수 없음을 방증한다. 형식체계에서 '증명 가능'은 기계적으로 실현될 수 있지만 '참'에 대해서는 한층 더 깊고 능동적인 사고가 필요했다. 달리 말하면, 증명 가능한 명제는 필연적으로 참이다. 그러나 참인 명제라고 해서 항상 증명이 가능한 것은 아니다.

괴델의 불완전성 정리는 오늘날 수학사에서 중요한 의미를 갖는다. 여기에도 비하인드 스토리가 있는데, 증명에서 제시된 '재귀함수recursive function'의 개념은 괴델의 친구가 편지에서 제안한 것이다. 이 친구는 편지를 보내고 3개월 뒤에 세상을 떠났다. 괴델의 불완전성 정리가 유명해지면서 재귀함수도 세상에 알려졌다. 이는 훗날 산술이론의 출발점이 되었고 튜링에게 튜링 기계의 개념을 떠올리도록 영감을 주었으며, 컴퓨터를 최초로 제작하는 데 이론적 기초를 제공했다. 역설과 수학기초론에 관한 충격이 점차 가라앉으면서 수학자들은 더 많은 에너지를 수리논리 연구에 쏟았고 이로써 수학은 더욱 발전할 수 있었다.

사회가 더욱 분업화되면서 인간의 교육 시간은 계속해서 길어지고 배우는 내용도 점점 복잡하고 추상화되었다. 인류 문명의 모든 영역에서 이와 같은 현상이 나타났다. 페르마의 소정리와 같이 쉽게 추론되고 또 세대를 거쳐 전할 수 있는 수학적 성취 역시 다시는 등장하기 어려울 것이다. 인간의 심미관은 수학, 자연과학, 예술, 인문학 영역에서 커다란 변화가 일어나서 이제는 복잡함, 추상성, 강렬함이 평가의 기준과 척도가 되었기 때문이다.

르 코르뷔지에(Le Corbusier)의 작품인 롱샹 성당(1953)

다행히도 순수수학 이론은 추상화를 통해 오히려 전보다 더 넓은 분야에서 응용이 이루어졌다. 이 점은 수학의 추상화가 사회의 발전과 변화에 부합한다는 사실을 의미한다. 미적분의 탄생 이후 수학은 강력한 도구가 되어서 17, 18세기 기계 운동을 중심으로 한 과학기술혁명을 촉진시켰다. 1860년 이후에는 발전기, 전동기, 전기통신을 위주로 한 기술혁명을 뒷받침했다. 1940년대 이래로 출현한 전자계산기, 원자에너지기술, 항공우주기술, 생산자동화, 정보통신기술 등 어느 분야에서든 수학과 긴밀하게 관련되어 있다. 상대성 이론, 양자역학, 끈 이론, 분자생물학, 수리경제학, 카오스 이론 등의 과학 분야에서 심오하고 추상적인 수학적 도구를 필요로 하기 때문이다.

과학기술이 발달하고 현대 사회가 발전함에 따라 새로운 수학 이론과 분야가 등장했다. 여기서는 파국 이론Catastrophe Theory과 웨이블릿 변환Wavelet transform을 소개하려 한다. 파국 이론은 1972년 탄생했다. 그

프랭크 로이드 라이트(Frank Lloyd Wright)가 설계한 뉴욕 구겐하임 미술관

해 프랑스 위상수학자이자 필즈상 수상자인 르네 톰René Thom은 『구조의 안정성과 형태 발생Structural Stability and Morphogenesis』이라는 책을 출판했다. 파국 이론의 연구는 변수가 돌발적으로 거대한 변화를 겪은 뒤의 일련의 행위를 체계적으로 통제하고 그것을 분류하는 것이다. 이것은 미분 위상학의 한 분야인데 한 체계를 조정하는 변수의 최종적 성질과 행위를 곡선 또는 곡면으로 그려낼 수 있다. 예를 들어 아치형 다리는 가장 처음에는 비교적 균일하게 변형되다가 부하량이 임계점에 달하면 다리가 순식간에 변하고 무너진다. 후에 사회학에서 흥분한 군중의 돌발 등 사회현상의 연구에 파국 이론의 개념을 응용했다.

웨이블릿 변환은 '수학의 현미경'이라고도 불리며 조화해석학Harmonic analysis(함수나 신호를 기본적인 파동의 중첩으로 표현하는 법과 푸리에 급수, 푸리에 변환을 연구하는 수학-역주) 영역의 발전에서 이정표와 같은 역할을 했다. 웨이블릿wavelet은 '작은 파'라는 뜻인데 대략 1975년 석유 탐사 작업에 종사하는 프랑스 엔지니어 몰렛J.Morlet이 제기했다. 웨이블릿 변환은 국부적으로 존재하고 빠른 속도로 줄어드는 진동파형으로 신호를 표시하는 것으로 푸리에 변환처럼 사인함수의 합으로 표

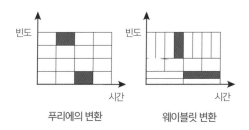

푸리에의 변환　　　　웨이블릿 변환

시할 수 있다. 둘의 차이를 비교해보면 우선 웨이블릿 변환은 시간적으로 주파수 성분이 변하는 신호에 대해 시간-주파수 해석이 가능하다. 이에 반해 푸리에 변환은 신호가 시간 정보를 가지고 있지 않기 때문에 보통 주파수 해석만 가능하다. 또한 웨이블릿의 계산은 시간 복잡도[time complexity](알고리즘이 어떤 문제를 해결하는 데 걸리는 시간-역주)가 비교적 작아서 단지 시간 복잡도 $O(N)$만 필요하다. 그러나 속도가 빠른 푸리에 변환은 시간 복잡도 $O(NlogN)$이 필요하다. 신호 분석 외에 웨이블릿 변환은 무기 체계의 지능화, 컴퓨터를 이용한 분류식별, 음악언어 합성, 기계 고장 진단, 지진 관측 데이터 처리 등에 쓰인다. 의료 영상[medical imaging] 분야에서 웨이블릿은 초음파, 컴퓨터단층촬영[CT], 자기공명영상[MRI]의 시간을 단축했고 시공간 해상도[spatial and temporal resolution]를 높였다.

20세기 수학의 주된 트렌드는 구조주의 수학이라고 말할 수 있다. 이는 프랑스 부르바키[Bourbaki](1930년대 프랑스의 젊은 수학자들이 새로운 스타일의 수학 교과서를 집필·출판하면서 사용한 필명이자 수학자 단체이다-역주)학파의 위대한 발명이다. 수학 연구 대상은 더 이상 전통적 의미의 수나 도형이 아니다. 수학은 더 이상 대수, 기하학, 해석학으로 나뉘지 않고 구조의 동일성 유무에 따라 달라진다. 예를 들어 선형대수와 초등기하학은 동형[isomorphic]이므로 함께 처리한다. 부르바키 학파의 리더인 앙드레 베유[A. Weil]는 문화인류학자 레비 스트로스[Levi-Strauss]와 자주 왕래했다. 레비 스트로스는 구조분석의 방법으로 다양한 민족의 신화를 연구했고 여기서 표현이 같은 특성인 '동형성'을 발견했다. 이것은 언어학과 수학이 결합한 산물이라고 할 수 있다. 레비 스트로스가 이끄는 철학 유파인 '구조주의'는 1960년대 프랑스에서 성행했다. 라캉[J. Lacan], 롤랑 바르트[R.Barthes], 루이 알튀세르[L.Althusser]와 미셸 푸코[M.Foucault]는 각각 정신분석학, 문학, 마르크스주의와 사회역사학 연구에서 구조주의를 응용했다. 한편 쟈크 데리다[J.Derrida]의 해체주의는 구조주의를 비판했다.

미래에 수학은 통합의 방향으로 나아갈 수 있을까? 이 문제에 사람들은 주목하고 있다. 일찍이 1872년에 독일 수학자 펠릭스 클라인은 유명한 '에를랑겐 목록[Erlangen Programm]'을 발표했다. 그와 노르웨이 수학자이며 리 군과 리 대수를 발명한 소푸스 리는 군론에서 이룬 연구를 기초로, 군론의 관점으로 기하학을 분류하고 수학을 통합하고자 시도했다. 군의 관점은 수학의 모두 부분까지 심화되었는데 펠릭스 클라인의 목표는 너무나 요원했다. 거의 한 세기가 지나서 이번에는 캐나다 수학자 로버트 랭글랜즈[Robert P. Langlands]가 '랭글랜즈 목록'을 발표했다. 1967년 그는 당시 저명한 수론 연구자였던 배유에게 보내는 편지에서 일련의 추측을 적었는데 수론에서 갈루아의 이론과 해석학에서 보형 형식[automorphic form](어떤 이산 부분군의 작용에 대하여 불변인 해석 함수-역주) 이론 사이의 관계를 보여주었다. 이는 수학의 여러 분야를 통합하려는 거대한 추측이다.

19세기 이래로 수학의 여러 분야에서 통합의 경향이 나타났는데 이 것은 일련의 새로운 수학 분야의 탄생으로 이어졌다. 지금도 수학의 분화는 여전히 주된 흐름이고 가장 뚜렷한 특징은 추상화, 전문화와 일반

화이다. 일부 수학에서 현실세계와 자연과학을 벗어나려는 경향이 있는데 이에 대해 사람들은 우려하고 있다. 그렇다면 추상화 또는 구조주의가 결국 수학 통합의 아이콘이 될 수 있을까? 물론 가능하다. 그러나 수학의 통합은 자신을 고립시켜서는 실현될 수 없다.

'콜라주'가 점차 예술의 주된 기법이자 대명사가 되었다. 콜라주 역시 철학자들이 찾으려는 현대적 신화이다. 예전에 우리가 이해했던 콜라주는, 관련 없는 화면과 단어, 소리 등을 임의로 결합시켜서 특수한 효과를 나타내고자 했던 예술 기법이었다. 지금은 그 범위가 확대되어서 관념까지도 결합할 수 있게 되었다. 이렇게 콜라주는 수학뿐만 아니라 더 많은 영역에서 위력을 발휘하고 있다. 대학 수학과에 수많은 새로운 통합형 학과가 생겨난 것처럼 말이다. 콜라주와 추상은 어떤 의미에서 보면 일맥상통한다. 다만 대부분의 사람이 콜라주는 예술에서 시작되었고 추상은 수학에서 쓰이는 것으로 연상할 뿐이다.

쿨하스(Rem Koolhaas)와 스히렌(Ole Scheeren)이 설계한 중국 CCTV 사옥

헤르조그(Herzog) 와 드뫼롱(De Meuron)의 작품인 중국 베이징 올림픽 주경기장

회화 이외의 다른 예술 장르도 추상화의 과정을 겪었다. 건축의 경우, 내용과 형식에서부터 장식에 이르기까지 커다란 변화가 일어났다. 고대 로마건축자 비트루비우스는 『건축 10서』에서 '유용성, 견고함, 미관' 3요소를 언급했다. 이것은 건축물

또는 건축 설계의 우열을 판단하는 기준이 되었다. 르네상스 시기의 알베르티^{Leon Battista Alberti}도 '미관'을 '미'와 '장식'으로 나누었다. 그는 '미'란 조화로운 비율에 있으며 장식은 단지 미를 보충하는 화려함이라고 보았다. 20세기 이래로 건축가들은 장식은 더 이상 부차적인 화려함이 아니라 없어서는 안 되는 또는 어디에나 있는 예술의 구성요소(마치 미술에서 콜라주와 같이)임을 자각했다. 그중에서 기하학적 도형(그것이 고전적이든 현대적이든)은 매우 중요한 역할을 맡고 있다.

음악, 미술, 건축 등의 예술처럼 수학에는 국경이 없고 언어적 장벽도 없다. 수학은 인류 문명을 구성하는 중요한 요소일 뿐만 아니라 어쩌면 외계 문명에서도 구성 요소일 것이다. 만약 외계인이 존재한다면 그들은 수학을 이해하거나 통달했을 것이다. 이렇게 되면 지구인과 외계인은 수학이라는 형식의 언어로 소통할 수 있을 것이다. 일찍이 1820년, 수학자 가우스는 광활한 시베리아 벌판에 피타고라스 정리를 그려서 우주에 보내는 인류 문명의 신호로 삼자고 제안한 바 있다. 그로부터 대략 20년 뒤 보헤미아 출신의 오스트리아 천문학자 리트로^{Joseph von Littrow}가 사하라 사막의 협곡에 다양한 기하학적 도형 모양으로 석유를 채우고 이것을 불태워서 인류 문명의 신호로 보내자고 제안했다는 이야기도 있다.

그들은 이와 같은 수학적 신호가 높은 지능을 가진 외계생명체의 주의를 끌 수 있다고 보았다. 하지만 아쉽게도 이 두 방법은 실행되지 않았다. 미국 애리조나 대학의 수학 교수 디비토^{Carl Devito}는 두 별 사이에 과학적 정보를 정확하게 교환하려면 두 별은 반드시 상대방의 측정 단위를 배워야 한다고 주장했다. 이를 위해서 그는 한 언어학자와 협업을 통해 보편적인 과학 개념에 기초한 언어를 개발했다. 이 언어로 다른 은하계의 문명들 간에 각 행성의 질량, 대기를 구성하는 화화 성분 또는 별들의 에너지 분출을 서로 알릴 수 있다고 보았다. 이 생각은 두 별이 모두 수학적 방법과 계산이 가능하고, 화학 원소와 주기율표를 인식하고, 물질 상태에 대해 정량연구를 거치고, 또 화학적 계산이 가능한 상황을 가정한 것이다.

만약 실제로 외계 문명과 만나게 된다면 원활하게 소통하는 데에는 여전히 많은 어려움과 장애가 있다. 외계인은 우리와 다른 수학적 방법으로 운동의 법칙을 수립했을 터이므로 그들의 법칙은 우리에게 익숙한 운동의 법칙과 다를 수 있다. 운동을 설명하는 수학적 기초는 미적분이고 과학의 많은 영역에서 이 미적분을 응용하고 있는데 외계 문명도 이와 같을까? 외계인은 유클리드 기하학 또는 비유클리드 기하학을 이미 수립했을까? 그들의 물리학은 어쩌면 우리의 물리학과 다를 것이다. 그렇다면 그들은 코페르니쿠스가 주장한 지동설을 인정할까? 우리는 이 모든 문제를 고려해야 한다. 수학이 인류와 지구를 넘어 무한의 공간으로 어떻게 뻗어 나갈 수 있을지 생각을 멈출 수 없는 이유이다. 이것이 바로 이 책에서 탐구하고자 하는 문제이며 이를 위해서 앞으로 대량의 비교문화 연구가 필요하다.

세계의 패러다임을 바꾼 수학의 모든 것
수학과 문화 그리고 예술

초판 1쇄 발행 2019년 7월 5일
초판 3쇄 발행 2024년 6월 14일
지은이 차이텐신
옮긴이 정유희
감수 이광연

펴낸이 민혜영 ｜ **펴낸곳** 오아시스
주소 서울시 마포구 월드컵로14길 56, 4-5층
전화 02-303-5580 ｜ **팩스** 02-2179-8768
홈페이지 www.cassiopeiabook.com ｜ **전자우편** editor@cassiopeiabook.com
출판등록 2012년 12월 27일 제2014-000277호

ISBN 979-11-88674-68-8 03410

• 오아시스는 (주)카시오페아 출판사의 인문교양 브랜드입니다.
• 잘못된 책은 구입한 곳에서 바꾸어 드립니다.
• 책값은 뒤표지에 있습니다.